企业开源实践之旅

基于红帽客户的开源建设实践案例

The Best Practice of Enterprise with Open Source

刘翔 任卫海 方浩 ◎ 编著

机械工业出版社
CHINA MACHINE PRESS

图书在版编目（CIP）数据

企业开源实践之旅：基于红帽客户的开源建设实践案例 / 刘翔，任卫海，方浩编著 . —北京：机械工业出版社，2023.6

ISBN 978-7-111-73233-4

I. ①企… Ⅱ. ①刘… ②任… ③方… Ⅲ. ①软件开发 Ⅳ. ① TP311.52

中国国家版本馆 CIP 数据核字（2023）第 091854 号

机械工业出版社（北京市百万庄大街 22 号 邮政编码 100037）
策划编辑：姚 蕾 责任编辑：姚 蕾 郎亚妹
责任校对：张昕妍 王 延 责任印制：张 博
保定市中画美凯印刷有限公司印刷
2023 年 10 月第 1 版第 1 次印刷
186mm × 240mm · 21.75 印张 · 484 千字
标准书号：ISBN 978-7-111-73233-4
定价：89.00 元

电话服务 网络服务

客服电话：010-88361066 机 工 官 网：www.cmpbook.com

010-88379833 机 工 官 博：weibo.com/cmp1952

010-68326294 金 书 网：www.golden-book.com

封底无防伪标均为盗版 机工教育服务网：www.cmpedu.com

2023 年是我在红帽公司就职的第十个年头，也是我投身开源软件行业的第二十年。二十年弹指一挥间，我有幸见证了开源软件从少数极客的"玩具"发端，筚路蓝缕，百炼成钢，成为今天国内各企业客户的首选方案。2021 年，"开源"首次被写入《中华人民共和国国民经济和社会发展第十四个五年规划和 2035 年远景目标纲要》，成为推动国内软件业繁荣发展的核心力量之一。开源理念、开源文化方兴未艾，日益深入人心，在 IT 领域包括软件行业在内的诸多行业都产生了深远的影响。今天，开源已经成为 IT 的"新常态"。

在传统意义上，"开源"中的"源"指的是"源代码"。红帽发行的所有企业级软件，其源代码都是开放的。如今，"开源"指代的范围更加广泛，成为一种指导人们共同参与创造的思潮或准则，我们称之为开源之道。采取开源方式是指彼此达成共识，默认与他人合作，慷慨分享智慧和资源，并确保为难题寻求最优解决方案。开源不仅是一种态度，更是一种方法。"以开源的方式创造更好的技术"——这是我们的使命宣言。我们专注于让适合的人彼此联系，鼓励相互分享观点和信息。我们不是"开处方"，而是切切实实地提供资源。我们不会自上而下地执行计划，而是通过彼此互动来发现共同的目标。我们不会依赖一小部分内部专家来规划前进的道路；相反，我们拓宽了创新范围，让每个人成为利益相关者，无论是合作伙伴、客户还是社区，以便能够更快地响应各种需求和商机，并将各个项目与实现承诺所需的资源和人才紧密联系起来。我们始终为同事和社区负责，为工作场所注入活力，带来更多吸引力和能量，从而招募和留住最优秀的人才。红帽所信奉的理念是：共享是一种美德，共享更有效率，并最终能创造更高的价值。在红帽，我们相信开源能释放世界的潜能，分享知识才能集思广益。汇聚满怀激情的同道中人，紧密协作，共克疑难；打造互利互惠的社区，让每个成员都能各抒己见，人尽其才。红帽的存在，正是为了促进开源——成为全球合作、共享和透明文化的倡导者。

这本书的两位作者与我共事多年，作为红帽资深的技术专家和长年奋斗于一线的解决方案架构师，理论与实践经验俱足。他们在繁忙的工作之余，将经年累月积累的学习心得与项目实践经验落诸笔端，付梓成书。"如果能帮到我们的客户，让开源更加强大，我们就会去做。"——这是两位作者的信念与心愿。

该书以企业级开源软件实践为纲，围绕"云原生"这一主题生动阐述具体技术和实现路径，配合实战案例，深入剖析开源之道。在此基础上，分享红帽的开源理念和开源文化，由表及里，述术解道。

诸多因缘际会，受邀为该书作序，我深感荣幸。祝福各位读者诸君，不仅从书中学到前沿的技术与实践经验，更能通过红帽人的视角，理解开源文化，发扬开源精神，学以致用，受益终身。

红帽软件中国区策略产品部业务总经理　刘长春

Preface 前　言

　　企业开源是目前市场上热门、关注度高的话题，在国内大力推广企业自主可控、开放创新的形势下，企业应该聚焦于如何构建自己的开源体系、如何开展大规模企业算力运用、如何保障企业算力动态变化过程中的系统化安全。

　　从大趋势来看，在企业数字化转型和国家"十四五"规划的要求下，越来越多的企业用户采用开源技术构建自己的关键配套和应用系统，可以说不管是硬件、基础设施、平台还是应用，都离不开开源技术的支持。企业如何试点、推广、拥抱开源技术是一个系统性问题，不仅涉及技术产品的适用性，还需要 IT 管理者以更高的视角来思考和决策，为企业设计配套的基础设施和应用架构 / 平台、应用开发和运维体系，以及安全体系。

　　目前，越来越多的企业把自己的敏态应用和传统应用迁移到容器平台上来，通过容器化、微服务、DevOps 和敏捷获得更快的交付速度和更强的规模效应。企业的 IT 管理者和架构师不得不考虑如何更好地推进应用微服务改造，如何构建更加敏捷的软件生产过程和云原生配套及应用，以及在企业应用大量采用开源技术的情况下，如何从全局的视角对开源软件做出合理规划和有效管理。

　　企业在数字化转型道路上，应真正做到规划好开源、建设好开源、使用好开源，构建和推广开源文化，积极参与开源生态，与开源社区建立良好的互动关系。本书希望通过红帽的真实客户案例，分享开源建设中的最佳实践，帮助企业在开源实践上少走弯路，切实找到一条规避开源风险，同时利用开源社区和技术优势创造业务价值的路线，为更多的企业开源建设者、企业决策者和开源软件用户提供参考。这是我们撰写本书的目的。

　　最后，感谢红帽相关技术和服务团队的支持，他们把管理和技术实践的经验无私地分享给我们，使本书的内容更加完善。

目 录 *Contents*

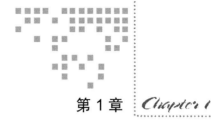

第 1 章 *Chapter 1*

开启企业开源之旅

1.1 现代企业为什么需要开源软件

1.1.1 现代企业的变化

工业时代前期，为了满足人类社会的生产生活需求，需要规模化、大批量地生产产品，这个时候的解决办法也很明确，即快速复制成熟稳定的生产方式，建立大量类似的生产线。当这些基本需求得到满足之后，人们的需求开始升级，市场变得多样化，而不断扩张的工业化的生产能力，还在不断制造大量同质化的产品。在这种背景下，英国的 Molins 公司在 1965 年首次提出了柔性生产的概念，即实现多品种、小批量的生产方式。

随着信息技术的突飞猛进，柔性生产的领域和模式得到了进一步的发展。20 世纪 90 年代，信息化浪潮汹涌而来，许多国家制订了旨在提高自己在未来世界中的竞争地位、培养竞争优势的先进制造计划。为重新获得制造业的世界领先地位，美国政府把制造业发展战略目标瞄向 21 世纪。美国通用汽车公司和理海大学（Lehigh University）的雅柯卡研究所（Iacocca Institute）在美国国防部的资助下组织了百余家公司，由通用汽车公司、波音公司、IBM、德州仪器公司、AT&T、摩托罗拉等 15 家著名公司和国防部代表组成核心研究队伍，共同研究制造企业的未来发展战略。此项研究历时三年，于 1994 年底提出了《21 世纪制造企业战略》，这份报告中提出了敏捷制造的理念。

经过近 30 年的发展，敏捷制造已经不只是一种理念，现代企业从业务战略、生产组织到产线加工，都能看到敏捷和柔性的结合。

1. 业务战略

当今企业中有很多跨界的商业模式，比如互联网企业造车、体育运动企业推出咖啡、家电制造企业试水预制菜。在多元化商业时代，打败你的不一定是你的同行，很可能是跨界企业。要成就百年企业，不仅需要自身优秀，还要顺应时代发展的规律。依靠新的治理模式、敏锐的视角、稳健的管理和卓越的执行力，紧跟社会发展和需求变化，不断调整经营方式和业务领域，成为敏捷型企业，才能屹立百年不倒。我们可以看到华为、小米、海尔等制造业企业，以及大多数全球领先的 IT、金融、电信企业都在执行敏捷型战略。

2. 生产组织

新冠疫情的暴发导致全世界口罩供应不足，作为中国新能源汽车龙头企业的比亚迪，抽调了 3000 名工程师，用 7 天时间完成了口罩机生产设备的研发制造，每天可以产出 5 ~ 10 台口罩机，在不到 30 天的时间内建成了 100 条口罩生产线，一跃成为全球最大的口罩生产厂。除此之外，家电行业的美的和格力、代工厂富士康、生产净水器的安吉尔都快速建立起口罩生产线。这些原本不同领域的制造企业，都做到了在很短的时间内完成产线建设、原材料采购、口罩生产认证等一系列生产组织工作，并将这些口罩销往全球很多国家和地区。

3. 产线加工

如今市场环境已从大众化消费时代进入小众化消费时代。在大众化消费时代，产品高度同质化，企业只专注于抢占市场份额，而在个性化的小众消费时代，消费者愿意付出更高的价格获取满足自身需求的产品和服务，一个典型的例子是当前的汽车生产过程。很多汽车企业现在可以在同一条产线上同时生产不同型号的汽车，前后车型都可以不同，配置完全来自用户的订单。通常装配一辆汽车需要 2000 ~ 5000 个零件，从车身颜色、轮胎到内饰、座椅都不尽相同，粗略估算一下，这些配置会有上百万种可能，只要有一个差错，生产线的装配就要中断。这样的企业除了柔性，还需要实现自动化、集成化和智能化，这在传统生产模式下是无法做到的。

敏捷制造和柔性制造在各行各业广泛存在，随着"精益生产"的出现，消费产品市场迭代周期变得越来越短，不仅生产制造领域的企业在尝试转型，电子商务领域兴起的 C2B、C2P2B、C2M 模式，家居领域的全屋定制，运动品牌的球鞋定制都是现代企业转型的尝试。

随着 2011 年数字化转型这一概念的提出，企业的敏捷和柔性又上了一个新的台阶。在 2013 年的汉诺威博览会上，德国提出了"工业 4.0"的概念，即以智能制造为主导的第四次工业革命。该战略旨在通过充分利用信息通信技术和网络空间虚拟系统——信息物理系统（Cyber-Physical System）相结合的手段，使制造业向智能化转型。

工业 4.0 还在如火如荼的建设中，欧盟在 2021 年就已经开始发布工业 5.0 的概念，数智化发展越来越强调工业与整个经济 – 科技 – 社会体系的深度融合，智能机器人和人机协作将被大量引入生产制造领域。工业 5.0 模式的优势在于使定制化更具潜力，也更容易诞生全新的经济模式。

1.1.2 什么是开源软件

谈到开源软件，就不得不从自由软件（free software）说起。开源软件的发展史有三个重要的时间点，即 1970 年、1985 年和 1991 年，分别对应 UNIX、GNU 和 Linux 的发展。

1. UNIX

最初用于科学计算的计算机和我们今天看到的计算机有很大的区别，当时需要一次性地把指令、数据输入计算机中，然后等待处理结果，这种计算机在每个时刻只能专注处理一件事情。20 世纪 60 年代，贝尔实验室、麻省理工学院和美国通用电气公司为了解决实时计算问题，合作开发了一个多任务、多用户的操作系统 Multics，为 UNIX 操作系统的诞生创造了条件。20 世纪 70 年代，UNIX 相继推出 V1 ～ V6 版本，并向社会开放源代码。

贝尔实验室的母公司 AT&T 意识到 UNIX 的商业价值后，不再将 UNIX 源码授权给学术机构。1977 年开始进入"后 UNIX"时代，UNIX 演化为 UNIX（闭源，即 AT&T UNIX）和 BSD（开源，即 BSD UNIX）。想要获取 UNIX 的源代码，需要与 AT&T 达成协议才能获得许可，AIX、Solaris、HP-UX、IRIX、OSF、Ultrix 等知名商业 UNIX 都是由 AT&T 授权的 UNIX System V 发展而来的。而另外一个分支 BSD 也有众多衍生版，主流的开源 BSD 操作系统有 386BSD、FreeBSD、NetBSD、OpenBSD，苹果公司的 Mac OS 和 iOS 均是 BSD 衍生产品，采用了 BSD 的内核。

2. GNU

1984 年，麻省理工学院的研究员 Richard Stallman 提出了自由软件的概念，并于 1985 年 10 月成立了自由软件基金会（Free Software Foundation，FSF）。如果一个软件提供了以下 4 项自由，它就是自由软件：使用者可以自由地运行该软件；使用者有研究和修改该软件的自由；使用者有分发副本使其他人共享该软件的自由；使用者有改进程序使他人受益的自由。Richard 接下来开始实施 GNU 计划，以挑战 UNIX 的封闭性，GNU 的设计类似 UNIX，但它不包含享有著作权的 UNIX 代码。

与 GNU 的发展模式不同，BSD 中原本就存在大量的 UNIX 代码，所以 BSD 在初期发展非常迅猛，但是这也造成了在 20 世纪 90 年代初 UNIX 系统实验室（UNIX System Laboratories，USL）和加州大学伯克利分校之间有关 BSD 中 UNIX 专有代码的诉讼，虽然这一诉讼最后由于 USL 被 Novell 收购，在 Novell CEO 的主导下达成和解，但是也在一定程度上延误了 BSD 的发展速度。

自由软件在 20 世纪 80 年代虽然得到了发展，但主要还是围绕着破除 UNIX 操作系统上的垄断。《大教堂与集市》的作者 Eric Steven Raymond 受到网景（Netscape）公司的启示，认为可以将自由软件引入商业世界中。但自由软件容易令人联想到免费软件，在商业上很难被接受。Eric 等人引入了开源软件（open source software）这一新的概念，并获得了成功。1998 年 2 月，旨在推广开源软件的开放源代码促进会（Open Source Initiative，OSI）在美国加州成立。

自由软件与开源软件有时被合称为自由开源软件（Free and Open Source Software，FOSS）。

这虽然并不严谨，但是可以粗略地认为自由软件适用的是著佐权（copyleft）许可证，而除此之外，开源软件还可以适用宽松许可证。

3. Linux

GNU 项目一直想打破 UNIX 的垄断，开发了大量类 UNIX OS 的程序，但是始终缺少一个能够有效运作的 UNIX 内核。使用 BSD 不但仍需获得 AT&T 的许可，而且用户不得随意修改并重新发布 BSD 中 AT&T 拥有产权的代码部分。对 GNU 项目所开发的类 UNIX OS 来说，只差一个内核，就可以成为真正意义上的自由软件。

1991 年，芬兰赫尔辛基大学的学生 Linus Torvalds 在学习中接触到一款小型的类 UNIX 的 OS 内核——Minix。Minix 的开发者是荷兰大学的一位教授，他为了教学将 Minix 连同源码完全开放。数月后，Torvalds 开发出一个 UNIX 内核"雏形"，可以编译并运行各种 GNU 程序。为求得其他程序员的帮助，Torvalds 在网上公布了系统的源码并且一呼百应，建立起第一个以开源社区方式开发的操作系统——Linux。

Linux 在发展过程中同样受到了来自闭源世界的诉讼，并且时间更持久。2003 年 3 月，SCO 公司控告 IBM 非法将 MONTEREY 项目中的 UNIX 代码贡献到 Linux 发行版中，这场官司在 2021 年 4 月落下帷幕，以 1425 万美元达成和解。可以说，开源软件从诞生的第一天起，既备受关注，又充满挑战，但是随着时间的推移，它已经成为越来越主流的基础软件发展模式。开源不仅存在于软件领域，在硬件领域有开源嵌入式系统、开源呼吸机，在专利领域有特斯拉的开源专利，在指令方面有 RISC-V 开源指令集，下一步还会出现开源算法，随着云计算的普及和世界格局的变化，人们对开源模式的接受度上升到了一个新的高度。

1.1.3　企业和开源的关系

开源软件有很多特点，其中最核心的、从最根本上影响了开源软件形态的特点是开放性。开放性概括起来包括以下几个方面，即参与的开放性、架构的开放性、源代码的开放性和知识体系的开放性。

❑ 参与的开放性。开源软件多数以社区（community）的方式进行开发，不同国家、不同企业或者组织中的人都可以参与到软件的开发过程中，他们可以是公司员工，也可以是个人爱好者或在校学生。操作过程也很简单，先在社区进行注册，然后从互联网的代码库中克隆出一个分支，开始为项目解决第一个问题，完成从路人到修改 bug、从贡献功能设计到主导项目决策的华丽转身，一切都来自你在项目代码每一行中的贡献，这顺应了 Linus Torvalds 的名言——Talk is cheap, show me the code。

❑ 架构的开放性。开源项目的架构设计、开发计划都是公开而透明的，不会像商业软件那样在发行前需要保守秘密，防备竞争对手的窥探。当一个软件需要用到不同基金会、不同社区、不同项目的开源软件时，可以提前相互协调，相互结合，甚至会衍生出一些新的社区项目，用于专门解决不同开源软件之间的集成问题。

- ❑ 源代码的开放性。在开源的世界很容易得到源代码，也很容易在源代码的基础上进行二次开发，只要遵守源代码所附属的具体开源协议的要求，就可以快速进行二次开发以满足用户的个性化需求。大型开源软件在开发时，一般都有最终用户直接参与，所以交付的软件能充分反映用户市场的迫切需求。

- ❑ 知识体系的开放性。得益于源代码以及整个架构的开放性，任何人都可以对开源软件进行深入研究，形成经验积累并做公开分享，这样使用者可以在第一时间了解软件的各种真实特点，在选择时有很强的自主性和灵活性。

开源软件的这一特点非常适合用来解决一些前沿问题。柔性制造本身也是一个前沿性的开放问题，在柔性制造的模式下，没有哪两家企业的生产线完全相同，这体现了企业自身对市场的理解，也是企业独一无二的竞争力。企业的 IT 系统建设也存在类似的情况，为了配合企业的敏捷和柔性模式，IT 系统的建设也要具备敏捷和柔性的能力。IT 系统的建设和传统制造业的建设并没有本质上的差异，当 IT 系统的建设从依靠个人能力转变为依靠成熟体系来进行时，本质上就是一次 IT 领域的工业化过程。以开放的技术首先构造柔性的 IT 能力，进而服务于柔性制造的过程，这将为制造技术带来又一次革命性的发展，也将是企业数字化转型的真谛。

以前的软件希望在一个大而全的应用中，通过各种参数化、流程化的配置来实现对不同企业的适配，这导致不同竞争性厂商的产品很难相互对接，需要等待软件巨头不断收购一些有创意的新公司和新产品来丰富和改良自己的产品，进而实现大跨度的功能提升。但这也导致企业系统的升级换代周期较长，以往一家银行升级一个新的核心系统需要 5 ~ 10 年的时间，而使用了 ERP 系统的企业可能几十年都不会考虑更换，只是慢慢升级。在开源软件的世界则完全不是这样。开源软件和现代企业一样，都要应对信息化世界的快速变化，从某种角度来说，两者有着高度一致的诉求，在未来的发展过程中，两者必然会发生更多的结合。

随着时代的发展，开源的内涵也在不断丰富，已经形成了丰富的开源生态和开源商业模式，伴随其中的开源理念、开源文化、开源治理体系也被运用于企业 IT 管理之中。红帽的前 CEO Jim Whitehurst 在《开放式组织》一书中提到，"红帽公司的生存环境的确瞬息万变，但我们的组织结构，这种开放式组织结构，正是应对每时每刻纷繁变化的最佳方法"。这一观点不仅适用于红帽这种致力于开源软件企业化的软件公司，同样适用于各行各业。

在目前的企业数字化转型中，普遍使用的云、大数据、人工智能、区块链都来自开源软件。在红帽 2022 年发布的第四次企业级开源现状调查报告中，92% 的受访 IT 从业人员表示企业级开源对于所在企业的基础架构非常重要，而这一比例在 2019 年为 69%。在最新的报告中，全球不同地区 80% 的受访者计划将企业级开源延伸到人工智能、机器学习、边缘计算或物联网、容器、无服务器计算等新兴的技术领域将承担重要的技术任务，从这里我们也看到了开源在全球企业中的发展前景。

1.2　企业使用开源软件的重要性

最初的软件主要是驱动硬件系统的附属品，解决人与硬件之间的交互。为了在工作中实现对于打印、收发邮件、文字编辑等基本功能的需求，人们会相互分享自己的开发成果，这种共享模式极大地推动了软件的发展。经过 50 多年的发展，开源软件不仅是一种开发者的行为模式，还发展成为一种创造模式和一种重要的生产力。

1.2.1　企业离不开云计算、开源、云原生

在云计算出现之前，IT 技术在各自的领域中独立发展，CPU、存储、网络、操作系统、应用各成体系。云计算出现之后，所有技术的发展发生了高度的关联，形成了围绕云计算、开源、云原生的发展模式，三者之间相互依赖、相互促进。

1. 云计算

这一切要从 2006 年 AWS 推出 EC2 谈起。人类社会的信息化建设随着云计算的到来进入了一个新的时代，云计算让企业能够像使用水和电一样快速获得计算资源。但是云计算的脚步并没有停留在仅仅为企业快速提供设备资源的阶段，随着越来越多的应用软件出现在云端，企业和企业之间不再需要通过专有线路进行连通，应用和应用之间可以更便捷地相互使用。一些新兴事物开始出现在互联网这片沃土之中，在云上的业务创新变得更容易，周期更短。云计算也从初始的公有云之争，发展到云边端、公有私有托管、异构计算的多级混合模式。

2. 开源

开源一词的英文是 open source，最初起源于软件开发领域，因此也被称为"开放源代码"，对应的软件则称为开源软件（open source software）。现在软件之外的很多领域，如硬件、专利、算法，都开始接受开源模式，开源正在成为一种创新的模式。

3. 云原生

目前公认的云原生的定义来自 CNCF，云原生技术有利于各组织在公有云、私有云和混合云等新型动态环境中构建和运行可弹性扩展的应用。云原生的代表技术包括容器、服务网格、微服务、不可变基础设施和声明式 API。云原生包括四个要素：容器化、微服务、DevOps、持续交付。云原生是为了最大化地释放云计算的威力而建立起来的一种新模式。

云计算构成了类似寒武纪生物大爆发时的生态环境，在这个抽象的世界里是一片生机勃勃的景象，新思想、新技术、新模式、新物种喷涌而出，云上的各种应用如同现实世界中的生物一样丰富多彩。开源软件为应用生物的进化提供了源源不断的物质基础，而云原生则是这个世界迈向更高等级的进化法则。

1.2.2　开源软件成为企业创新的基础

发展的本质是增长，增长由创新驱动，在 2022 年红帽全球峰会上，时任红帽总裁兼

CEO Paul Cormier 谈了他眼中的新常态:"新常态现在被当作预先确定的和静态的,但事实并非如此。新常态要求人们经常思考如何推动技术战略以更接近创新,而开源软件提供了一个不限制灵感和抱负的渠道,因此创造和适应这些创新的唯一方法是应用开源开发技术。"

可以看到,当今世界重要的 IT 技术,从 Linux、大数据、云计算、区块链、容器到人工智能,全部都有开源软件的身影,甚至几乎全部都是开源软件。从全球最大的开源软件托管平台 GitHub 的数据来看,全球开源项目紧跟技术更迭趋势,在新兴领域占据绝对优势,比例高达 60%。中国信息通信研究院 2021 年发布的《开源生态白皮书》中显示,物联网行业 89% 的代码库中包含开源代码,生产制造和网络安全领域开源代码占比均为 84%,移动应用软件、教育技术、医药健康以及营销技术行业开源代码占比为 82%。可以毫不夸张地说,软件定义未来世界,开源引领软件未来。

以制造业为例,在工业自动化的大潮之下,每个部件和设备在接入控制系统时都要用到一个叫作 PLC 的通用控制设备,传统 PLC 的生产被几家厂商垄断,而且每个 PLC 阵营都会有自己的一套标准和协议,这不仅造成 PLC 的性价比低,而且当企业为了实现柔性生产而进行产线升级改造时会受制于大型的产线供应商。近年来,随着 PLC 方面国际标准的制定和开源 PLC 架构的兴起,在通用硬件平台上的软 PLC 技术已经开始撼动厂商的垄断地位,有更多的企业可以凭借开源技术栈进入这一原本封闭的领域,未来可以使企业创新的成本大幅降低,产线建设周期也将大幅缩短。

在新冠疫情期间,来自世界各地的计算机科学家和机器学习研究人员齐聚 Kaggle 平台,通过对收集到的数据集进行编译,构建 AI 算法来优化检测。同样,在 mRNA 疫苗研制过程中,AI 也扮演着重要的角色,最快能够在 16 分钟内完成 mRNA 疫苗序列设计。再到如今爆火的 ChatGPT,全部都以开源技术为基础,我们看到的颠覆性创新正在以爆炸式的速度快速增长。

1.2.3　开源软件汇聚全球科技成果

Linux 已经是当前著名的开源软件,在 GitHub 上有超过 1.3 万名来自世界各地的贡献者,16 万 star,8 万多个克隆,虽然不是 star 最多的项目,但综合各项指标是当仁不让的第一大开源软件。应用 Linux 的计算机和设备数量远远超出其他任何操作系统和软件,我们熟悉的所有互联网终端,从手机、平板电脑、路由器、电视和电子游戏机到嵌入式系统都建构在 Linux 的基础上。类似的项目还有 TensorFlow(在 GitHub 上有 3300 名贡献者、25 万用户)和 React(在 GitHub 上有 1500 名贡献者和 1300 万用户)等。

有些人会疑虑,开源软件不是由专职人员开发,这样的软件在企业中是否可用?是否稳定?实际上对于成熟的社区项目,大可不必有这样的担心。开源软件的开发者虽然来自不同公司甚至是个人,但是成熟社区有着完善的管理结构,以每个人对项目的实际贡献来赋予他权限,每个人也以自愿的方式承担更多的责任,虽然社区不发工资,但每个人都是实干家,绝对不会有外行领导内行的情况发生,以提交的代码数量和质量来决定社区中的哪些人可以评审其他人的代码，以及哪些人可以对技术路线进行决策。以 CNCF 的开源项目为例，在 www.stackalytics.io 中可以看到 2023 年 2 月的贡献构成里，全球顶尖的科技公司都是云原生的积极参与者，如图 1-1 所示。如果从 GitHub 上看，也可以看到很多专职工程师在为社区编写代码，而且是连续多年都在持续服务于某一个项目，甚至是在供职公司发生变化之后，仍然在为同一个项目贡献代码。

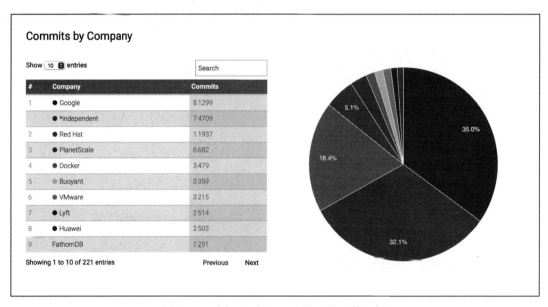

图 1-1　不同企业在 CNCF 社区的贡献比例

有些人还会疑虑开源软件是否会有很多缺陷，事实证明，这种担心没有必要。从图 1-2 可以明显看到，随着社区的发展壮大，Linux 系统缺陷的平均修复时间在不断减少。

供应商	2019年的Bug数 （平均修复天数）	2020年的Bug数 （平均修复天数）	2021年的Bug数 （平均修复天数）
Apple	61（71）	13（63）	11（64）
Microsoft	46（85）	18（87）	16（76）
Google	26（49）	13（22）	17（53）
Linux	12（32）	8（22）	5（15）
其他	54（63）	35（54）	14（29）
总计	199（67）	87（54）	63（52）

图 1-2　不同操作系统 Bug 修复周期

以华为公司为例，该公司持续参与 Linux Kernel 的开发项目。根据 LWN 的数据，2022 年 12 月发布的 Linux Kernel 6.1 的贡献排名中，华为有 117 名员工参与了这一版本的研发，贡献的更新数量占整个版本的 9.2%，超过 Intel 占据了第一的位置（如图 1-3 所示）。这期间华为解决了大量有关 ARM64 架构、内存管理、海思芯片等问题，通过 Kernel 社区将国内需要的功能输出到 openEuler、Deepin、RHEL、SUSE 等操作系统，为 Linux 能够在国内环境更好地发挥作用做出了巨大贡献。

在 by changesets 领域			在 by lines changed 领域		
Huawei Technologies	1 281	9.2%	Oracle	91 852	12.0%
Intel	1 254	9.0%	AMD	89 761	11.7%
（Unknown）	1 097	7.9%	Google	56 504	7.4%
Google	917	6.6%	Intel	44 062	5.8%
Linaro	837	6.0%	（Unknown）	33 765	4.4%
AMD	750	5.4%	Realtek	33 277	4.3%
Red Hat	672	4.8%	Linaro	31 234	4.1%
（None）	564	4.0%	Huawei Technologies	27 856	3.6%
Meta	414	3.0%	NVIDIA	25 441	3.3%
NVIDIA	389	2.8%	Red Hat	24 073	3.1%
SUSE	333	2.4%	（None）	21 498	2.8%
Oracle	318	2.3%	Meta	18 783	2.5%
NXP Semiconductors	275	2.0%	MediaTek	17 599	2.3%
IBM	260	1.9%	NXP Semiconductors	14 342	1.9%
Renesas Electronics	224	1.6%	SUSE	13 749	1.8%
（Consultant）	208	1.5%	Brocade	12 154	1.6%
Microchip Technology Inc.	192	1.4%	Microchip Technology Inc.	11 651	1.5%
Arm	187	1.3%	Pengutronix	10 200	1.3%
MediaTek	164	1.2%	Broadcom	8 054	1.1%
Collabora	144	1.0%	Marvell	8 036	1.0%

图 1-3　不同企业在 Linux Kernel 6.1 中的贡献排名

1.2.4　打开算力

打开云计算水龙头的这一步在 2006 年开始逐步得到实现。算力作为一个新名词，开始成为一种新的关键生产力，当下不论是云厂商还是用户，对于算力的渴求都变得十分迫切，数字化媒体、用户体验、大数据、人工智能等对算力的需求远超过当下的业务增长速度。没有算力，就无法实现人工智能的模型训练，没有廉价的算力，就无法让新一代的信息技术大规模运用到生产和消费领域。云厂商为了追求更好的经济效益并满足绿色环保的要求，从最初的海底数据中心、东数西算、深度定制软硬件，已经发展到定向研发特定处理器，除 CPU 之外诞生了 APU、BPU、GPU、TPU、NPU、CIPU 等一系列专属处理器，这也导致未来云计算的环境必将是异构混合云。

IT 技术已经不只在帮助人类进行信息处理，我们已经跨入了智能化时代，IT 技术开始直接参与到创造新技术和新产品的活动中。人工智能在 2022 年呈现出了跨越式的进步，在很多领域中实现了 0 到 1 的突破，这背后都离不开大量算力的贡献。以 2022 年兴起的 Stable Diffusion 为例，Stable Diffusion 是一个根据文本创作图像的生成模型，你只需要把一些文字描述交给 Stable Diffusion，它就可以帮助你无中生有地生成图片，图片的想象力、细节和逼真的绘画风格足以让你震惊。为此 Stable AI 公司在 AWS 租用超过 4000 台 A100 服务器，一次模型训练需要 15 万个 A100 GPU 小时。

算力将是一个国家和社会科技进步的重要资源，能够影响一个国家甚至人类社会的发展。算力已经成为国家竞争力的重要指标，根据 IDC 发布的 2021 年 IaaS 全球市场份额，亚马逊、微软、谷歌和 IBM 所占份额已经达到全球的 70%，如何避免算力垄断，需要全社会的力量。构建算力不只是堆砌 CPU 的数量，要保持先进算力的规模和持续更新，以及算力的经济性产出，基于开源模式是唯一能够突破封锁、避免同质化竞争、共享全球成果和有效适配上层应用的手段，可以实现全社会的力量协同。

1.3 认识企业开源软件

1.3.1 开源软件存在的基础

开源软件的发展经历了多个阶段，从最初"自由软件"的源代码分享到开源软件的源代码共建，再到当前的开源生态建设。开源软件从一个个独立发展的软件应用，到相互依赖、门类齐全的软件项目家族，在云计算、容器、大数据、区块链、人工智能等很多领域已经可以完全使用开源软件构建出整个应用环境，这样的领域正在变得越来越广泛。开源软件也形成了一定的发展模式，开源软件的发展呈现出有组织、体系化、定向化的特点。大多数广泛使用的开源软件都不是孤立的个体，它们多数依托于某一个基金会或者社区。

开源的发展离不开开源基金会，在 1985 年自由软件基金会创立之后，全球各类开源基金会快速发展壮大，据不完全统计，各类开源基金会已经超过 100 家，其中具有代表性的有 Apache 软件基金会（1999 年成立）、Mozilla 基金会（2003 年成立）、Linux 基金会（2007 年成立）、云原生计算基金会（2015 年成立）、开放原子开源基金会（2020 年成立）等。开源基金会是开源生态中的重要部分。对于非营利性且处于中立位置的开源基金会来说，它们拥有开源项目的知识产权，而且没有任何商业目的，这为贡献者、开发者、用户提供了良好的协作平台；基金会也会通过技术服务和项目孵化来帮助开发者和开源企业；基金会还会提供项目日常的运营和治理，以满足在项目生命周期不同阶段对于管理项目的需求。有关开源基金会的具体职能，可以参考适兕所著《开源之谜》一书的第 6 章。

开源社区是推动开源软件发展的最直接组织，基本上分为两种类型，即项目型社区和用户型社区。像我们熟知的 Linux Kernel、Kubernetes、Google Source、MySQL 和 Fedora，以及国内的 OpenHarmony、深度、Kylin、OceanBase、RocketMQ，既有由单一机构维护开发的社区，也有开放式维护的社区，它们的工作内容是开发新的软件，属于项目型社区。另一类社区是用户型社区，工作内容是更好地运用和推广开源软件，国外有 FOSSASIA、

Open Forum Europe，国内有 51CTO、OSChina、LinuxFans、Python 中国等。项目型社区多数会依托于某一基金会或某一公司，用户型社区的存在形式相对多种多样，甚至由一些开源软件的追随者共同来维护和运转。

有了社区的组织者和推动者，开源软件仍然需要一个开放的载体来存放代码，这就是代码托管平台，以提供全球范围内的协同开发。一般来说，每个开源项目只会选择一个代码托管平台作为开发库，这样的平台有 GitHub、Gitee、GitLab、SourceForge，很多云厂商都提供代码托管平台，但是从开源软件的传播性和可获取性来说，头部的存储库已经积累了大量开源项目。以 GitHub 为例，截至 2023 年 1 月，GitHub 有 3.7 亿个存储库，其中公共存储库有 2800 万个，你可以很方便地检索任何一个公共存储库，并了解更新状况、关注度等。

GitHub 作为全球最大的存储库，注册的开发者人数已经超过 1 亿，在 2021 年有超过 250 万新人加入了 GitHub，这些人中将诞生大量的开源使用者和贡献者。

1.3.2 开源软件图谱

随着开源模式的普及和成熟，开源软件所解决的问题也从相对单一的功能问题发展成为一种能力建设，在每个技术领域，都需要成百上千来自不同贡献者的开源软件相互协同，逐渐发展出开源软件图谱。谱系中定义了整个技术栈的结构中有哪些门类、当下推荐的软件项目、相关的参与方，以及孵化中的项目，既为开发者指明了方向，又方便用户正确选择开源软件。

1. 云原生图谱（https://landscape.cncf.io/）

云原生图谱由云原生基金会（Cloud Native Computing Foundation，CNCF）发布，这里包含 1182 个条目，揭示了云原生相关技术栈的划分方式，自上而下定义了应用定义和开发、编排和管理、运行时、供应、合作伙伴和提供方五个层次，每个层次中又进行了组件功能性的分类，右侧中部包括云原生平台和观测及分析的支持模块。在这个图谱中不仅有开源软件，也有闭源软件，从网站左侧的筛选条件中可以实现软件来源、许可协议类型的过滤筛选，方便用户进行技术决策。图谱中的云原生平台部分还会提供平台供应方对于 Kubernetes 的兼容性认证信息。

2. 人工智能 / 机器学习图谱（https://landscape.lfai.foundation/）

LF AI & Data 基金会支持人工智能领域的开源创新，发布了人工智能 / 机器学习图谱，这里有 334 个条目。自上而下依次是面向人工智能场景层的机器学习、深度学习、强化学习和编程，数据层的数据存储、处理和治理，模型层的训练、参数、流程和基准以及可信赖 AI，最下方是分布式计算、安全与隐私、自然语言处理以及 Notebook 交互编程环境。如果你对所有的内容进行筛选，会发现这里的内容全部都是开源的。

3. 区块链图谱（https://landscape.hyperledger.org/projects）

超级账本基金会（Hyperledger Foundation）隶属于 Linux 基金会，包括金融、银行、物联网、供应链、制造和技术领域的领导者，专注于为企业级区块链部署开发一套稳定的框架、工具和库。发布的区块链图谱包含 16 个项目，有 4 方面内容，即分布式账本、库、工具和领域特定项目。

1.3.3 企业版/社区版

开源软件的一大好处是用户可以自由选择和免费使用软件，缺点是软件不会像商业软件那样附带有支持保障，这就为企业用户带来许多不便。一些公司抓住了这一机遇，在开源软件的基础上进行定制、集成、测试、修复及优化，推出企业版本，并提供相应的技术支持、售后服务和培训，这种软件称为开源商业软件。Red Hat 就是开源软件商业模式的奠基者，而且是世界领先的开源软件公司。

企业版开源软件除了附加了很多服务之外，在软件发展的策略上也会有很多细节方面的差异，从而带来使用上的差异。虽然严格来说企业版的源代码来自社区版，但是企业版的某一个版本是否与社区的某一版本严格对应，需要看企业对社区项目状态和发展的理解，看企业是否认为当前社区版本中的功能可以稳定地用于企业级环境。红帽在发行企业版的时候，会在对应的社区版上进行适度裁剪，以避免企业使用一些不稳定和有缺陷的功能，因为某一功能突然从社区版中消失，也是常有的事。企业版中进行源代码编译时，具体设置什么样的编译参数也是企业仔细考虑和测试的结果，往往不同于社区版中宽泛的参数范围。另外，企业版往往会对应着一系列管理工具和自动化工具，来提升软件使用体验，而对这类软件，不同的企业处理方式更加多样化，有可能会以闭源、SAS 服务、现场服务的方式提供给客户，这也会显著增大企业版开源软件和社区版开源软件在使用和维护上的差距。还有一点至关重要，即当前很多开源项目本身就是一个集成性项目，比如 Linux 公司在 Linux Kernel 的基础上建立了很多 OS 社区，把操作系统所需的各种外围功能和环境再集成一次之后，才做 Linux 的发行版。很多容器平台是在 Kubernetes 的基础上集成网络、监控、日志等组件后再发行成容器或 PaaS 软件。如果发行方不遵守开源模式，或者用户在开源项目的基础上自己进行相关的集成工作，这又会是另一种体验。

1.3.4 开源软件的供应链

当今的软件开发，为了快速提供软件功能，没有人会从零开始去编写每一行代码，开源软件可以提供成千上万个功能，从开源软件中寻找并引用一些成型的功能，将大大加快开发人员的创新速度，这便在基于开源软件的项目中引入了隐形的供应链关系。

由于开源软件的广泛运用和云原生时代的到来，基础架构越来越复杂和多样化，即使是同一个开源软件，每个公司的架构方式和实施方式也会存在差异，选用的周边配套组件也不尽相同。虽然开源软件本身不存在使用权的限制，但是在全球复杂的政治、经济格局下，开源软件供应链中只要有一个环节出现中断，最终也会像工业制造的供应链一样，波及最终的使用端。软件供应链出现问题，不仅新的软件供应会受到影响，甚至会直接影响到当下正在使用的软件的可用性。

　　软件的开发过程不像物品的制造过程，不需要供应链的上一环节每次都把生产出来的产品交付给下一环节，因为软件一经生产完成，你就可以无限次地部署和使用它，不再需要供应链的参与。但实际上，软件需要安装，出了问题需要有人服务，存在缺陷需要有人修复，这些环节也是供应链的过程。进一步讲，对于企业版的开源软件，提供授权许可就是供应链中的一环。

　　只要基于开源软件的源代码进行编译，得到二进制安装和运行文件或者使用社区提供的可运行文件，就可以自由使用开源软件。这个供应链从表面上看非常简单，但实际上开源软件有着更为复杂的供应链结构。

　　开源软件的源头是开源项目，但事实上，开源软件供应链的源头起始于不同领域的开源软件基金会。作为某一领域开源软件方向的主导者，虽然多数基金会自身并不直接制定技术标准，但是基金会组织、引导并孵化该领域中的开源项目，这样的过程最终会形成一种事实标准，并且基金会本身毕竟是一个经国家批准的实体组织，依然要受注册国的法律约束。

　　很多大型开源软件要引用和集成几十甚至上百个其他开源软件，比如 Linux 操作系统就是把 Linux Kernel 通过 Fedora、openSUSE、openEuler 等若干不同的发行版，将应用、工具、类库、各种运行时集成在一起，形成安装即可用的操作系统。如今，没有人会为了用 Linux 操作系统而从一个 Linux Kernel 开始做搭建。其他类似的系统还有很多，如 AI 平台、容器平台，大的集成性开源项目往往会关联众多的其他开源项目。

　　开发开源软件的社区本身并不会为用户提供技术服务和各种商业化的发行服务，比如广泛的兼容性测试、产品手册，甚至是安装和升级工具。没有足够技术积累、人力资源和使用规模的商业用户很难自己完成这类工作，这时一些 IT 公司担当起开源软件服务商的角色。比照以往的传统软件，软件服务商可以分为两类。第一类是软件的发行商，这类服务商既可以提供软件的日常使用类的服务，也可以提供缺陷修复类的服务，发行商掌握软件的源代码，能够将运行代码中的故障还原到源代码的准确位置并进行修改，帮助用户进行根因分析。第二类是掌握了该软件技术能力的服务商，可以提供日常使用和配置类的维护，根据已知故障和修复方法，帮助用户尝试解决问题。但是由于这类服务商不具备对软件源代码的维护能力，因此他们无法帮助客户进行代码级的故障排查。但是对于开源软件，这一状况就发生了变化，开源软件的源代码是公开的，得到源代码的服务商即使不是该软件的主要开发者，也可以通过源代码帮助客户进行根因分析，并将修复的内容提交到社区以彻底解决软件故障。只要服务提供者能够编译该软件的源代码，并能够复现编译过程，就能够提供该开源软件的全面服务。

　　前文中提到了代码库，作为开源软件承载的载体，代码库也是供应链中重要的一环。为开源软件提供代码库的机构往往都是企业，这和基金会有所不同，企业会受到所在地政府更为直接的管控，政府有权限制企业服务于某个人、某个企业、某个地区，甚至某个国家。2019 年，全球最大的代码托管平台 GitHub 更新了用户协议，表示 GitHub 企业服务器及用户上传的信息要接受美国法律监管。

所以，开源软件供应链是否可以长期安全可控，是一件很复杂的事情。软件不像硬件，存在性能接近的产品，可以直接替换使用。一个特定的开源软件一定是唯一的，任何克隆或者仿制的结果都是一个独立的新软件，可能在开始克隆时两个软件基本相同，但是随着时间的推移，两者会存在越来越大的差异，无法做到既平行发展又保持高度一致。这就好比RHEL 和 SUSE Linux 两种流行的 Linux 操作系统，两者都采用类似的架构、RPM 包的安装运行机制，相似度非常高，但是如果 RPM 包安装错了环境，应用也无法正常运行。

采用全新的供应链安全方式，不仅要看该软件的供应链上游，还要看其下游是否能够跟随全新的供应链体系，这也是谈到开源软件的时候，生态建设远比供应链可控更为重要的原因。在生态建设中，每一个参与方都应该是受益者，否则这个生态将无法长久存在，开源软件的参与者可以是企业或者个人，但没有谁完全依靠兴趣和荣誉而为社区做贡献。就像在前端开发方面非常流行的 core-js 项目，这是一个 JavaScript 库，由 Denis Pushkarev 全职开发，在全球前 10 000 个网站中，超过一半的网站在使用这个模块，其中包括苹果公司等大型公司。因为依靠目前的捐赠方式无法维持生计，Denis 打算放弃对 core-js 的维护。在 2015 年之前，红帽一直是 Linux Kernel 的最大贡献者，但是 Intel 后来居上成为第一，其原因是参与 Kernel 项目让 Intel 可以在第一时间把 CPU 的新特性推向市场，Linux 的流行会带来 Intel CPU 在企业端的广泛应用。

对于最终用户来说，最大的供应链安全是选择上的自由而不是仅仅依靠信任来建立安全。与传统软件相比，开源软件的变动更为频繁，社区没有义务为使用社区软件的用户提供软件功能的连续性保障，因此在早些时候，经常可以看到一些基础开源软件中已弃用的函数让开发人员崩溃，甚至是一个开源项目突然销声匿迹。我们曾经帮助一个有上万台服务器的客户做了一个估算，是否可以把当前的操作系统 A 都替换成 B，结果发现这是一件非常吃力又不讨好的事情。虽然操作系统看起来不像数据库那样关键，不像中间件那样和应用直接相关，不像开发框架那样嵌入在应用代码里，但是如果要更换操作系统，各种兼容性验证、环境的参数还原、稳定性测试，以及寻找切换的时间窗口，整个数据中心全年只能干这一件事，前提是业务应用开发部门会全力配合。

实际上，随着云架构的广泛运用，一些新的技术和管理方法能够帮助企业来解决这类可能会发生的事情。基于容器化的部署、不可变基础设施、模板化管理，再改变数据中心的系统构建模式，这不仅能使操作系统的更换变得更为容易，而且其他基础设施的可替换性、中间件的可替换性都在大幅提升。企业需要尽快落地云架构能力，做到一切皆可换，才能真正实现"我的开源软件供应链，我做主"，避免上游改道、下游遭殃的情况发生。

1.4 开源软件重塑企业 IT 架构

开源软件在企业中一直被广泛应用，不同的使用场景，对于企业 IT 架构的影响和要求有很大不同。从项目中使用的各种开源组件（如日志、文件处理、信息处理）、开发框架（如 Spring Cloud、Spring Boot、Vue）到 JBoss、Tomcat、Redis、PostgreSQL 等开源系统和工具，这些开源软件的运用在应用级别改变着企业 IT 架构。随着新技术的发展，企业可以随时在新项目中引入新的开源软件。但是当开源软件的运用进入基础设施层面时，开源软件对企业 IT 架构的影响是贯通式的，基础设施是 IT 的地基，开源软件通常拥有较好的兼容性，这使它更容易被集成到各种系统中，在基础设施的融合性建设中变得尤为重要，这与传统的专有 IT 基础设施建设形成了鲜明对比。

1.4.1　组件

开源组件是开源世界中最小的可用单元，比较有代表性的是 Apache 社区中的很多 common 组件，开源组件为应用开发带来了大量便利的基础功能，Java 工程师在每个项目中都会用到。通常项目组会自己决定要引用哪些组件，一个企业中会有上千种不同版本的组件包。当 2021 年暴露 Log4j 漏洞时，很多企业不得不到每台服务器的文件系统中搜索 Log4j 的痕迹。这样的问题不会是唯一一次也不会是最后一次。如果开发时的代码设计方式不对，组件的使用方式对应用系统的代码侵入性会非常强，出现问题时会很难快速换用其他组件，因此合理封装第三方的开源组件、通过 Maven 的统一管理、引入安全代码扫描机制，对于开源组件的管理至关重要，可以让企业对开源组件的使用进入有序状态，并且组件的来源和可靠性得以管理。

1.4.2　框架

围绕 MVC 模型诞生了大量不同语言的框架，如 Struts、Spring Cloud、Spring Boot、YII2、Laravel、Yaf、ThinkPHP、Gin、Xorm、Cuba、Django、Flask 等，这些框架实现了相对稳定、较大粒度下的开源组件的集成，在框架中将前端交互、服务、事务、数据库访问等功能组件集成在一起。开源框架为企业提供了快速的服务实现能力，让开发人员专注于功能过程的开发，通过框架实现服务的封装、发现、部署和相互调用，让开发人员在统一标准的结构下进行应用开发，提升了应用开发的效率。除非是在一些现有套装应用的内部进行功能扩充，否则开源的开发框架几乎是开发人员唯一的选择。

1.4.3　系统

开源系统是可以独立部署和运行的软件，提供某一方面完整的处理功能。Tomcat、MySQL、Drools、Camunda、Mule 都是典型的开源系统。除这些技术性系统之外，ERP/CRM/ 电子商务领域还有 Open ERP、SuiteCRM、WooCommerce 等开源系统，这些开源系统也会遵循传统软件的各种技术、业务标准，只是以基于开源的方式实现。有定制能力的企业在开源系统上可以更容易地进行个性化定制，满足更为灵活的业务创新需求。

开源系统不仅可以作为传统系统的替代品，还提供了更多传统软件没有的工具，包括自动化工具、DevOps 工具、测试工具、监控工具和运维管理工具，从而帮助企业大幅提高 IT 治理水平。

1.4.4　基础设施

近些年，大型企业数据中心随着对开放平台算力需求的大幅增长，已经开始从购买虚拟化、超融合、IaaS 平台的基础设施构建模式发展到基于开源平台来搭建基础设施。容器技术的突破不仅改变了应用的运行模式，也改变了数据中心的部署和维护模式。在容器技术之前，虚拟化帮助 IT 部门解决了如何切分和复用一台大型设备，并使软件堆栈可以脱离具体硬件环境，但并没有改变应用的形态，也无法将开放平台的算力整合为一个更大的可用资源。随着容器和云原生应用使服务变得标准，使其可以在对业务完全透明的情况下穿越服务器的物理环境边界运行在其他可用的硬件资源上，并且能够做到按需弹性扩缩容。随着更多的细粒度的服务运行在云基础设施上，网络开销成为制约服务细分的障碍，但是随着 DPU 的运用，开放平台跨硬件边界的网络调用开销问题将得到大幅的改善。依托开源软件建立起来的基础设施渐渐具备了与大型机和小型机比肩的能力。

基于开源软件的基础设施服务也是最近被热议的内容，Tim O'Reilly 表示，在开源的云时代，开发者分享代码的动力是让别人运行自己的程序，从而提供一份源代码。但这件事的必要性已经慢慢消失了。O'Reilly 的内容战略副总裁 Mike Loukides 以 Meta 开源的大语言模型 OPT-175B 为例，解释了在基础设施领域发生的变化。OPT-175B 的源代码虽然很容易下载，但你手头的硬件却无法对其进行训练，甚至对于大学或其他的研究机构来说，OPT-175B 都过于庞大。另外，即使是有足够计算资源的谷歌和 OpenAI，也无法轻易复刻 OPT-175B，因为 OPT-175B 与 Meta 自己的基础设施（包括定制硬件）联系过于紧密，很难被移植到其他地方。Meta 并没有想要隐瞒有关 OPT-175B 的内容，但构建类似的基础设施真的很难。即使是对于那些有资金和技术的人来说，最终也无法构建出一套相同的基础设施。

2022 年全球前三云厂商——微软、亚马逊、谷歌分别实现了 26.5%、29.4%、37.3% 的云业务营收增长，云 - 企业软件 -AI 计算三条轮动的业务线帮助云巨头们建立起一个相互拉动的业务模式，在云业务上降低算力成本并提高计算效率成为其制胜法宝，企业软件贡献了超高的毛利率，而 AI 计算服务化是目前各家争夺的战略制高点，也将成为接下来云业务中竞争最激烈的战场。这种已经无法自建的基础设施能力对于企业来说，也是未来进行 IT 架构设计时需要思考和应对的问题。

1.4.5　云原生

当前，我们已经身处云原生时代——容器、DevOps、微服务等新技术成为主流，开源与云原生如影随形，开源为云原生的快速发展奠定了非常重要的基础，而云原生也改变了以往的 IT 架构模式，各种技术平台和基础设施相互协同，构成了云原生的基础架构，而在此之上则是云原生应用的生态，云原生模式在丰富了 IT 能力的同时简化了 IT 架构的表现形式。

云原生应用可以根据访问量自动扩展和缩小应用的规模，以帮助企业适应不同的业务需求和流量峰值，大幅降低开展新业务和推广促销阶段企业的运营成本。云原生基础架构的多云支持，可以帮助企业在不同的云服务提供商之间移动应用程序和数据，降低企业对单个云服务提供商的依赖性，并提升开拓全球业务的能力。

云原生技术帮助企业更快地开发、测试和部署应用程序，使应用程序更具弹性和可扩展性，企业也能更快地响应市场需求和变化。云原生应用可以更好地处理故障和异常情况、快速从故障中恢复运行，从而提高应用程序的可靠性和可用性。

云原生架构又和 IT 自动化紧密相关，云原生环境下需要管理的实体数量呈爆炸式增长，而且云上的环境时刻都在发生变化，传统的人工运维手段无法承受云原生的运维规模和及时响应的要求。IT 自动化不仅能节省人力成本和时间，也能提高基础架构的可靠性和可用性。

1.5　企业开源实践和能力建设

企业使用开源本身是一个实践过程和工程过程，不同企业之间因为建设目标、技术路线、技术储备、现实状况的差异会面临不同的问题和挑战。现实中我们发现，很多企业只是用开源软件替代了原有的闭源软件，二者除技术体系替换之外，工作模式本身并没有特别明显的变化，这带来的结果就是：业务和技术依然沿袭旧有的"瀑布式"模式进行以**"项目 / 年"**为单位的迭代。

云原生是企业未来最主要的 IT 发展路线，企业需要建立云原生基础架构和云原生应用两方面的技术能力，并解决好由此新出现的安全问题，而不是随着新功能需求和新问题的出现，通过堆砌的方式实现云原生的建设。

经过红帽在开源领域多年的实践经验，企业要更好地掌控开源，必须在技术之上引入新的管理能力和过程能力，而开源治理和开放创新工作坊是应对开源挑战的两个最重要手段，其中开源治理为企业开源实践提供最核心的工作原则，开放创新工作坊则为开源领域的决策和创新提供工作框架。通过开源治理建立对开源软件从引入到退出的全生命周期管理，建立企业自己的开源架构蓝图，做到有计划、有准备地引入开源技术，在开源技术决策时，往往没有唯一性答案，这时就需要寻求最优解，开放创新工作坊则能够帮助企业从需求出发，以敏捷的方式对新技术进行探索、验证和推广。

1.5.1　云原生应用

云原生应用将传统的应用进行功能拆分，使其服务化、容器化。在云的世界里，应用系统的边界越来越模糊，但是服务的边界需要更为清晰才能最终实现内生与云的目标。一个健壮的云原生应用需要使用领域建模的方式从业务侧开始，充分考虑实体、功能、事务、安全等各种约束，有效识别服务的边界，并采用最适合的技术手段进行开发，而不是受限于某种开发语言或技术。在企业级的云原生应用建设中，还需要融合不同开源框架建立起来的服务，无论是传统的 Spring Cloud 模式、FaaS、Service Mesh 还是 IoT 中的各种场景。云原生开启了企业应用建设的全新模式，它不是某种单一的开发技术，而是一种面向云环境的全面的应用建设能力。

平台化建设是提升 IT 复用能力的重要手段，无论业务中台、技术中台还是数据中台的建设都需要实现对外部环境的快速响应，贴近用户需求，做到效益和效率上的科学匹配。平台建设需要明确分工，始终保持平台与使用方的诉求相一致，同时又要避免平台各自孤立发展，重复处理构建、部署、运营、升级等基础功能，目前人们已经普遍接受了在应用建设中采用以容器为基础的 PaaS 建设模式，将具备共性的工作交给底层的平台和基础设施去完成。

1.5.2 云原生基础架构

基于开源模式的云原生架构中往往包含了很多开源项目，并不是单一的软件系统。以容器为例，常见的是 Kubernetes，但是一个能够稳定运行的容器环境除 Kubernetes 之外，还需要集成 Prometheus、Grafana、Elasticsearch、CRI-O 的容器运行时等很多开源项目的组件才能成为一个生产运行环境，并且该环境可能还要适配用户现有的网络、存储配置，并随着新需求持续增加 FaaS、Service Mesh 等能力。新功能的引入或者新型应用的部署有可能对原有平台的稳定性和安全性造成影响，一个 Bug 影响的将不止某一个系统，当前应用出现的问题也许源自其他应用或者平台上一个不相干的功能。这些状况反映了基于开源技术进行云原生建设时的集成性、适配性、工程性、整体性特点。

在基于开源技术构建基础架构时，需要解决开放性、稳定性和连续性才能真正获得开源技术对云原生的正向推动。

❏ 开放性。如何选择技术路线，构建满足企业自身发展的技术平台？从开源技术发展的历史来看，在每一个领域都有太多种选择（如 Mesos、Swarm、Rancher、OKD、Cloud Foundry），这需要企业投入大量精力来把握方向。如果方向出现偏差，选择了完全不同的发展方向，就需要花费比较多的时间进行调整，如果是在同一个发展方向上的不同实现方式之间进行调整，相对而言就会容易很多。

❏ 稳定性。对于基础设施而言，只有其上处理的负载到达一定规模后，才能真正确认其是否具有稳定性。我们遇到过国内的金融客户在使用社区 OpenStack 构建 IaaS 时，小规模使用没有任何问题，但是当集群中的服务器规模达到上千台时，就会出现虚拟机创建缓慢的问题；也有用户当容器的实例规模达到 10 万量级的时候，ETCD 的信息同步会成为一个频发的故障点。

❏ 连续性。基础设施的升级、搬迁需要大量资源，一般来说轻易不会对基础设施进行调整，但是开源软件的特点就是升级换代频繁，即使是有商业支持的开源软件，其生命周期与数据中心或者应用的升级换代比起来，还是偏短。平台化建设的基础设施要想获得新的功能，往往需要将软件升级到新的版本。如何避免或者减少升级的影响，同时又能获得新的能力，这是一道有难度的考题。

1.5.3　容器

容器平台（CaaS）作为云原生的核心和发动机，类似于 Linux Kernel 对于 Linux，是否能够制造出一个大功率发动机，将直接影响企业云原生战略的实施落地。容器无法像操作系统那样成为每个应用或者系统的私有组成，因此容器平台需要成为企业中最符合标准和最持久存在的系统。容器平台本身就是一个框架式结构，可以采用不同的网络、存储方案，在面向混合云、IoT 时，甚至在面向不同类型负载时需要采用什么样的设计，并没有一个放之四海皆准的简单标准，这非常考验设计者的实践经验、对技术发展趋势的理解和对参考架构的运用。企业在落地容器平台时，也有三种模式，即基于社区各种基础软件自研容器平台、直接使用社区版本或采购企业版开源容器产品，但不论采用哪种模式，企业都需要具备对容器平台的设计和配置能力，以满足持续的云原生建设需求。

1.5.4　开源安全

Dynatrace 公司发布的全球首席信息官报告中曾指出，89% 的首席信息官承认微服务、容器、Kubernetes 和多云环境已经造成运维的盲点。在生产环境上，每月一次的扫描在以小时和天为运行单位的容器面前显得力不从心。容器运行时的动态特性，使最薄弱的部位可能成为木桶中最短的那块板，拉低整个环境中所有应用的安全等级。

源自社区的开源软件因为全球化的开发模式，其整体安全性相对于传统的非开源软件较高，但这并不意味着开源软件就是"净土"，从全球不同国家、开源社区持续发布的安全公告可以看出，开源软件的安全更新依然是非常重要的。从全球化的云安全技术的发展情况来看，从 Kubernetes 出发的云原生（Cloud-Native）的安全和安全左移在安全技术的发展中占据了非常重要的位置。企业用户虽然不是安全厂商，但为保障平台和业务应用的安全稳定运行，应最大限度地减少安全事件和风险。因此，及时关注全球云安全社区的发展，借助专业产品 / 厂商的力量保障云平台和应用的安全部署、及时完成相关漏洞处理和软件更新，同时利用最新的策略化的安全工具平台保障全球化的安全运行 Ops 等工作，对于企业用户来说变得非常重要和紧迫。

1.5.5　开源治理

开源软件因为其自身更新迭代迅速、软件生命周期短、技术的不完备性、存在种类繁多的许可证等，为商业和企业软件开发带来了很大的不确定性，再加上企业自身的能力储备不足等问题，造成了基于开源软件开发的项目给时间、质量、成本都带来了不确定性的影响，特别是全新业务领域的应用开发。对开源软件的引入和使用进行治理，把技术、组织、人和工具有机地结合在一起，建立开源治理体系，不仅能够更有效地提升开源软件在企业中的作用和效果，更重要的是能够帮助企业建立长期稳定的开源软件运用战略，使其在整个 IT 架构中贯彻落实开源软件的正确用法。

1.5.6 开放创新工作坊

在后互联网时代，不仅是中小企业，很多大型企业集团的业务转型也在快速发生，以往每 5 ～ 10 年发生一次的业务升级已经缩短到 2 ～ 3 年甚至更短的时间。开源技术虽然具有其先进性，但对于企业来说其仍然只是一台先进的发动机，需要进行调校和周边的配套建设，才能最大限度地把开源软件技术价值转换成企业需要的商业价值。红帽总结了在全球范围内帮助客户进行开源产品实施的经验，建立了 GitHub 上的开源实践项目——开放创新工作坊（Open Practice Library），以开放社区的形式为企业提供了大量工作框架，面向不同类型的任务共提供了 200 个模板。本书作者作为这类工作模式的教练，参与了众多的中国客户的工作坊（Discovery Session）中，帮助企业技术和业务团队进行了大量的开放实践，并取得了不错的成果。

第 2 章 *Chapter 2*

企业云原生应用实践之旅

2.1 云原生应用是企业应用发展的核心

随着企业进入后云计算时代，云原生应用正在成为企业数字化转型的潮流和加速器。在企业上云的趋势下，越来越多的企业和开发者开始把业务与技术向云原生和云原生的应用演进。这当中不仅是因为企业需要先进的、与时俱进的技术架构来适应快速变化的需求，云原生的应用也逐步成为企业 IT 应用升级的必然选择；另外对于企业降本增效的诉求，大家开始更多关注基础设施对工作效能的提升，以及对企业运营成本的降低，云原生和云原生应用正在成为全新的生产力工具。

2.1.1 云原生应用带来新的业务交付模式

我们知道云原生除了可以获得底层软硬件资源虚拟化带来的优势之外，云原生应用是面向业务功能的，具备按需消费资源的能力。工业中汽车的生产实现了生产线中柔性和企业敏捷性的结合。一个汽车制造厂商可以在一个生产线上同时生产出电动汽车和燃油车，另外，汽车企业目前也能给客户提供所谓的终端定制的方案，可以让客户自己选择车的最终颜色、配件以及相应的附加组件。我们知道，金融行业是对 IT 依赖程度比较高的行业，在传统情况下，银行的汇款业务属于银行的核心业务之一。但是现在越来越多的银行把汇款业务从核心业务拆分出来，单独实现一个汇款系统，这是因为随着银行业务的发展，出现了大小额支付、网联支付、银联支付、国际支付等不同的支付通道。一个银行业务系统想要不断增加支付通道，就需要不断增加新的模块，这样的业务场景无疑非常适合云原生应用，每种支付通道都是一种云原生的服务，通过各种业务在不同层级的编排，在系统业务不停机的情况下，就可以扩展银行业务系统中的支付手段，而且在支付通道的选择上也呈多样化。所以云原生应用将会给整个 IT 行业带来柔性和敏捷的构建能力，云原生应用不仅是一种新的业务交付模式，也是新的 IT 交付模式。

2.1.2 云原生应用加速企业敏捷创新

在过去相当长的一段时间内，我们以虚拟化平台作为云平台和客户系统交互的界面，因为服务器的计算能力相对比较强大，通过虚拟化平台可以将资源出租给虚拟机从而比较方便地实现对服务器资源的利用。容器化技术的出现使小的物理资源可以被抽象成大的计算资源，通过开放能力，计算资源可以跨越物理机障碍（重新定义 / 重载化），容器使得算力可以以服务的方式被消费。这不仅大幅降低了企业 IT 实施和运维的成本，更重要的是提升了业务创新的效率。

如今在多云时代，企业的数据和应用不仅分布在企业私有云和公有云上，也分布在远程办公室或分公司以及边缘计算的环境中。企业希望实现不同云之间的应用移动性，同时保持对硬件、管理程序或云的开放性。因此建立一个以业务为中心的运作方式，构建云原生的应用程序和基础设施是一个必然趋势。实现对业务的快速部署以及弹性动态调整，而且整个架构是以非常简单的方式来构建的，这就是以应用驱动的企业云原生。

2.1.3 云原生应用提升用户的最终体验

如今，企业在设计自己的应用架构、构建自己的业务应用时，一定要充分考虑和应用相关的复用性，包括模块的复用、组件的复用、工作链的复用甚至整个应用架构的复用。

在过去，和应用相关的复用性更多的是对成本的考虑，这就意味着开发工作通常由外包团队完成，或者应用功能会被相对封闭的架构实现。所以，其中的某些功能可能不容易被修改甚至成为永久性的功能实现，从而导致应用的扩展性极差，最终企业会因此付出更多的技术成本。下面来看一个具体的例子，一家零售公司计划制订并实施一类促销算法，计算所有促销优惠进入其电子商务系统后的最终价格。然而，支持移动结账的需求则需要根据零售商的不同而重新构建此功能。由于促销的机制比较复杂，因此重复的开发就会不可避免地造成结果出现差异，然而当线上显示的促销与线下的促销不同时，就会导致糟糕的用户体验。企业在构建自己的应用时，选择基于云原生的应用架构方案，不仅可以通过采用云原生应用中领域模型设计、微服治理等技术手段来充分思考和验证应用的复用性，还可以有效地复用已经建立的功能、模块和相关组件，最终避免上述问题的发生，最终更好地提升用户体验。

2.1.4 云原生应用助力业务的稳定性

对于企业级应用，至关重要的是必须保证企业的核心应用是始终可用的。因为最初部署的应用系统并没有按照底层系统会发生故障的前提去设计。为了保证企业的业务不中断，我们必须做到应用可以实现零停机时间和高可用性，而为了能够让企业的业务系统达成此目标，这不仅是运维团队和基础架构团队的职责，也能够通过应用程序的架构设计和应用的自身特性来实现分布式、松耦合、多副本等相关技术特点，从而最终能够应对不可避免的故障、错误甚至宕机等事件。另外，企业应用还必须能够实现相应的隔离机制，防止应用在调用链路中出现级联故障，甚至雪崩等问题。所以选择一个什么样的应用架构以及与之对应的应用模式至关重要。而构建云原生的应用正是解决这些问题的关键所在，让企业可以最终完整地满足上述要求，并且让核心应用平滑地实现升级、副本切换。

2.1.5　云原生应用助力企业战略规划

考虑到企业应用的战略全局对于企业的发展至关重要，随着越来越多的公司已经实现数字化转型战略并采用云计算相关的技术，企业应用的战略规划变得越来越重要，能否考虑和规划完整的企业应用战略，从而对应最终的应用架构，关系到整个企业的成功与否。

在过去，业务方面的失败可能只会影响 IT 相关的预算，如今，它会影响企业的整个业务线。例如，在典型的电子商务公司，如果总体的应用架构存在缺陷（例如，其中的集成架构可能无法很好地实现弹性扩缩容），将会直接导致 IT 成本的增加，从而影响公司利润率。然而，更大的问题是，由于大部分的销售工作已经迁移到线上，这样的规划和考虑缺失可能会直接导致业务的中断，甚至造成大量销售订单的丢失。所以对企业应用的战略规划应深思熟虑，只有规划好了企业应用的全局战略，选对了应用形式载体才能事半功倍。采用云原生的应用方式，不仅会让企业从应用架构的角度上更好地规划和衡量业务发展方向，同时还能系统化地针对企业的业务服务做出有效的治理工作。

2.1.6　云原生应用缩短创新反馈周期

在企业业务快速发展和需求创新的今天，企业管理者通常希望看到一个清晰并且可以描绘长期愿景的企业业务发展蓝图，并会通过适当的投资来支持这一愿景的达成。而对于实现这一目标和任务的交付团队或应用开发团队而言，他们可能会考虑创建一个具体的开发交付计划，然后根据这个计划，交付团队和开发人员就能够在规定时间内有序地执行任务。这看起来似乎没有什么问题，但是我们仔细想一想，企业管理者和开发团队之间仍然存在明显的认知差距，如图 2-1 所示。换句话说，企业管理者仍然无法很清晰地获得开发团队或交付团队的成果反馈，以及在建设过程中任务的执行效率。所以我们是否可以找到一个共同的价值目标，使两者的认知保持一致，并且能够不断衡量价值目标和验证结果，最终朝着正确的方向前进并取得进展。因此针对上面的问题，在应用开发和交付过程中最直接的办法就是提高代码的持续发布的能力，同时通过集成、测试、部署等实现相应端对端功能的生产流水线。如今应用程序的更新已经可以做到从每月数次发展到每周数次，有时甚至一天数次。这会让企业管理者或用户看到最终结果，这毫无疑问是有价值的，但是持续发布、持续集成的最根本的动力其实并不是衡量目标，而是可以帮助应用开发更早地降低风险和缩短反馈周期。

企业管理者想要——描绘一幅长期愿景的企业业务发展蓝图，并通过适当的投资来支持这一愿景

交付团队和开发人员想要——有一个具体的开发交付计划，他们可以在短期内执行任务

我们如何弥补这一差距？
找到一个共同的价值目标，使企业管理者和交付者的认知保持一致，并不断衡量价值目标和验证结果，朝着正确方向前进并取得进展

图 2-1　企业管理者和开发团队之间的认知差距

作为应用开发人员或交付团队中的一员，在你从蓝图上选择构建某个功能的时刻起，你就选择了需要承担这一任务所面临的风险：这个应用设计合理吗？这里面实现的功能覆盖了所有需求点吗？这样的用户体验可以被接受吗？获得和验证此类问题的最佳方法是构建并发布一个早期的应用版本，然后不停地收集相关的反馈信息，利用这些反馈信息或者称为试错信息，对应用做出修改和调整，甚至完成一次新的功能迭代。这样做不仅缩短了我们对应用终极目标的反馈周期，同时也让我们可以更好地降低应用开发过程中会遇到的风险，最终提高应用的交付效率。

所以企业应用以及企业应用的形态是否可以很好地做到快捷有效的试错，最终缩短反馈周期显得至关重要，这也是构建云原生应用和云原生应用模式的重要推动力之一。

2.1.7　云原生应用适配多元算力的发展

从技术发展的角度来看，开源让云计算变得越来越标准化，容器已经成为企业应用分发和交付的标准，可以将应用与底层运行环境解耦，Kubernetes（K8s）成为资源调度和编排的标准，屏蔽了底层架构的差异性，帮助应用平滑地运行在不同的基础设施上，在此基础上建立的上层应用抽象（如微服务和服务网络）逐步成为应用架构现代化演进的标准，开发者只需要关注自身的业务逻辑，无须关注底层实现。

人工智能、5G、HPC、边缘计算等新业务的逐渐落地和普及对算力多样化提出了更高的要求。针对特定的业务场景采用专有的硬件可以提供更好的计算效能，越来越多的异构计算硬件（如 GPU、FPGA、ASIC、SoC 等）被应用到专有的领域。采用云原生的应用架构方式后，可以很好地利用底层算力的资源，屏蔽底层多种硬件的差异性，从而真正充分利用异构硬件多样化的能力，最终做到以应用为中心，应用无须关心底层的硬件设备，无须针对特定硬件做任何特殊处理。

2.1.8　云原生应用适配数据驱动的业务

我们会发现，随着企业业务的不断发展和应用程序的持续演进迭代，企业的业务数据不再是由单一的共享数据库所构成，而是由更小的本地化数据组成，甚至是由多个不同数据库中的相关信息共同组成最终需要的数据。这就需要企业以及企业应用以新的视角和方法去看待和管理这些应用形态下的数据，数据作为企业最重要的资产之一，由企业的系统产生，而企业的系统多种多样，例如 CRM 系统、IoT 设备、OA 系统、HR 系统等，这些数据经过分析和转换之后变成企业运行的各类指标，企业决策者需要根据这些指标来调整整个企业的经营方向。所以如果这些数据无法做到"有之以为利，无之以为用"的话，那么它们就失去了真正的价值，企业也就失去了洞察形式和制定决策的能力。所以企业应用是否可以很好地阅读和呈现相关数据显得十分重要。

如今，我们可能会通过边缘设备或移动端应用很方便地收集用户的使用数据，接着可能需要把这些数据回传到数据中心，通过算力来完成最终的智能化需求。然而在过去的软件架构中，数据的使用量和采集量远不及现在，通过设计高效的软件组件和合理的部署架构可以完全满足当时的应用使用场景。而如今，数据不仅变得离散化和分布化，许多应用场景还需要满足数据的实时化要求。所以结合上述挑战，我们的企业应用能否以正确的应用形态面对所谓数据驱动下带来的挑战关系着企业的核心竞争力。

2.2　云原生应用的定义和核心原则

2.2.1　云原生应用的定义

如图 2-2 所示，在云原生应用的发展过程中，Heroku 在 2011 年提出了十二因子的概念，十二因子适合任何编程语言，通常被认为是最早的云原生应用的技术特征，我们先把它称为云原生应用的顶层架构原则。

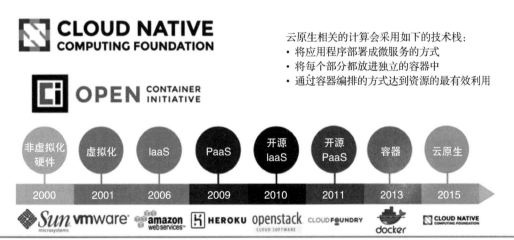

图 2-2　云原生应用的发展过程

比较有影响力的是 Pivotal 的技术经理 Matt Stine，他提出云原生是一组思想集合和最佳实践，包括敏捷基础设施、微服务、DevOps、持续交付，指出了云原生是一种可以充分利用云计算优势构建和运行应用的方式。2019 年，VMware 收购 Pivotal 后重新给出了关于云原生的最新定义，即"云原生是一种构建和运行应用程序的方法，它利用了云计算交付模型的优势，当公司使用云原生技术构建和运行应用程序时，可以更快地将创新想法变成产品推向市场"。这里提及的云原生技术其实就是指微服务、容器化、DevOps 以及持续交付。这当中很重要的一点是说明了云原生应用的计算模型。

最后看一下 CNCF 对于云原生的定义："云原生技术有利于各组织在公有云、私有云和混合云等新型动态环境中，构建和运行可弹性扩展的应用。云原生的代表技术包括容器、服务网格、微服务、不可变基础设施和声明式 API。这些技术能够构建容错性好、易于管理和便于观察的松耦合系统。结合可靠的自动化手段，云原生技术使工程师能够轻松地对系统做出频繁和可预测的重大变更"。这当中很重要的一点是说明了云原生应用的代表技术。

这里先不急着统一云原生应用的最终定义，但是从这几个关键时间点上能够比较清晰地看出，云原生应用定义是由几个重要部分组成的，即顶层应用、云原生应用计算模型以及云原生的技术，如图 2-3 所示。

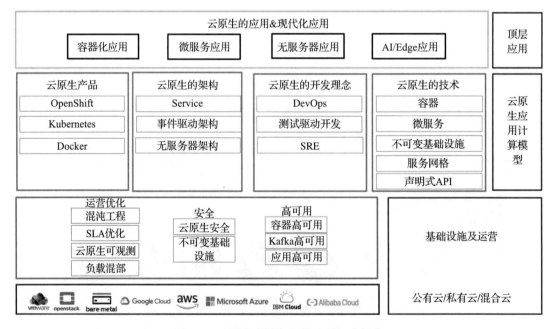

图 2-3　云原生应用定义的重要组成部分

从企业的核心目标来看，云原生的应用程序是为了能够以业务指标为导向进行快速创新，降低维护风险并能够保持环境最新，另外，云原生应用的很重要的一点是能够较好地预测故障，并且即使当所依赖的基础设施出现故障或者发生其他变化时，它依然能保持稳定运行，同时云原生应用的环境能够满足自我修复和无停机的持续可用性，并且能够提供弹性扩展和无限容量的感知。因为没有一个硬件可以保证在任何时间都是可用的，所以要通过应用方式设计多副本、适当地增加冗余系统。

从技术的角度来看，云原生包含容器、微服务、持续集成和持续发布等不同技术，它使用一种全新的方式来构建、部署、运维应用。它不但可以很好地支持企业的敏态业务转型，而且能比较好地作用于企业的 IT 技术架构和应用架构。从广义上讲，云原生的应用会基于分布式云架构来进行设计和开发，会全面用到云提供的相关服务进行软件构建。

综合来看，云原生所追求的目标是使用现代化的容器技术，不断下沉应用所需的非功能性需求到云平台，最终达到让开发者只关注业务、只实现业务逻辑的目标。从本质上来说，构建一个软件的目标就是实现业务需求，即客户的核心价值。为了运行、维护软件，保证软件的可用性，我们不得不花费大量时间来补全软件的质量属性。而借助云原生技术是一个让开发回归本源的过程，让开发者只需关注软件开发中的本质问题。

2.2.2　云原生应用的核心原则

1. 去中心化、支持分布式的原则

在传统的软件架构中，大型机或服务器的强大的计算处理能力可以很好地帮我们处理业务调度、分配和计算，业务间的通信完全可以通过一个强大的主机来实现并完成，这是我们通常讲的中心化处理方式，而在云原生应用的时代，应用架构普遍基于微服务的方式，当一个组件需要与另一个组件进行通信时，它需要知道在哪里可以找到另一个组件。例如当一个应用程序水平扩展到数百个实例的时候，又如通过一种办法能够更改所有实例的配置，同时不需要投入大量的精力然后集中地重启。能够做到这些，很重要的一点就是要求云原生应用是去中心化的。在微服务的应用场景下，每个服务可以独立采用自己的技术方案和相应的技术栈，每个微服务应用都可以独立部署，服务之间是进程隔离的，每个服务都可以拥有自己独立的数据库，一个服务实例的失效不会导致大规模的服务故障。在整个微服务的运行过程中，相互之间的调用都是通过点对点直接调用，即所谓的运行时其实是去中心化的。

另外，从云原生应用的开发角度来讲，去中心化意味着关注点分离。云原生应用的开发对开发团队有一个很重要的能力要求，即能够独立自主，并且每个服务由独立的团队完成所有的开发运维，所有者团队对服务具有决策权，可以自主选择技术栈及研发进度，服务之间只要不改变接口，外部就不需要对其过度关注，真正做到去中心化后的关注点分离。

2. 松耦合、支持响应式的原则

对于软件设计本身而言，很重要的一个原则就是要能做到松耦合，如果采用微服务架构去实现企业软件，我们就需要在不同的软件模块或不同的微服务之间进行数据通信以及请求和响应的转发。对于软件服务端和消费端真正解耦或者不再依赖于特定的服务契约进行通

信时，软件服务提供端发生变化时才不会影响到软件的消费端，而且软件的消费端还可以方便地切换到其他的服务提供方。

另外，我们针对软件服务端和消费端可以通过事件加上响应式的方式来完成软件之间的进一步松耦合，当消费端发送请求需要得到回复的时候，我们不再让消费端等待处理结果的返回，而是通过事件的方式路由到事件消息的处理流中，当服务端处理完成后再通知需要关注结果的消费端，这样不仅可以提高软件的处理能力，也可以让软件的服务端和消费端在事件消息流的机制上变得可插拔，各自只需要订阅自己关心的主题内容就可以完成一个完整的业务。

3. 面向失败、支持不断变化的原则

真实世界是不断变化的，应用软件是表达真实世界的一个载体，而变化就一定会带来不确定性，不确定性就有可能导致失败。在软件世界中可能会体现为系统间的依赖调用会失败、基础设施提供的服务可能会超时或卡死，所以我们永远无法保证一个系统是永久或是永远可用的。换句话说，我们需要有面对应用软件失败的能力。一个软件系统是能够完成自我修复的，当发生故障时，我们的系统可以通过自愈的方式完成问题的处理。

首先，如果我们想让软件始终处于运行状态，就必须针对基础设施的故障自愈和需求变更实现很好的弹性机制，无论这些故障和变更是计划内的还是计划外的。当应用程序运行的环境经历了一些不可避免的变化时，你的应用程序仍然能够适应这些变化。

其次，我们的目标是能快速迭代，频繁发布新版本，支持软件的不断变化，同时缩短反馈时间，但是单单凭借紧耦合的单体应用是无法做到这一点的，太多相互依赖的模块需要耗费大量的时间并需要团队之间的复杂协作。所以，更小、更松耦合、可独立和发布运行的微服务架构的应用更能满足这些需求。

最后，我们的应用必须可以获得多副本的部署和支持，这就意味着我们的应用势必是分布式的，所以应能够高效地管理分布式应用，并且能够根据应用请求数量的变化动态地决定后端运行的实例个数和应用负载大小。因此选择很好的企业云原生平台，诸如 OpenShift 或具备完整服务的公有云平台，是必经之路。

4. 无状态、数据分离的原则

在企业应用中，很重要的一个原则就是应用的可用性，在设计云原生应用的时候，应该尽量做到让我们的应用服务是无状态的，也就是说我们的服务端不会保存任何客户端请求的信息，但是这并不是说有状态信息就不再需要保存了，例如应用数据、交易数据、用户数据等。而真正的重点是我们的设计的应用服务是和数据分离的，服务在处理请求时不依赖除请求本身以外的其他内容，也不会有除响应请求之外的额外操作。这样云原生应用就可以通过增加副本数的方式并行对我们的无状态服务进行扩展，这不仅可以提高应用服务的高可用能力，同时云原生应用还能依赖云的特性实现自动弹性扩容、缩容，增加我们应用对峰值、变化请求量的响应能力。

另外通过把有状态数据信息部分拿到外面，可以方便借助消息队列、数据库集群完成我们对有状态数据的保存和处理。

5. 自动化驱动的原则

云原生的应用通常会伴随着容器和微服务架构，通过更多高内聚、细粒度的服务方式提供给最终使用者，并且系统通常都是分布式的，这也就意味着云原生应用的部署和运维的成本可能随着软件服务数量的增多而呈指数级增长，这无疑提高了软件交付的难度和门槛。所以如果不能很好地处理软件交付中对应的复杂性问题，我们就无法很好地运用到云原生应用的优势，所以必须立足在能够自动化驱动的原则上，标准化企业内部的软件交付过程，实现交付环境和交付工具的自动化才能实现对整个云原生应用交付和运维的自动化。针对自动化驱动的原则，后面的章节会具体讨论关于 IaC、GitOps、Operator 以及 CI/CD（持续集成 /持续交付）的一些相关内容，来完成我们对自动化驱动原则的有关实践。

6. 可观测的原则

对于传统的应用部署，无论是基于物理主机还是基于虚拟机，其操作系统上承载的应用相对固定。而对于大多数采用单体架构的系统来说，其系统内部的通信也相对简单。

而到了云原生应用的时代，实现方式上基本都会结合容器加微服务，一台主机上可以部署和运行最少几十个甚至上百个容器应用，这样，一台主机上应用程序的部署密度及变化频率较传统环境有着巨大的差别。另外，伴随着云原生技术的进一步发展，基于异构微服务架构的场景会越来越多、越来越复杂，系统的故障点可能出现在任何地方，因此针对上面这些问题，我们需要有针对性、可观测性地进行体系化设计，才能降低应用的 MTTR（故障平均修复时间），真正提升系统的稳定性，同时也能记录云原生应用快速变化的应用行为。

另外，从合规的角度来看，"等保 2.0"的标准对企业应用的可信度要求提升到一个新的高度。尤其是"等保 2.0"的四级，对应用可信度提出了明确的动态验证需求，所以，如何在不影响应用的功能、性能并保证用户体验的前提下，做到应用的动态可信验证也是构建云原生应用可观测原则的驱动力之一。

2.2.3　云原生应用的模型

云原生应用中很重要的一点是可以利用云化的服务资源，我们知道在构建云原生应用时大部分都会有自己的 PaaS 平台，或者是我们熟知的容器平台，例如 Kubernetes 或红帽的 OpenShift 平台等，这个过程中之所以选用基于 PaaS 的平台，是因为它可以对底层的基础设施、运维系统提供服务化的能力，并且在这个过程中每个团队都可以通过该平台提供自己高度内聚的服务化能力，同时也能对外提供该平台全生命周期的管理能力。这也反映了一个共同点，即我们在构建应用程序时都会做同一件事情，就是需要对应用的全生命周期进行管理，但是我们会发现不同方向、不同公司对于应用的定义千差万别，针对应用全生命周期托管也没有统一的规范，而且大多数公司的运维研发团队规模都并不大。另外，虽然基于 Kubernetes 或是红帽 OpenShift 构建的 PaaS 平台已经在很大程度上屏蔽了底层基础设施的差异，但是仍存在的问题是很多云服务是无法通过 Kubernetes 直接创建的，或者说需要提前创建好以供 Kubernetes 的原生应用使用。目前，基于 Kubernetes 的应用形式非常多，只是在应用交付领域的开源项目就达几十个之多。我们通过 CNCF 从云原生应用程序交付模型的角度把云原生的应用大概分为下面几个层次，如表 2-1 所示。

- ❑ **应用程序定义和打包**：云原生应用的最上层，它会负责直接定义云原生应用的组成形式，解决云原生应用之间的依赖关系，并封装成相应的发布包，如通过 Helm、CNAB 等，还会基于 API 的方式来编排云原生应用。
- ❑ **工作负载定义**：通常会基于 Kubernetes 的 Operator，它们既包含工作负载的定义，又包含工作负载的生命周期管理。其中 Istio 的技术比较特殊，它不仅负责管理服务间的流量，还负责安全性、可观察性等功能。
- ❑ **应用程序构建和发布**：这个层次关注应用的构建和发布，可以通过 GitOps、发布策略等技术手段实现，这也是目前云原生应用全景中最丰富的部分之一。
- ❑ **Kubernetes 原生**：Kubernetes 本身提供的模型对象，Operator 也是基于此基础进行构建的。

表 2-1 云原生应用程序的交付模型

分　类	代表技术
应用程序定义和打包	Helm、Kustomize、CNAB、Karmada、Pulumi、Ballerina
工作负载定义	Operator、Kubeless、KEDA、OpenFaas、Istio、Knative
应用程序构建和发布	Argo-CD、Tekton、Pipeline、Scaffold、Gitkube
Kubernetes 原生	Deployment、DeaemonSet、Job、CronJob、StatefulSet、Pod、ReplicationController

在目前云原生的时代下，大家可以方便地通过 Kubernetes 或红帽的 OpenShift 构建自己的云原生应用，但针对云原生的应用，其实还可以基于上面的层级分类做到进一步的层次抽象。这里可以参考相应的云原生应用模型——开放应用模型（Open Application Model，OAM），它不仅可以作为云原生应用后台支撑的统一模型，同时也实现和定义了关于云原生应用的一些标准。根据该模型的定义，我们可以将云原生的应用程序部署在不同的异构平台上，如图 2-4 所示，同时又可以方便地支持我们在云原生应用中所需要的特性。它具体可以分为如下 3 部分。

- ❑ **开放（Open）**：支持异构的平台、容器运行时、调度系统、云供应商、硬件配置等，与底层无关。
- ❑ **应用（Application）**：云原生的应用。
- ❑ **模型（Model）**：定义标准，以使其与底层平台无关。

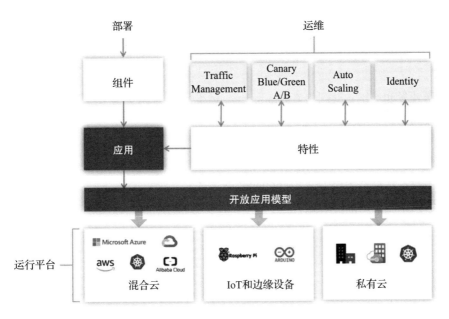

图 2-4　云原生应用模型概览

OAM 规范中定义了如下对象，它们既是 OAM 规范中的基本术语也是云原生应用的基本组成，如图 2-5 所示。

- ❑ Workload（工作负载）：应用程序的工作负载类型，由平台提供。
- ❑ Component（组件）：定义了一个 Workload 的实例，并以基础设施中立的术语声明其运维特性。
- ❑ Trait（特征）：用于将运维特性分配给组件实例。
- ❑ Application Scope（应用作用域）：用于将组件分组成具有共同特性的松散耦合的应用。
- ❑ Application Configuration（应用配置）：描述 Component 的部署、Trait 和 Application Scope。

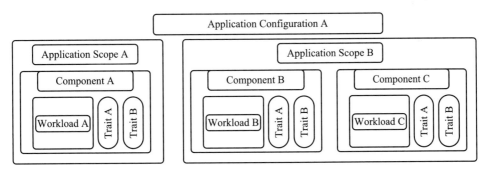

图 2-5　OAM 规范

2.2.4 云原生应用的关注点分离

如图 2-6 所示，可以看到对于一个云原生应用来说，不同的对象是由不同的角色来负责的。

- ❑ 应用开发和运维：共同将 Component 与运维属性 Trait 绑定在一起，维护应用程序的生命周期。
- ❑ 应用运维：定义适用不同 Workload 的运维属性 Trait 和管理 Component 的 Application Scope。
- ❑ 应用开发：负责应用组件 Component 的定义。
- ❑ 基础设施运维：提供不同的 Workload 类型供开发者使用。

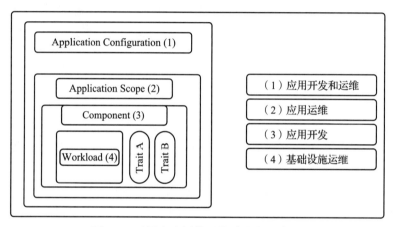

图 2-6 云原生应用模型的关注点示意图

基于 OAM 中对象定义的云原生应用可以充分利用平台能力自由组合，开发者和运维人员的职责可以得到有效分离，组件的复用性得到大幅提高。

2.3 云原生应用的挑战和误解

2.3.1 软件架构没有变化

如果对过往经过上云的企业或做过应用迁移的企业进行分析的话，会发现很大一部分的应用只是做了平台或底座的替换，只有极少量的应用对代码或软件架构进行了部分重构。例如，原来的单体应用可能只是被简单地容器化后放到了容器平台里面，又如原来的关键性业务应用迁移后采用了分布式储存进行支撑，但是关键性业务应用中的计算和数据部分并没有真正用到分布式存储的优势特性。因此，以上这些应用本身的技术栈并没有发生变化，或者说软件架构并没有发生实质的变化，只是软件平台和运维技术体系发生了变化。

所以我们可以得出结论，云原生应用的构建并不是简单地实现应用上云迁移后就代表万事大吉了，如果应用本身没有基于所谓新的云服务或底座技术特点进行重构的话，而仍然沿用老的软件架构，那么即使业务运行没有问题，应用也不能充分利用新的云服务或软件底座的技术优势，从而真正释放出云原生应用的优势。所以只有通过结合云原生基础架构下提供的云服务，改造对应应用的软件架构，才能更好地使用云原生技术，更好地构建弹性、稳定、松耦合的分布式应用，从而最终解决云原生应用中分布式复杂性的问题。

当然，软件架构发生变化的时候，我们可以借助重新托管（Rehost）、更换平台（Replatform）和重构（Refactor）等不同的方式实现相应的云原生应用的改造，而针对这几个实现方式，2.4.2 节将对其进行详细阐述。

2.3.2　开发方式带来的挑战和变化

在采用云原生的开发方式后，首先，应用的开发环境和运行环境都比以往复杂，需要更多的时间进行准备，开发中用于代码调试的时间也更长。其次，我们往往可以看到过去在没有云原生开发的时候，开发人员可能有一个 8GB 或 16GB 配置的笔记本就可以满足开发需求，但是现在云原生应用开发往往需要开发人员能够满足分布式应用场景的需求，所以可能需要 32GB 内存配置或更高配置的计算机才能才完成工作，可能还需要更多的硬件资源用于应用的调试和测试。此外，我们在云原生的应用开发中一般都会遵循相应的敏捷模式，而敏捷开发的项目数量越来越多，因此需要有更多的人来管理环境，开发人员也需要有更全面的技能。新的开发方式的到来无疑会带来时间成本、资源成本、人力成本的提升，如图 2-7 所示。

时间成本	资源成本	人力成本
应用的开发环境和运行环境都比以往复杂，需要更多的时间进行准备，开发中用于代码调试的时间也更长	开发人员的计算机需要更高的配置，需要更多的硬件资源用于应用调试和测试	敏捷开发的项目数量越来越多，需要有更多的人来管理环境，开发人员需要有更全面的技能

图 2-7　新的开发方式带来成本的提升

另外，当我们在构建云原生应用的时候，需要充分考虑开发者使用的开发工具和开发环境的因素，其中开发工具可以是 Microsoft Visual Studio、Eclipse/Eclipse Che、IntelliJ IDEA 等不同的工具。但是构建企业级云原生开发环境是一项系统性工程，如图 2-8 所示，不再是使用一个工具或遵循一些规范就可以形成企业级的云原生应用开发环境和对应的能力，而针对企业级云原生应用的开发环境同样要有架构设计过程，需要考虑如何去提供这样一个环境，而环境承载之后还需要相应的工作流程，不能通过一个简单的工作制度或一本手册来对人形成约束。

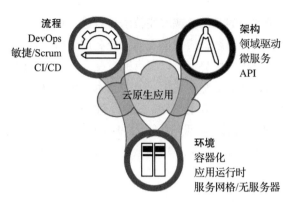

图 2-8　构建企业级云原生开发环境

另外，云原生应用的开发不是一个单一的编程语言环境，往往是多语言、多框架工具的环境，甚至每个开发人员使用的工具库也都不一样。在这样的开发环境中，我们要能够提供全面的工具库并具备环境上兼容的能力。如图 2-9 所示，在安全方面，当下很多云原生应用的开发都是分布式的、多团队的，开发人员未必在同一个办公楼里，这种情况下应考虑如何更好地实现代码的管控授权，包括项目中引入不同的开源组件、不同的第三方服务等，如何才能保证这些来源的安全性，并保证这个开发环境是持续可用的，以及如何在一段时间后发现软件中有遗留问题并可以复原当时的环境。在管理方面，目前大量的事情都需要在云化的方式下解决，全球的开发中心以及多地问题如何得到很好地管理，如何在当前项目中快速引入新的技术或引入新的工具甚至是新的模块，但是又不需要对所有的应用开发环境进行升级，以及在云上如何为合作伙伴提供更好的云原生应用的开放性支持，这些都是企业云原生应用开发时需要重点考虑的。

图 2-9　企业级云原生应用开发所需要的能力

2.3.3　运维模式需要的改变

企业在开始云原生应用开发之后，很重要的一点就是需要以云原生的方式来运维开发后的软件。在采用云原生应用的开发方式后，我们会面临交付模式的改变，在整个云原生应用的构建过程中我们会更多地采用持续交付的方式，因此需要我们具备基础设施标准化、自动化的能力，而非过去手动进行检查列表（checklist）的部署和实施。如图 2-10 所示，在云原生时代之前，运维的关注点会放在服务器对象上，会以最小化意外事件作为相应的关键指标。而企业在构建自己的云原生应用后，运维的关注点会放在对应的服务上，而应用相关的平均恢复时间（Mean Time To Recovery，MTTR）会成为当中的关键指标，进行基础设施自动化后，我们会通过 API 的方式来创建和管理资源，此时我们的云原生方式运维会更加关注 DevOps 之类的指标（MTTR、部署频率等）以及环境一致性的标准规范。换句话说，传统运维更多是面向操作的运维，而云原生的运维则是面向观测数据的自动化运维，也就是说传统运维中更多的操作基于运维规则和相应的检查列表，而云原生的运维需要基于基础设施的标准化和自动化，我们可以通过完整的观测性指标和 API 的方式来对相应的服务进行管理。

过去	"云原生" 时代
• 管理服务器	• 管理服务
• 最小化意外事件	• 最小化MTTR
• 长生命周期的基础设施	• 相对短期的基础设施
• 手动检查列表	• 强制执行API化
• 支撑型部门	• 实现创新

图 2-10　云原生应用推动运维模式的改变

　　另外，在云原生的时代，相应的运维人员也会在一定程度上参与到应用架构的设计和部署中来，此时，我们的云原生运维人员会改变日常琐碎的工作模式，而非以点对点的方式解决问题。

2.3.4　组织架构需要的改变

　　在充分理解云原生应用的定义后，云原生应用还会涉及企业 IT 文化和企业 IT 组织机构的改变。企业的组织架构也需要配合云原生的方式来运维和管理软件。一个企业中的 IT 文化，实际上是开发、运维等 IT 人员共同认可和遵循的工作流程、知识体系、工具集的总和。从图 2-11 中可以看出，在过去的项目中，每个项目的基础设施基本都是通过人力驱动来操作完成的。如今在云原生的架构下，我们更关注业务侧或者通过应用来表达，所以我们更加关注应用，通过应用来定义基础设施，前面曾提到，基础设施"云"化以后会变得更加标准化。所以作为运维一侧只需要制定规范并在相应的基础设施层上找到实现即可，而不再直接涉及纯手工的基础设施工作，同时更多模式会采用敏捷工作的方式，所以只有组织结构上真正的改变才能做到这一点。云原生应用作为企业应用的一种全新模式，涵盖了工具集的升级、知识体系的更新和工作流程的改变，也同时变更了企业的 IT 文化。

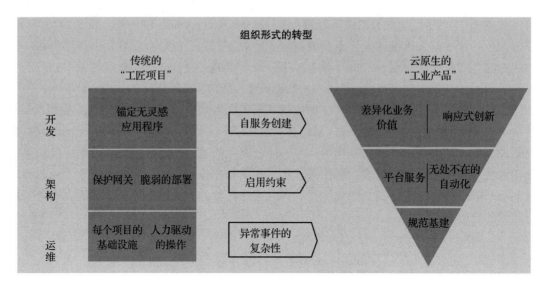

图 2-11 云原生应用组织架构需要的改变

2.3.5 对于云原生应用的共识

通过前面的解析和阐述，我们可以清晰地了解云原生应用并不是简单地把原先放在物理服务器上运行的应用重新放到虚拟机里运行，真正的云原生应用需要在基础设施和云原生平台上能够满足要求，同时还需要对企业的应用做出相应的改变，这当中包括需要进一步实现云原生应用的架构、云原生应用的开发方式，以及云原生应用的部署和维护方式，从而最终真正发挥云服务所提供的弹性、动态调度，以及自动伸缩等一切传统 IT 所不具备的能力。另外，无论从谁的定义来看，云原生从一开始就不是一项技术或一个产品，而是一种系统化的方法论和技术的集合。只有满足"上云"特征或者说专门面向"云"设计的应用，才可以称之为云原生应用。所以后面我们分别针对现代化应用、应用架构改造、云原生的平台服务、企业团队能力探讨红帽关于云原生应用的构建和实践。

2.4 红帽关于云原生应用的构建思路和相关实践

2.4.1 红帽关于云原生应用的构建思路

1. 红帽关于云原生应用构建的路线图

通过前面的讨论可以得知，简单地将应用迁移到云上并不代表完成了云原生应用的全部构建要求，如果应用本身并没有基于相关的云平台服务进行应用或架构的重构，那么即使业务运行没有问题，我们也不能把这样的应用称为云原生的应用。所以应该使应用现代化，通过应用架构改造并充分结合云原生平台提供的服务真正完成企业对于云原生应用的构建，红帽关于这部分内容的构建线路图如图 2-12 所示。

应用现代化	架构及实现设计	应用开发及环境	构建流程及工具	企业团队能力构建
应用评估	架构设计DS	云原生应用开发平台	DevOps成熟度评估	红帽开放创新实验室
应用上云迁移和重构	微服务旅程	服务网格实施	DevOps咨询规划	
	DDD工作坊	API驱动的敏捷集成	应用无感切换	
	清晰架构微服务设计	可靠镜像库	应用监控	
	单体架构迁移	云原生就绪的中间件		

图 2-12　红帽关于云原生应用构建的路线图

2. 红帽构建云原生应用的原则

（1）原则一：基于容器的基础设施

如之前在云原生应用定义的章节所说，云原生应用需要依靠容器来构建跨技术环境的通用运行时，并可以在不同的环境和基础架构（包括公共云、私有云和混合云）间实现真正的应用可移植性。如图 2-13 所示，红帽作为开源业界先进的公司能够为用户提供目前市场占有率第一（市场份额 44%）的企业级容器平台 OpenShift，另外红帽也是多云容器开发解决方案的领导者，是除了 Google 之外 Kubernetes 的最大代码贡献者。对于容器平台 OpenShift 的描述，后文会有详解。

（2）原则二：基于服务的架构

对于构建云原生的应用，我们会选择基于服务的架构（如微服务的方式）。如图 2-14 所示，我们会通过领域驱动设计、测试驱动开发、API 驱动服务、事件驱动架构等四轮驱动的方式全力构建高内聚、松耦合的模块化服务，使开发团队可以独立进行开发、测试和部署相关服务，从而最终加快应用的交付速度。

（3）原则三：基于 API 的通信

如图 2-15 所示，我们在构建云原生应用后，应用会通过与技术无关的轻量级 API 来提供服务，通过管理 API 的方式可以降低云原生应用在部署以及维护上的复杂性。

（4）原则四：基于 DevOps

如图 2-16 所示，我们在构建云原生应用时会使用敏捷方法，依据持续交付和 DevOps 原则来开发应用，要求开发、测试、运维和安全团队以及交付过程中所涉及的其他团队以协作方式构建和交付应用。

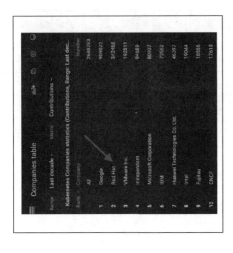

Red Hat是除Google之外Kubernetes
的最大代码贡献者

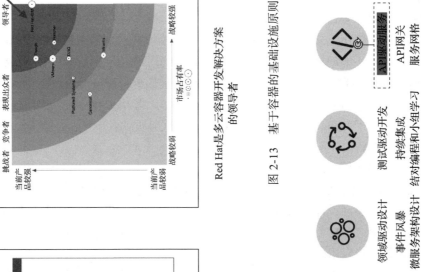

Red Hat是多云容器开发解决方案
的领导者

图 2-13 基于容器的基础设施原则

Red Hat能够为用户提供目前市场
占有率第一（市场份额44%）的
企业级容器平台OpenShift

领域驱动设计
事件风暴
微服务架构设计

测试驱动开发
持续集成
结对编程和小组学习

API驱动服务

API网关
服务网格
统一认证与鉴权

事件驱动架构
流数据处理
事务最终一致性

图 2-14 基于服务的架构原则

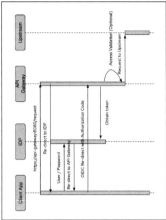

统一认证与鉴权

在API网关层集成统一认证与鉴权，实现用户管理、角色管理、颁发Token，管理Token和签名验证功能，避免在各个微服务中重复建设

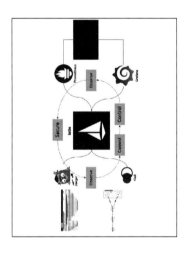

服务网格

细粒度流量控制，增强服务的可观测性，实现服务跟踪和全链路监控

图 2-15　基于 API 的通信原则

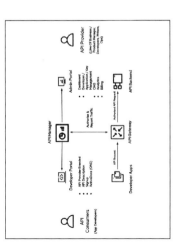

API管理平台/API网关

API发布/订阅管理、反向代理、路由分发、负载均衡、认证鉴权、安全控制、流量控制、断路器和访问问日志

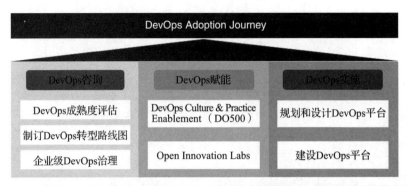

图 2-16 基于 DevOps 的原则

2.4.2 通过红帽赋能实现企业应用现代化

1. 企业应用现代化的概念

企业应用现代化是指通过更新（而不是替换）老旧的传统软件系统来提高企业的软件交付性能的过程。从实践层面来看，应用现代化在很大程度上需要把企业的应用进行云原生化的改造，即由传统的基础架构和应用架构转型为云原生化的基础架构和应用架构。而对于不同的企业而言，这可能涉及需要重新部署现有的传统工作负载的平台或是迁移到基于Kubernetes 的云平台上来，同时需要将单体式应用分解为微服务架构下的更小单元。在应用现代化过程中，企业会更多采用新的工作方式（包括 DevOps、SRE 和 CI/CD 等）。

从企业目前所处的阶段可以较为清晰地看出，更多应用现代化策略的核心是将传统应用平台更改为容器编排平台 Kubernetes。因为 Kubernetes 不仅可以帮助企业应对应用完成交付和容器化管理，还能较好地支持云原生的应用，以及应用可以重构为微服务的架构形式。

2. 企业应用现代化带来的价值

如今企业可能会发现，大量传统工作负载、底层平台、技术和传统开发实践阻碍了业务敏捷性和创新性。这是因为很多传统系统是在云计算、云原生开发和容器平台技术出现之前就完成开发的。但是，这些传统系统中仍然承载了大量关键型应用负载，而且是无法轻易被替换或停用的重大长期投资。这样就会使企业陷入相对尴尬的处境，必须面对维护这些系统的必要性，同时还要兼顾创新性和敏捷性，从而满足新客户的期望和应对新机会的挑战。这些传统应用可能需要大量时间、预算和资源来进行维护，因此它们就成为创新过程中的重大障碍。而应用现代化的目标就是将传统应用迁移到现代化平台，将单体式的应用分解为更小、更易于维护的组件（如微服务）。同时应用现代化会将软件开发和部署实践相结合，让新旧应用能够实现无缝集成，从而让传统的应用重拾敏捷的能力，如图 2-17 所示。

另外，应用现代化可以通过引入容器、DevOps、服务网格等云原生相关技术，实现数字业务交付的全流程标准化和自动化，从而降低人工操作和沟通成本，提高运维和治理效率，最终充分释放科技人员的生产力。

最后，从科技组织形式来看，传统企业往往是按照项目方式和思维来推进 IT 建设的，但应用现代化会以持续迭代的方式，打造持续迭代的企业文化，从而推动 IT 建设按照产品思维展开，进行持续运营并跟踪客户的第一时间反馈。

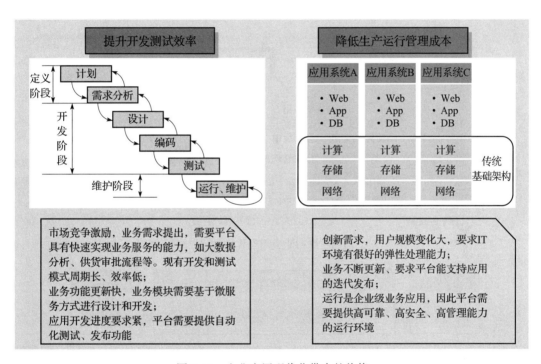

图 2-17　企业应用现代化带来的价值

3. 红帽构建应用现代化的思路和方法

（1）红帽构建应用现代化的建设路径

红帽在帮助企业客户构建应用现代化时，如图 2-18 所示，会遵循分阶段的建设路径，我们会从夯实基础做起，通过环境调研后制订相关方案，包括应用现代化平台部署实施、外部系统对接、试点应用迁移等；然后我们会在应用侧进一步推广，支持用户将更多的应用（不同框架，不同语言）迁移到应用现代化环境中，使用 Service Mesh 等新的开发框架；在应用完成推广后，我们会完善应用现代化的相关规范，包括完善开发、运维、安全等相关规范，完善应用监控系统，最终达到反馈结果并推动对整个应用开发进行调整。另外，我们会在整个过程中执行持续演进的原则，支持客户在应用现代化平台运行更多的应用，支持客户在应用现代化平台支持更多场景，进一步完善企业应用现代化的整体相关规范。

（2）红帽构建应用现代化的指导方法

红帽在帮助企业客户构建应用现代化的时候，会遵循相关的指导方法，如图 2-19 所示。红帽构建应用现代化的方法论会将指导方法分解为一系列的相关步骤，这些步骤都会有明确的目标，其中每个步骤都能够单独提供价值输出，以便客户在进行应用现代化的过程中可以实时地按阶段衡量自己的建设成果和输出产物，同时也可以方便客户遇到实践问题或技术壁垒时有效地进行反馈和调整，整个过程会依赖参与人员在流程和技术实现上逐步实现增量式的应用产出。

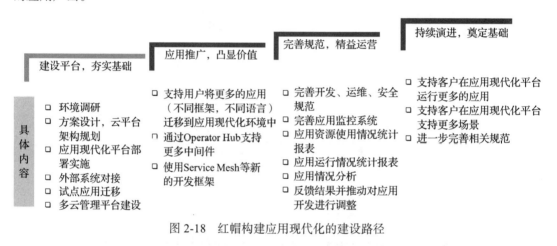

图 2-18 红帽构建应用现代化的建设路径

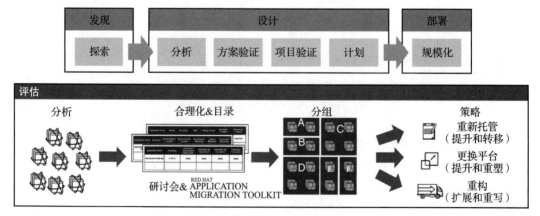

图 2-19 红帽构建应用现代化的指导方法

从探索阶段开始，我们会向客户介绍需要做应用现代化的技术能力支撑以及可能会出现的相关问题，让客户可以全面地了解所面临的需求和挑战，从而能更好地把握整个过程中的方向和建议可采用的方法。

在设计阶段，我们会采用互动研讨会的方式来相对抽象地设计技术、流程以及可能的架构；为应用现代化方案建立策略，整合人员、流程、技术和构建可能的业务案例。在部署阶段，我们会通过 1 个或多个参与迭代来实现应用现代化需要的工作，最终可以部署到企业环境中。您可能会注意到在这一过程中，我们谈到的策略包括重新托管、更换平台和重构三种方式，下面分别进行具体阐述。

4. 通过应用评估，开始应用现代化

红帽在帮助客户进行应用现代化的过程中，会通过具体的工具帮助客户完成对应用程序的评估，Pathfinder 是其中一个我们会用到的评估工具。如图 2-20 所示，它可以从客户能力、业务需求及未来 IT 战略的角度来对应用程序进行评估，客户可以方便地使用它来确定正确的现代化战略，包括哪些应用程序可以现代化、所涉及的工作量以及在这一过程中可能会遇到的障碍等。另外，Pathfinder 还可以帮助客户根据自己业务的重要性、技术相关性以及执行过程中的风险系数和所需工作量等多个因素确定最终应用程序迁移的顺序。

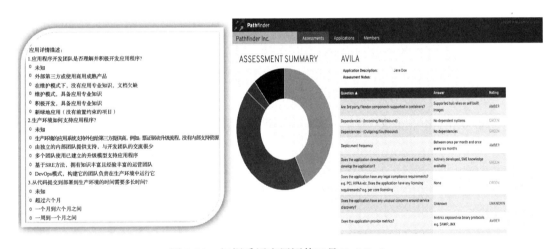

图 2-20　红帽采用应用评估工具 Pathfinder

Pathfinder 是一款基于 Web 界面的应用程序评估工具，如图 2-21 所示。你可以通过在 Pathfinder 中输入超过大约 29 个多项选择题，Pathfinder 最终会提供给你一个有关 IT 能力和架构审查的地图，这对于企业中的业务开发人员、项目经理和架构师都非常有用。大概的步骤包括：

1）评估应用的简单问卷；

2）审阅单个应用的结果；

3）形成应用的聚合视图报告；

4）识别迁移的应用候选对象。

图 2-21　红帽 Pathfinder 的应用组合评估

红帽很重要的一个应用现代化工具是 Migration Toolkit for Applications，如图 2-22 所示。Migration Toolkit for Applications（MTA）又称为应用程序迁移工具包，它是一组工具集，可以支持大规模 Java 应用程序的现代化并实现通常的应用转换以及应用迁移。它可以方便地实现应用程序代码的分析、工作量的评估，以及代码的迁移，最终帮助你将你的应用程序方便地迁移到云和容器中。MTA 可以在红帽的 OpenShift 中通过 Operator 进行安装，也可以选择来自 GitHub 的源代码压缩文件进行安装。

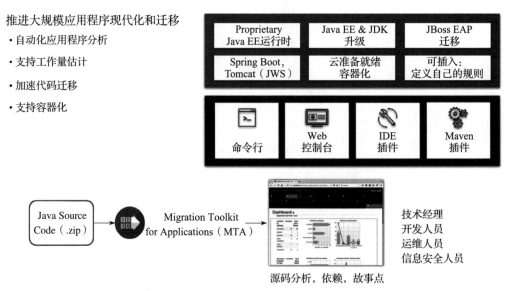

图 2-22　Migration Toolkit for Applications

在 MTA 的 Web 控制台中，开发人员和业务人员可以通过上传自己的单个应用程序或将数十个或数百个应用程序通过打包的方式上传其中来进行分析，如图 2-23 所示。MTA 的

Web 控制台还可以帮助开发人员创建和优化输出报告，进而详细说明有挑战的部分并创建对应的解决方案。

分析完成后，您可以选择直接进入分析报告或选择下载 csv 格式的电子表格做进一步处理，项目的概述页面将会向你显示所有已经分析完成的应用程序的列表。对于每个应用程序，你可以看到相应的基于工作量估算和技术评估的故事点。MTA 还会指出合适的目标运行时，例如应用程序是否可以部署在 Tomcat 或 JBoss EAP 中。由于该报告是动态的，因此你可以在列表选项中过滤你关心的技术项。在处理大型应用程序项目时，了解程序代码间的依赖关系以及在多个应用程序集之间的共享关系是至关重要的。MTA 会自动检测这些依赖关系并可视化这些依赖关系，如图 2-24 所示。

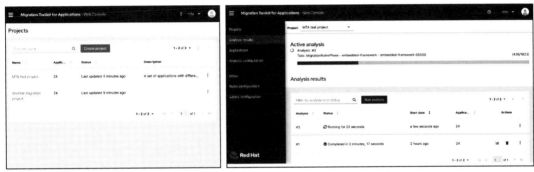

图 2-23　通过 MTA 控制台管理项目和应用程序

图 2-24　通过 MTA 进行问题类型分析和依赖关系梳理

　　另外，MTA 允许你通过浏览代码的方式识别相关的迁移任务，并提供带有相关建议的内联提示，如图 2-25 所示。这不仅可以为团队节省花费在分析上的大量时间，还可以将风险降到最低。借助这些功能，MTA 迁移工具包有助于详细说明需要工作的范围并能估算完成任务所需的工作量。

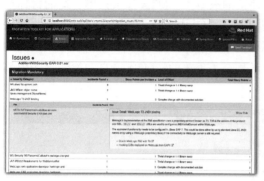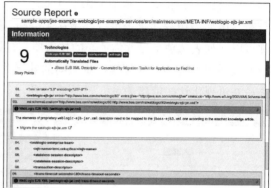

图 2-25　通过 MTA 检查提示并自省应用程序源代码

5. 通过架构转型评估，选择适合的迁移路径

　　在完成前面阶段的探索过程之后，如图 2-26 所示，我们会根据客户目前的应用现状提供不同的架构转型评估结果，其中包括重新托管、更换平台以及重构三种主要方式来帮助客户完成应用现代化目标，虽然每条路径都有不同的技术、流程、文化和时间的要求，并各自可能都会有针对目前应用架构下不同的好处，但所有这些途径和方法都将有效帮助你的企业在应用现代化中更好地实现自己的目标。另外，你的所有应用程序无须都遵循相同的现代化路径。你可以选择最适合每个应用程序特征的路径，以及企业当前和预期的需求。你还可以选择现在对现有应用程序进行最小的更改，并随着你的需求的发展进一步再对其进行更深入的现代化改造。

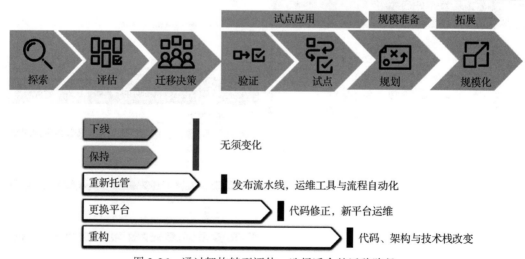

图 2-26　通过架构转型评估，选择适合的迁移路径

　　红帽所提供的迁移路径主要分为重新托管、更换平台以及重构三种，如图 2-27 所示，其中重新托管（Rehost）会在基于 OpenShift 的混合云平台上的虚拟机中部署你的应用，更换平台（Replatform）会在基于 OpenShift 的混合云平台上运行的容器中部署你的应用，而重构（Refactor）则会使用云原生微服务重建你的应用程序，集成新技术，并在基于 OpenShift 的混合云平台上进行部署。

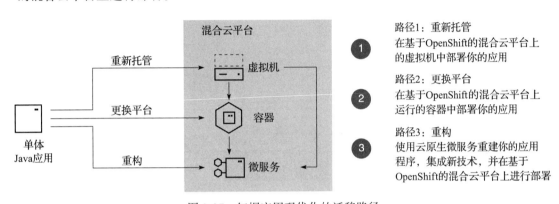

图 2-27　红帽应用现代化的迁移路径

（1）重新托管

　　重新托管的路径涉及将运行在传统应用服务器上的 Java 应用程序优化和转移到运行在混合云平台上的虚拟机中，如图 2-28 所示。单体 Java 应用程序在你的应用程序服务器上保持不变，并保留所有现有的集成和依赖项。外部数据和集成可以保留在你的旧平台上。重新托管通常需要很短的时间并导致迁移成本较低，但与其他现代化路径相比，它提供的好处也更少。即便如此，重新托管可以帮助你将虚拟化、容器化和云原生应用程序统一到一致的平台上，并为未来的云原生操作做好准备。

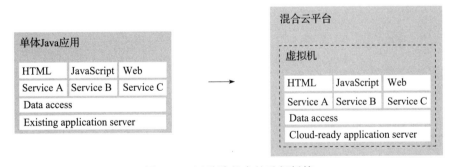

图 2-28　迁移路径中的重新托管

（2）更换平台

　　更换平台路径涉及修改、优化 Java 应用程序并将其转移到在混合云平台上的容器中运行的现代运行时环境，如图 2-29 所示。只需对基本的 Java 应用程序进行少量更改，它们即可从 OpenJDK 等容器化 Java 运行时中受益。在将企业应用程序部署到容器中之前，它们会迁移到现代运行时环境，例如红帽的 JBoss Enterprise Application Platform 或 JBoss Web Server。此路径通常比重新托管花费更长的时间，但会带来更多好处。在单个混合云平台上统一你的应用程序可简化操作并允许你提供自助服务功能。更换平台后的应用程序还可以利用混合云平台的所有本机功能。

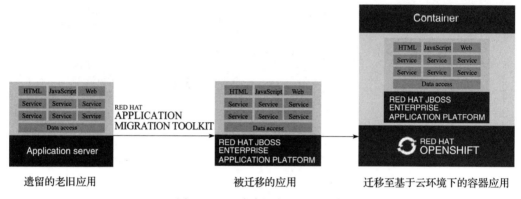

图 2-29　迁移路径中的更换平台

（3）重构

重构路径涉及将 Java 应用程序服务重新开发为部署在混合云平台上的基于 Spring 或 Service Mesh 的微服务，如图 2-30 所示。随着时间的推移，服务可以重建，以逐渐将功能从旧的应用程序架构转移到新的应用程序架构。在重新开发过程中，还可以升级底层技术并添加新的云原生功能，例如人工智能和机器学习（AI 和 ML）、分析、自动缩放、无服务器功能和事件驱动架构。重构路径花费的时间最多，但也提供了最大的优势。重构提供了重新托管和平台重构的所有好处，同时允许你采用创新的新技术来提高业务敏捷性和价值。

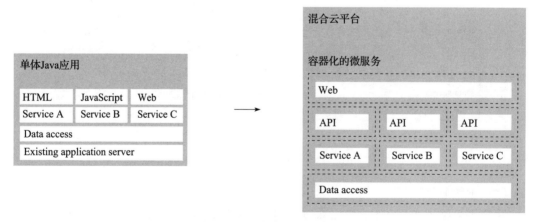

图 2-30　迁移路径中的重构

一旦完成了上面的 Lift-and-Shift 操作，开发人员就可以通过"扼杀单体应用"的方式，使用微服务逐步替换应用中的相关功能，使实现更轻、更快、更易于维护，如图 2-31 所示。随着功能被替换，单体应用程序中的一部分可以选择删除或退役。开发者还可以在开发过程中通过微服务引入新功能，以使应用程序对客户或业务更具吸引力。

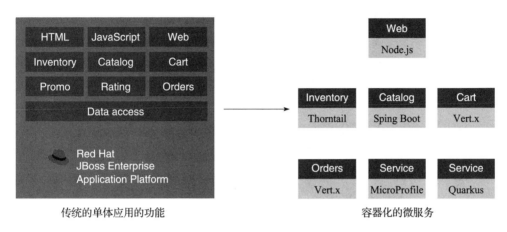

图 2-31　使用微服务替换应用中的相关功能

我们会采用基于领域驱动设计的方法，将软件实现与可能基于微服务的不断发展的模型联系起来。特别是使用边界上下文模式将应用程序的功能划分为更有意义的组件，这些组件可以通过重构成为新的微服务。通过这种方法，大型复杂的软件模型可以被划分为有边界的上下文，上下文之间具有特定的相互关系。如图 2-32 所示，通过采用领域驱动设计的方式，将应用程序功能划分为有意义的组件部分，而这些组件部分可以被重构为相应的微服务。

另外针对上面的三种迁移路径，红帽已经将过往的工程实践变成了相应的自动化的工具，如图 2-33 所示，用户可以完整地通过 Konveyor 工具将重新托管、更换平台以及重构应用到 Kubernetes 平台上的相关任务。这也是红帽针对应用现代化实践的一个具体落地体现。其中 Crane 可以实现在 Kubernetes 不同集群之间的重新托管，Move2Kube 可以将包括 Swarm、Cloud Foundry 甚至是传统虚拟机方式的应用迁移至 Kubernetes 平台。ForkLift 则可以帮助你将传统的虚拟机负载迁移到 Kubernetes 平台上来，Tackle 则是一系列的工具集，可以帮助你在对应用进行容器化之前进行一系列的评估和推荐，以及自动化测试你的应用。

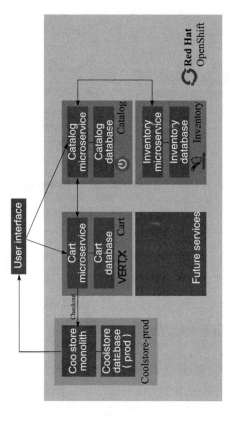

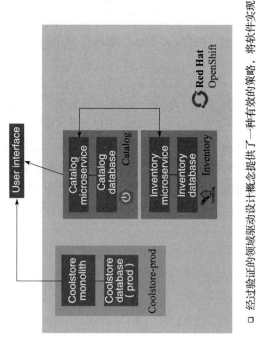

- □ 经过验证的领域驱动设计概念提供了一种有效的策略，将软件实现与可能基于微服务的不断发展的模型联系起来。特别是，使用边界上下文模式可以是一种将应用程序功能划分为有意义的组件部分的建设性方式，这些组件部分可以重构为微服务
- □ 通过这种方法，大型复杂模型被划分为有边界的上下文、上下文之间具有特定的相互关系。本样例中分为库存服务、目录服务和购物车服务等
- □ 通过Thorntail（Red Hat的Eclipse MicroProfile实现）构建库存微服务，新的微服务部署在现有的单体应用的边上并开始运行
- □ 构建目录微服务和购物车微服务
- □ 目录和库存微服务之间相互调用
- □ 购物车服务与UI进行通信以进行用户交互
- □ 购物车服务与目录微服务通信以帮助用户购物
- □ 购物车服务与原来的Coolstore单体通信以进行结账

图 2-32 采用领域驱动设计的方式将应用程序功能划分为有意义的组件部分

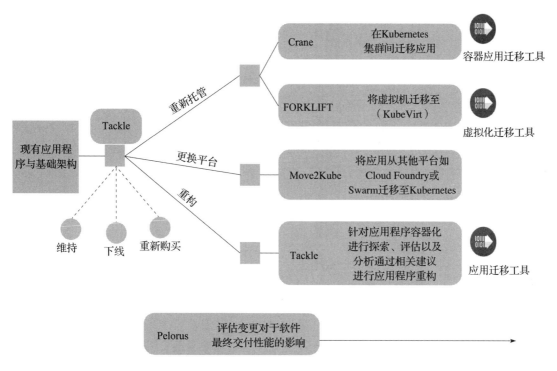

图 2-33　采用自动化工具 Konveyor 实现迁移

6.实现企业应用现代化的完整生命周期

企业客户可以通过红帽的赋能，基于对应用现代化完整的方法体系和实践指导，完成从分析与评估、规划与设计到部署与集成再到生产上线和支持与保障的整个完整生命周期，如图 2-34 所示。

2.4.3　通过红帽微服务旅程实现应用架构改造

1.通过领域驱动进行微服务架构设计

我们知道，如果想要将企业应用构建成为所谓云原生的应用，非常重要的一点就是需要在开发应用时采用基于云原生的应用架构。随着企业软件的快速发展，软件会变得越来越大，软件生命周期也会越来越长，最后重新开发的风险越会变得越来越大。我早年在某公司工作时，需要对一个业务遗留系统进行改造，该系统中混杂了至少 3 种编程语言，其间经历了大大小小数十次变更，程序已经凌乱不堪，维护的成本也越来越高。此时，我们非常希望通过重构的方式对现有系统进行优化和改造，但我们发现该系统中有许多动辄数千行的大函数与大对象，如果对它进行改造或重构，可能并不是想象中那么简单，而且需要花费巨大的精力和时间才有可能完成最终目标。这就让我们注意到，在企业构建应用过程中，企业的应

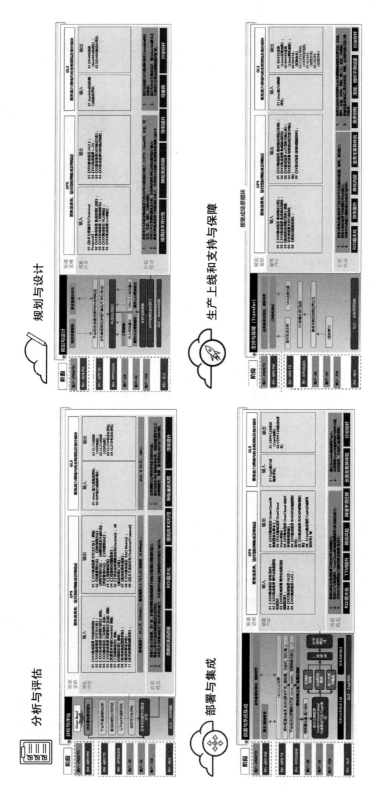

图 2-34 实现企业应用现代化的完整生命周期

用或软件产品为什么会变成这样或者说为什么会变得越来越退化。经过深刻的思考后，我们很快意识到了问题的根源：这是软件的业务由简单向复杂转变的必然结果。软件会随着变更而变得越来越复杂，代码也变得越来越多，这样就不能只是在原有的简单程序结构里加代码，而是要先调整程序结构再实现新的功能，才能保持设计质量。

那么我们如何能够保证设计质量？或者说当企业系统变得越来越复杂时，我们如何保证我们对业务的理解是正确的，我们可以正确地反映真实世界的变化和要求呢？领域驱动设计可以帮助我们做到这一点。我们将对业务的理解绘制成领域模型，当系统变更时，我们会将变更的业务通过领域模型还原到真实世界，再根据真实世界去变更领域模型，这样根据领域模型的变更指导程序变更，我们就能对应用程序和软件做出正确的设计，从而能够低成本地持续维护一个系统，避免因为软件退化造成相关问题。这对于如今生命周期越来越长的软件系统和企业软件来说，显得尤为重要。

如今，随着云原生技术的快速发展，我们对应用架构越来越多地采用基于微服务的架构设计，我们知道可以通过微服务设计将把业务封装成为更加内聚、更加专一的业务模块。然而，微服务强调的"小而专、高内聚"其实对设计提出了很高的要求，如果简单地按照业务模块进行微服务拆分，我们会发现每次变更都需要修改多个微服务，不仅多个团队都要变更，还要同时打包、同时升级，这不仅没有降低维护成本，还使系统的发布比过去更麻烦。

这样做是对的吗？是微服务不好还是其他问题造成了这种现象？我们深入研究之后，发现对于在定义微服务架构时提到的"小而专"，很多人理解了"小"却忽略了"专"，导致微服务系统难于维护。这里的"专"，就是要"小团队独立维护"，也就是尽量把每次的需求变更交给某个小团队独立完成，让需求变更落到某个微服务上进行，唯有这样做才能发挥微服务的优势。而微服务的设计不只是技术架构更迭，而是对原有的设计提出了更高的要求，即"微服务内高内聚，微服务间低耦合"。

那么如何才能更好地做到这一点呢？答案是可以通过红帽的微服务旅程，过程如图 2-35 所示。在这一过程中，我们会带领企业客户通过领域驱动设计的方式，实践找到我们需要业务模型，然后有方法、有秩序地进行微服务拆分和设计，从而开启企业应用在微服务旅程中的第一步。

图 2-35　红帽微服务旅程

2. 构建云原生的微服务架构蓝图

在红帽的微服务旅程中，我们会带领客户去思考自己需要的微服务理想架构是什么样子的，如图 2-36 所示。我们大致从 6 个角度来进行综合考虑，其中包括了容器平台、微服

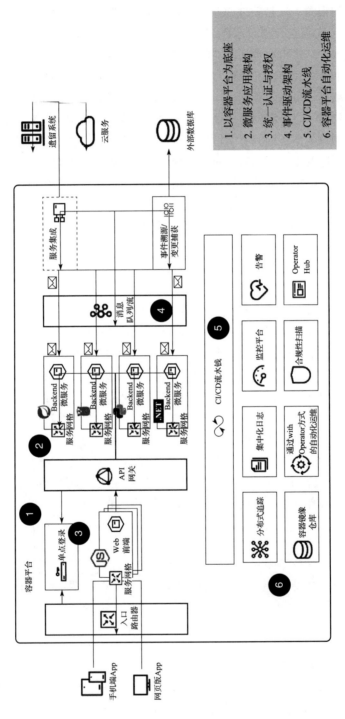

图 2-36 红帽建议的微服务理想架构

务应用架构、认证与授权、事件驱动架构、CI/CD 流水线，以及可观察性、安全管控、中间件与平台自动化等 6 个维度，其中容器平台、安全管控、中间件与平台自动化会在后续章节中深入介绍，而对于构建云原生中需要采用的相应微服务架构或事件驱动架构，我们则会结合领域驱动设计方式来完成主要设计工作。而红帽对于这 6 个维度都有着完整的产品方案来对云原生的微服务架构进行支撑，你也可以在红帽的微服务旅程中充分获得和体验这些产品方案带来的云原生优势。

3. 构建 API 和相关的开放能力

在对企业应用进行微服务应用架构设计和微服务改造的过程中，关键的一步是需要对应用构建 API 和相关开放能力。因为 API 现在已经成为数字业务的通用语言，任何一个企业应用的完整业务能力，往往在后端会有多个服务提供商提供相关接口，例如我们日常熟悉的生活场景——打车、充话费、支付、订机票 / 酒店、购物等，这些在企业的后台 API 中都由多个 API 服务组成，而企业在构建云原生应用时要设计好并开放这些业务能力的 API接口服务，同时能够对同类接口能力进行归并和聚合，最终形成相关的开放能力以便对外提供服务。在红帽的微服务旅程中，我们会带你了解一个完整的 API 设计和构建过程，如图 2-37 所示。

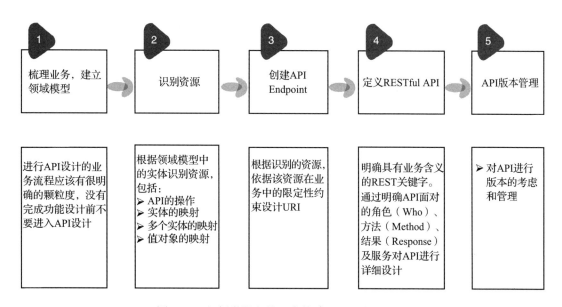

图 2-37 红帽微服务旅程中构建 API 的相关过程

1）在构建和设计 API 的过程中，我们首先会遵循业务的梳理过程建立领域模型，这一步在之前的领域驱动设计中已经完成。

2）构建 API 过程中很重要的一步就是进行资源的识别，我们首先需要识别 API 操作和查询的资源。资源一般为领域模型中的实体模型或领域对象，通常会采用 ID 属性作为 API 资源的唯一标识，另外通常使用 JSON 作为 API 资源的数据格式。

3）接着我们会创建 API Endpoint，在创建访问 API 资源的 Endpoint 时，需要关注资源之间的上下级（hierarchy）关系，如图 2-38 所示。我们一般会遵循下面的规则：

❑ 使用名词（描述资源），而不是动词（描述动作）。

❑ 使用名词的复数形式。

❑ 使用 URI 的层级来表示上下级资源。

❑ 保持 API URI 简洁、直观、易懂。

```
客户
/customers
客户ID为33245的客户
/customers/33245

商品
/products
商品ID为66432的商品
/products/66432

客户ID为33245的客户的订单
/customers/33245/orders
客户ID为33245的客户的订单ID为8769的订单的订单项
/customers/33245/orders/8769/lineitems

订单ID为8769的订单
/orders/8769
订单ID为8769的订单的订单项
/orders/8769/lineitems
客户ID为33245的客户的订单ID为8769的订单的订单项ID为1的订单项
/customers/33245/orders/8769/lineitems/1
```

图 2-38 创建 API Endpoint

4）接下来我们会定义 RESTful 的 API，其中会指定 HTTP Verbs 和 HTTP Status Code，如图 2-39 所示。在这一步中，我们会考虑以下关键点。

❑ 基于资源，根据 HTTP Verbs 定义使用合理的 HTTP Verbs。

❑ 对集合的查询条件，应使用 querString 的方式，供消费端使用。

❑ 注意 PUT 方法对应全量更新。

❑ 对于一些业务上的删除、取消操作，即使后台是软删除，也可以使用 DELETE 方法。

HTTP Verbs	说明	幂等性（idempotent）	成功时的HTTP Status Code
GET	获取或读取资源	幂等性，只读	200 OK
POST	创建新资源	幂等性，新增资源	201 CREATED
PUT	修改资源	幂等性，找不到资源则不修改	200 OK（包含响应体）204 NO CONTENT（不包含响应体）
DELETE	删除资源	幂等性，找不到资源则不删除	204 NO CONTENT（包含响应体）200 OK（包含响应体）

```
获取客户ID为12345的客户
GET/customers/12345
获取客户ID为12345的客户的订单
GET/customers/12345/orders

创建客户
POST/customers
为客户ID为12345的客户创建订单
POST/customers/12345/orders

修改客户ID为12345的客户
PUT/customers/12345
修改客户ID为12345的客户的订单为98765的订单
PUT/customers/12345/orders/98765

删除客户ID为12345的客户
DELETE /customers/12345
删除客户ID为12345的订单
DELETE /customers/12345/orders
```

图 2-39　定义 RESTful 的 API

5）最后，我们会考虑对 API 进行版本管理，因为多版本 API 是非常难维护的，在这一步中，我们会考虑以下关键点，如图 2-40 所示。

❑ API 版本应显式体现在 URL 中。

❑ 只使用主版本号，API 尽量保证兼容性，只有发生变化和替换的时候才升级主版本号。

❑ 同一时间只维护两个 API 版本。对旧版本要规划过期时间，与消费端沟通过期计划，并在 API 文档和 API 响应中添加已弃用警告（deprecated warning）。

API版本管理方法	示例
在URL中添加版本号	http://example. com/api/v1/users/12345 http://example. com/api/v2/users/12345
在"Accept" header中添加版本号	http://example. com/api/users/12345 Accept：application/json；version=1 http://example. com/api/users/12345 Accept：application/json；version=2
在自定义header中添加版本号	http://example.com/api/users/12345 Accept-version：v1 http://example com/api/users/12345 Accept-version：v2

图 2-40　API 版本管理

最终通过以上过程梳理出了企业关键业务能力的 API，同时帮助企业形成了自己的 API 生命周期管理，如图 2-41 所示。

4. 构建微服务治理相关的能力

在完成对企业微服务 API 相关能力的构建后，在微服务的应用架构设计和微服务改造中还有一个非常重要的能力，就是需要对微服务架构中承载的相关微服务实现相应的微服务治理工作。这当中有很多技术方面的细节实现方式，对微服务的服务进行治理从而保障微服务提供的服务是高可用的。但总的来说大概分为 4 类。

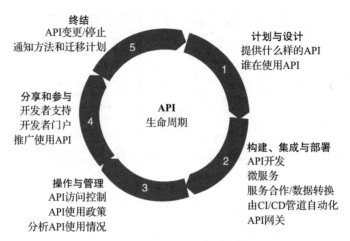

图 2-41　形成 API 生命周期管理

 ❑ 流量调控：方法主要有金丝雀发布（灰度发布）、ABTesting、流量染色。

 ❑ 请求高可用：方法主要有超时重试、快速重试以及负载均衡。

 ❑ 服务的自我保护：主要包括限流、熔断和降级。

 ❑ 应对故障实例：主要分为异常点驱逐和主动健康检查。

  在红帽的微服务旅程中，我们会借助于红帽企业版的服务网格（Service Mesh），将微服务相应的业务能力下沉到服务网格中，实现对微服务架构中的应用提供统一的服务治理能力，其中包括服务发现、流量管理、限流熔断、服务追踪、安全通信等，如图 2-42 所示。

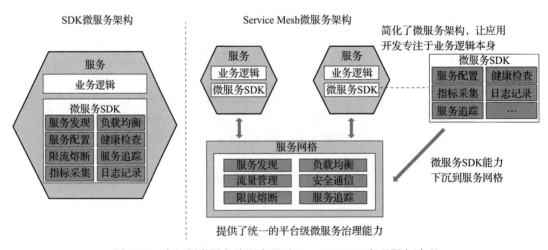

图 2-42　在红帽微服务旅程中通过 Service Mesh 实现服务治理

  另外，在红帽的微服务旅程中，我们可以帮助客户实现从 Spring Cloud 架构下微服务到 Service Mesh 架构下微服务的迁移工作，最终实现不修改代码，以零注入的方式完成整套微服务架构的协调工作，如图 2-43 所示。

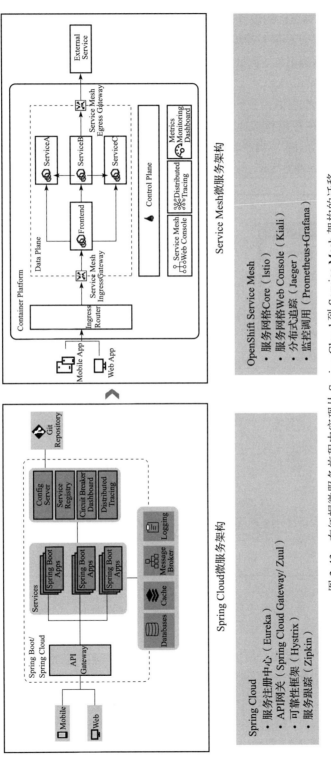

图 2-43　在红帽微服务旅程中实现从 Spring Cloud 到 Service Mesh 架构的迁移

5. 进行微服务公共组件的设计

在完成对微服务应用的服务治理能力构建后，企业微服务应用还需要考虑针对微服务的全局的公共组件设计，这当中包括流量访问和路由、隔离、日志、监控和报警、安全等。

（1）流量访问和路由

在红帽的微服务旅程中，我们会借助于 OpenShift 的容器平台来完成所有微服务的部署，所以在容器平台内可以直接通过 Service Name 访问对应的服务，并不需要再使用其他第三方的服务注册，而对于容器平台外的访问可以通过 Route（Ingress）以 Domain Name 方式对外暴露访问，对内通过 Service 路由到 Pod，并负责负载均衡，如图 2-44 所示。

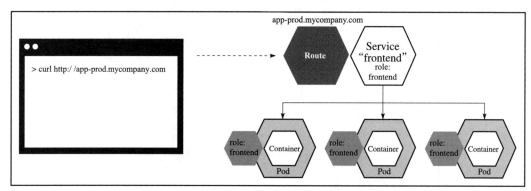

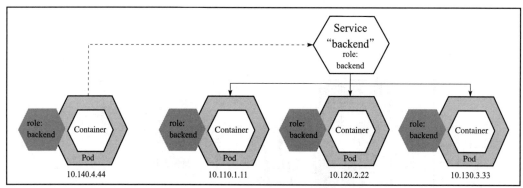

图 2-44　微服务中的流量访问和路由

（2）隔离

在对微服务进行公共部分设计时，应该充分考虑对微服务采取相应的隔离机制，其中分为环境隔离、应用隔离、网络隔离。对于环境隔离，建议正式环境和测试环境应部署在两个不同的容器集群中；对于应用隔离，建议使用基于红帽 OpenShift 的 Namespace 来做应用系统的资源隔离；对于网络隔离，可以使用基于红帽 OpenShift 的 NetworkPolicy 实现更细粒度的网络隔离，如图 2-45 所示。

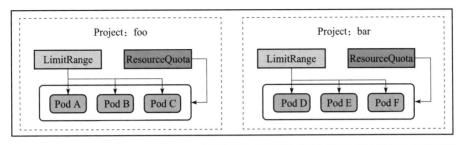

Namespace隔离

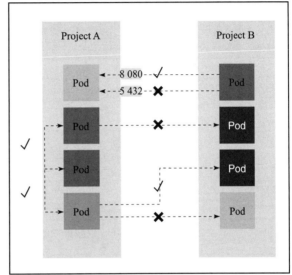

NetworkPolicy隔离

图 2-45　微服务中的隔离措施

（3）日志

另外，微服务的公共部分应该包含对全部微服务进行日志采集和管理的功能，在红帽的微服务旅程中，我们会通过红帽容器平台 OpenShift 内置的 EFK 进行日志管理，在 OpenShift 日志类型中包括应用日志、平台日志和审计日志，另外我们还支持将日志转发到 Elasticsearch 或 Kafka 等外部日志存储，以便长时间保留日志，同时也支持配置 OpenShift 日志转发 API，将 JSON 字符串解析为结构化对象，再转发给第三方日志系统，如图 2-46 所示。

（4）监控和报警

微服务中还需要考虑相关的监控和报警部分，对于这部分内容，我们可以通过红帽容器平台 OpenShift 内置的 Prometheus 和 Grafana 进行监控与告警，其中 OpenShift 提供了内置的 Monitoring dashboard，并支持内置的 Grafana dashboard，也支持部署自定义的 Grafana 方式。另外，OpenShift 中还可以设置告警规则、告警免打扰并支持多种告警方式。最后 OpenShift 可以通过自定义的 Metrics 实现自定义监控，同时支持将 Metrics 转发给外部监控系统以长期保存，如图 2-47 所示。

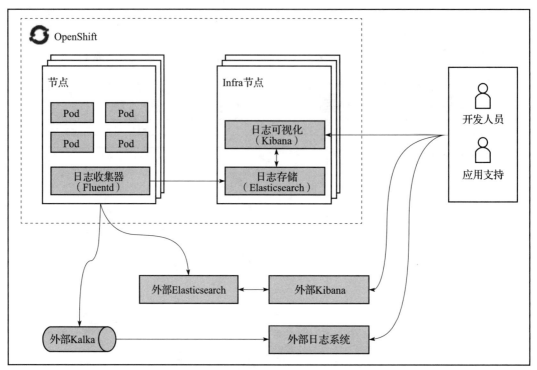

图 2-46　微服务中的日志措施

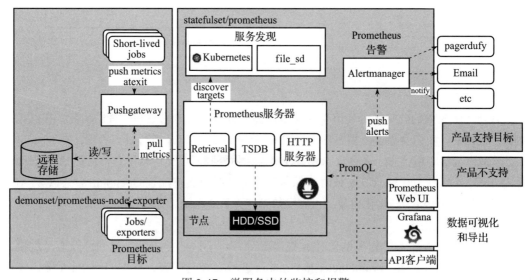

图 2-47　微服务中的监控和报警

（5）安全

最后关于微服务公共部分的考虑就是安全，这其中包括软件供应链安全、使用安全的基础镜像、加密、敏感数据的加密以及认证与鉴权。对于软件供应链安全，这里采用统一的方式管理第三方依赖，并在 CI/CD Pipeline 中检查应用系统使用的第三方依赖是否在白名单中，同时会采用 DevSecOps 的"安全左移"（Shift Left Security）的实践方式，对于使用安全的基础镜像部分，我们推荐使用红帽官方认证的容器镜像，在镜像仓库（image registry）中整合镜像安全扫描功能（比如对 Quay 镜像仓库中集成的 Clair 进行镜像安全扫描），另外可以考虑建设云安全平台来提升容器集群的安全防护（比如 Red Hat ACS 云原生安全平台）。对于加密，我们会使用 HTTPS/TLS 进行加密数据传输。对于敏感数据的加密，我们可以使用 HashiCorp Vault 或 SealedSecret 来对 Kubernetes Secrets 的敏感信息做加密存储。最后对于认证与鉴权，我们会考虑采用集成 API Gateway（比如 Red Hat 3scale）与 SSO（比如 Red Hat SSO/Keycloak）实现 API 访问的安全控制。

6. 处理从单体架构迁移到微服务架构问题

绝大部分企业在进行微服务应用架构改造时，面临的问题大多是针对现有系统的改造而不是构建一个全新的系统，这样难度就会更大，因此改造或迁移时就需要平衡好关键点，以便选择合理的重构策略来保证质量。在红帽的微服务旅程中，我们带领用户通过采用一系列相应的改造模式对目前企业存在的单体架构应用进行改造，这其中包括绞杀模式。

另外，针对企业中现有系统的微服务应用架构改造，我们会遵循红帽推荐的微服务架构迁移策略，如图 2-48 所示。我们选择一个要迁移的应用系统作为 MVP，然后用设定短期目标和长期目标的方法，分别通过 Rehost（重新托管）MVP 应用到容器平台，实现 MVP 应用的 Cloud Ready；通过 Refactor（重构）MVP 应用为微服务架构，迭代地实现 MVP 应用的 Cloud Enabled、Cloud Resilient、Cloud Native，关于相应 Rehost 部分的具体内容，可以参 2.4.2 节中的介绍。

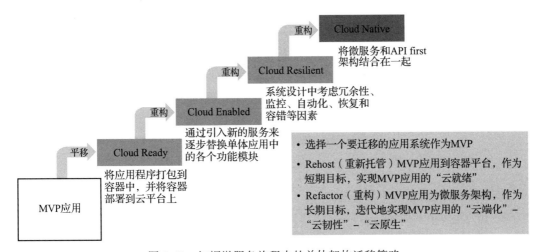

图 2-48 红帽微服务旅程中的单体架构迁移策略

2.4.4　通过红帽 OpenShift 提供企业云原生平台服务

我们明白企业要想让自己的应用发挥出云原生的优势，很重要的一点是企业自身就能够提供云原生的平台服务，而红帽在可以有效地帮助大部分用户轻松地实现这一目标。作为企业级的云原生平台，红帽的 OpenShift 分别会在以下几个方面为企业提供扎实的云原生平台服务。

1. 提供稳定、可靠、全功能的企业级容器云平台

要确保企业的云原生应用能够转型成功，首先就要保证改造过的业务应用可以持续、稳定、可靠地对外提供可需求的业务服务。而云原生业务的稳定运行极大地依赖于底层云原生平台的持续、可靠运行的支撑。云原生平台又是由大量快速发展中的技术组件组成的，比如 Kubernetes、Ingress、CNI 等。由于这些技术组件在开源社区仍然保持着快速的持续迭代，同时技术复杂度也非常高，因此企业技术团队靠自有力量去建设云原生平台存在很多方面的风险，如：云原生技术路线组件的成熟度各有不同，存在稳定性风险；云原生技术体系涉及领域广泛，存在技术方案的可持续性风险；云原生开源组件之间存在依赖性和复杂性，自主构建云原生平台存在扩展性风险；部分开源组件尚未经历大规模企业级应用的验证。这些问题都为企业构建云原生应用和云原生平台时提出了很大的挑战。而作为企业级最先进的容器云平台，如图 2-49 所示，红帽的 OpenShift 采用了 CoreOS+Operator 云原生架构进行设计，能够让用户最短享有 5 年的企业级发行版的支持和帮助，这其中包括广泛的软硬件厂商认证、容器云平台所必要的组件，还有可以支持大规模部署（2000Nodes/Per Cluster）等不可或缺的企业级特性。

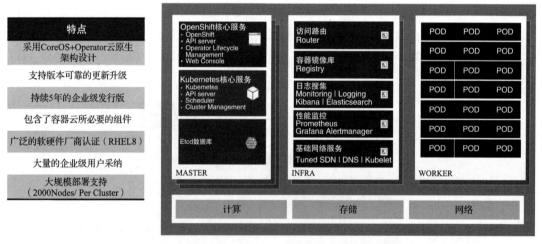

图 2-49　稳定、可靠、全功能的企业级容器云平台

2. 提供就绪的企业级中间件能力

红帽的 OpenShift 能够提供完整就绪的企业级中间件能力，如图 2-50 所示，在 OpenShift 平台，无论是云原生的开发人员还是企业基础架构的运维人员，都可以方便地通过 OpenShift 中的 OperatorHub 提供开箱即用的企业级中间件，这包括业界熟悉的 Kafka、AMQ、Redis

等。另外，通过 OpenShift 平台提供的企业中间件，会得到和通过广泛的行业认证，因为红帽针对自身提供的企业中间件，会做一系列的修复和完善工作。通过 OpenShift 云原生平台还可以方便地实现 Day1 和 Day2 的工作，并且可以很好地支持多云部署。

图 2-50　就绪的企业级中间件能力

3. 为云原生提供 SaaS 化开发服务

红帽在 OpenShift 中提供了 CodeReday 的组件，可以让开发人员在云化的环境中方便、快捷地实现云原生开发的相关工作，目前这个组件通过 Web 的方式提供，取名为 OpenShift Development Spaces，如图 2-51 所示。

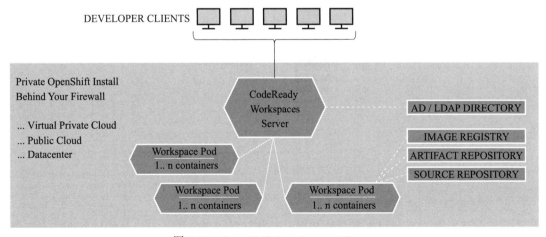

图 2-51　OpenShift Development Spaces

在使用了云原生应用的开发环境后，我们能够为开发人员提供更多专注于开发的时间，而不是把他们的时间耗费在等待应用启动、等待环境构建上。这种情况在非云原生开发的时候可能会出现，开发人员只是修改了一行代码，他需要出去接一杯水，回来后开发环境才会就绪，显然这是非常低效的，在采用了红帽提供的 OpenShift Development Spaces 后，可以明显地看到开发人员效率的提升，如图 2-52 所示。

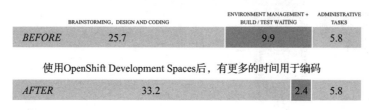

图 2-52　通过 OpenShift Development Spaces 提升开发人员效率

4. 提供多集群的混合云统一管理

如今的云原生应用可能需要的不仅是部署到本地的数据中心，还要能够方便地支持部署到公有云或其他的云环境当中，这就需要我们的云原生平台可以方便地提供并支持多云、混合云的情况，红帽的 OpenShift 自身提供了基于 Kubernetes 的多集群管理功能，它可以提供包括创建、集群发现、策略、合规性、配置、工作负载在内的一些功能，轻松实现多集群部署、多集群统一管理以及多集群的混合云统一管理等，如图 2-53 所示。

图 2-53　多集群的混合云统一管理

5. 支持容器平台的可扩展性

我们知道企业自身云原生平台的扩展性是非常重要的，因为它自身的扩展性决定着上面云原生应用的工作能力，红帽的 OpenShift 平台，不仅可以满足容器和节点的按需扩容，

同时还能方便地支持部署在广泛的基础架构上，如图 2-54 所示。另外，红帽的 OpenShift
平台还获得了广泛的基础架构级的行业认证。

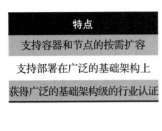

图 2-54 支持容器平台的可扩展性

6. 提供全方位的安全加固考虑点

红帽的 OpenShift 平台可以方便地为企业提供全方位的安全加固，它会从平台安全
性、网络安全性、镜像安全性等几个维度来综合考虑企业容器安全防护的相关问题。如
图 2-55 所示，它会涉及容器主机和多租户、容器镜像、容器编排、网络隔离、API 管理等
多达 10 项的安全加固考虑点，从而使云原生的应用可以在容器方式下做到全方位的安全、
可靠。

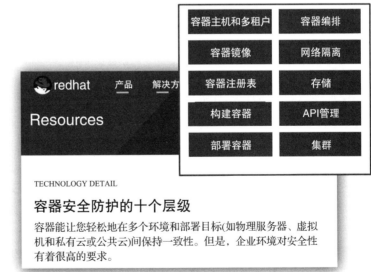

图 2-55 提供全方位的安全加固考虑点

7. 提供可信的镜像源

我们知道在传统的企业安全体系中，主机安全扫描是很重要的一环，它会扫描主机上的软件包漏洞、病毒文件、系统漏洞等，而在云原生的应用体系中这些软件包构建在镜像中，因此还需要对镜像进行安全扫描，如高危系统漏洞、应用漏洞、恶意样本、配置风险以及敏感数据检测和识别等。红帽官方的镜像库提供了支持企业级安全认证的镜像，企业用户可以通过下载查看相应的安全级别和安全风险项目，如图 2-56 所示。同时企业用户还可以根据自己的需求采用基于红帽官方认证的可信容器镜像源构建自己的容器镜像，而此时基于的红帽官方认证镜像（Red Hat Universal Base Image）是红帽官方通过安全测试和认证的基础镜像，可以充分保证云原生应用中的基础镜像是安全和可靠的。

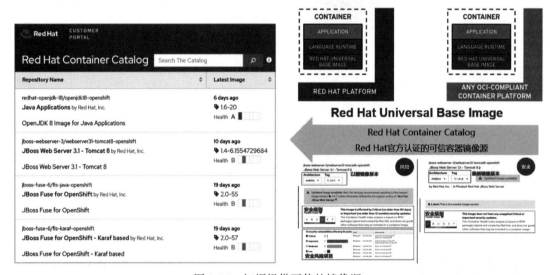

图 2-56　红帽提供可信的镜像源

2.4.5　通过红帽开放创新实验室提升企业团队能力

我们很多企业客户在构建自己的云原生应用时都会碰到如下一系列问题，如图 2-57 所示。在人员和技能方面，我们通常会面对如何帮助团队成员快速掌握新技术，如何把团队成员赋能与当前工作结合起来，如何建设跨职能的产品团队的问题。在面对应用交付上，我们又会面对如何缩短应用交付周期，如何提升组织级软件研发效能，如何让 IT 为业务带来价值等不同问题。在企业根据自己的业务构建核心应用时，我们通常希望能把应用开发像开发产品一样进行设计和交付，那我们又如何实现以用户为中心的产品设计能力，如何提升敏捷产品的交付能力呢？另外，我们在构建企业级云原生应用的时候，通常都会思考如何引入业界的最佳实践，并且把最佳实践与企业当前 IT 措施结合起来，是不是也可以形成自己的企业规范从而进行推广。现在不用担心了，因为上面这些有意义的问题都可以通过红帽的开放创新实验室的方式得以解决。

现代化应用开发5大系统性问题　　　　　创新实验室区别于传统咨询的最大特点：**真实**

People

- 如何帮助团队成员快速掌握新技术？
- 如何把团队成员赋能与当前工作结合起来？
- 如何建设跨职能的产品团队？

由客户真实工作团队和红帽专家顾问组成联合团队（Co-Work）

Platform

- 如何把应用迁移和部署到容器云平台？
- 如何基于容器云平台实现云原生DevOps？
- 如何基于容器云平台设计和开发微服务应用？

基于真实的OpenShift容器云平台环境，帮助客户更好地用好OpenShift，实现应用迁移上云、容器化部署和云原生DevOps

Problem

- 如何缩短应用交付周期？
- 如何提升组织级软件研发效能？
- 如何让IT为业务带来价值？

从客户实际痛点和挑战出发，通过分析与验证找出根因，然后给出系统解决方案并与客户一起解决问题

Product

- 如何提升产品的用户体验？
- 如何提升敏捷产品交付能力？
- 如何提升以用户为中心的产品设计能力？

构建真实的产品MVP，提升客户的敏捷产品交付能力、以用户为中心的产品设计能力，提升产品的用户体验

Practice

- 如何引入业界最佳实践？
- 如何把最佳实践与企业当前IT措施结合起来？
- 如何形成企业规范和推广最佳实践？

在实践中学习（learn by doing），计划-学习-成长，由红帽专家顾问提供沉浸式辅导和咨询服务

图 2-57　创新实验室是解决系统性问题的新咨询

1. 创新实验室是一个在实践中学习的过程

红帽的开放创新实验室就是一个在实践中学习（learning by doing）的过程，如图 2-58 所示。在这一过程中，客户的团队和红帽的顾问会坐在一起工作，其中我们会以企业客户一个真实的应用为例，针对该应用进行分析和设计，接着通过敏捷加迭代的方式来进行开发。这一过程中，我们会采用基于 DevOps 的相关实践，同时会把这些相关开发工作在基于红帽的 OpenShift 云原生平台上进行开发和部署。值得注意的一点是，红帽的开放创新实验室中使用的方法，并不只是在开放创新实验室中才使用到，红帽在开发自己的企业级产品以及上游社区时，也会遵循同样的软件实践。

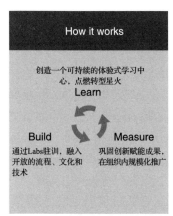
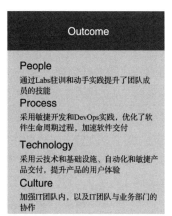

图 2-58　红帽的创新实验室是在实践中学习的过程

在和企业客户实现开放创新实验室的过程中，红帽会分享在过去企业客户实践过程和

相关案例中积累的成功经验和对应的敏捷实践，同时还会包括 DevOps 和微服务容器化的技术实践。另外，红帽还会把自身在这个过程中积累的精益敏捷实践经验分享到 Open Practice Library 的网站中，如图 2-59 所示。

Red Hat开源DevOps实践宝库

- 技术实践：
  - ○ 容器
  - ○ 配置即代码
  - ○ 流水线即代码
  - ○ 持续集成
  - ○ 持续部署
  - ○ 持续交付
  - ○ 自动化测试
  - ○ 测试驱动开发
  - ○ Build Monitoring
  - ○ 原型化

- 精益敏捷实践：
  - ○ 影响力地图
  - ○ 事件风暴
  - ○ 价值流程图
  - ○ 基于指标的流程映射
  - ○ 用户故事地图
  - ○ 同理心思维导图和界面设计工作坊
  - ○ 产品待办事项精化群体编程
  - ○ 燃尽图
  - ○ 结对编程
  - ○ 回顾会议、团队情绪和信息显示器

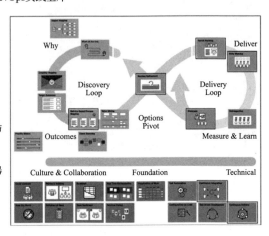

图 2-59　红帽的开放创新实验室会分享相关经验

2. 通过创新实验室形成团队共识（协作方式）

不同团队的人在一起协同工作时，如果希望工作能够成功完成，最重要的一点就是相互之间可以形成团队共识。在红帽的开放创新实验室中，我们是如何实现这一点的呢？如图 2-60 所示，在开放创新实验室的实践开始前，红帽的相关团队会和客户的团队组成一个完整的团队进行我们的步行墙工作，在这一过程中，大家会针对需要在开放创新实验室中完成的任务指定一个明确目标，或者把它称为设定目标产出和交付物，相关内容会在后面给出具体说明。然后我们会通过影响力地图（Impact Mapping）的方式把目标进行分解，最终将其细分为可以被交付的输出物，最后我们会采用事件风暴（Event Storming）的方式对客户的业务领域进行建模，这会很好地指导后续进行的微服务设计和划分。对前面的业务领域有更深的了解之后，并会得出我们的用户故事，并最终会以用户故事的方式，按照故事线来梳理需求，制订初步的发布计划，接着采取敏捷 scrum 迭代的方式进行开发，采用 Product Backlog 和 Sprint Backlog 来管理需求，采用 Sprint Planning 来规划迭代工作，通过 Sprint Board 来可视化工作、障碍和风险，并会通过 Sprint Review 来展示和回顾每个迭代所完成的工作。

为什么说通过开放创新实验室可以很好地达成团队共识呢？如图 2-61 所示，左边是红帽的顾问团队，右边是客户团队，在开始工作之前，大家需要达成一个共识（social contract）。要达成的共识包括工作时间是怎么安排的、开发计划是按什么组织的、信息反馈是如何做到快速而且闭环的、在开发过程中要注意那些细节、代码 review 会遵循什么样的标准等。这些是团队合作的基础，在大家形成共识后才能开展工作，这样可以有效避免后面工作中可能发生的一系列不必要摩擦和相互之间在认识上的不一致。

组建团队和形成团队共识	设定目标产出	通过影响力地图将目标分解为可交付物	通过事件风暴对业务领域建模并指导微服务划分
通过用户故事地图按故事线梳理需求和制订发布计划	通过Product Backlog和Sprint Backlog管理需求	通过Sprint Planning规划迭代工作	通过Sprint Board可视化工作、障碍和风险
通过Sprint Review展示完成的工作	通过Sprint Retrospective持续改进	通过Final Showcase展示完成的MVP和分享经验	RED HAT OPEN INNOVATION LABS

图 2-60　红帽创新实验室的步行墙

红帽敏捷教练　RH Lab架构师　用户侧的Scrum Master　用户侧的产品负责人

RH 前端/后端开发人员　用户侧的架构师　用户侧的开发团队　团队共识

跨职能团队各角色参与、共同制定

图 2-61　通过创新实验室形成团队共识

3. 认识交付的是一个价值不是一个功能

在红帽的开放创新实验室中，当形成团队共识后，就可以进一步确定哪些事情是我们需要做的，然后通过团队中成员的投票最终决定哪些事情是最重要的、哪些事情是次重要的、哪些事情是重要不紧急的。最终，团队成员通过总结得出我们需要输出的目标产物。

在这一过程中，团队成员应该认识到，我们为企业交付的不是一个代码实现的功能，而是为企业业务构建所实现的一个具体价值。通过上面的过程会得出需要的最小可交付物，这些最小可交付物称为 MVP。这些最小交付物使团队之间有一个完整的共识，因为后续的开放创新实验室实践过程其实就是完成这些 MVP 的过程。

我们会在其中学习到敏捷开发、微服务、DevOps、容器化技术等关键技能，我们始终会围绕着构建 MVP 来展开，通过红帽咨询团队的指引和帮助，在做 MVP 的过程中学习到这些技能，这也是红帽的开放创新实验室与传统培训的最大不同点。

4. 设定目标产出和交付物

我们之前说过，在实践过程中大家会针对需要在开放创新实验室中完成的任务指定一个明确目标，我们把它称为设定目标产出和交付物，在设置目标产出和交付物时会遵循 SMART 原则，我们设定的目标一定是非常清晰的，而且是可以被衡量的。在有了目标之后，就可以通过影响力地图的方式对目标进行分解，经过分析和识别后，我们就能清楚需要怎么做，具体怎样才能实现这个目标，如图 2-62 所示。

设定目标产出
- 准备
- 写–分组–投票–总结
- 短期和长期目标
- MVP产品目标
- SMART原则
- 成为影响力地图的起点

图 2-62　在创新实验室中设定目标产出和交付物

我们要明白交付的是一个价值，而不是一个功能。这里举个例子，开发人员经常开玩笑地说自己是码农，但是在这里我们不是，我们要清晰地知道，我们要做的是企业必须实现和完成的一个价值点。我们会借助设计思维（Design Thinking）的方式来梳理客户价值的优先级，构建始终能够给客户带来价值的对应需求，同时也会在团队内分享我们对客户目标的理解，这样不仅可以使团队整体对于目标的理解变得更加深刻，同时也会让我们深层地考虑如何去实现这个目标。

对于整个影响力地图而言，我们对目标的分解也是在应用 smart 原则或者可衡量原则后的一种体现。如图 2-63 所示，图中的目标是客户想要做到 600 万的活跃用户目标，它对应的相关角色有已经存在的用户、新用户以及客户服务三类，对于已经存在的客户，可能需要每周发邮件、推送更多新内容，对于客户服务部分，我们可能需要打更多电话才能达到更多目标，在图 2-63 右边就是我们需要完成的交付物。

5. 通过事件风暴进行建模和微服务划分

在开放创新实验室的实践过程中，我们会采用事件风暴的方式，因为事件风暴不仅有助于快速、交互式地识别业务流程，还可以帮助我们进行软件模型设计。在这一阶段，我们会邀请技术相关同事和业务相关同事坐在一起，通过借助事件风暴的方式来识别业务流程和进行相应的软件模型设计，这样，整个团队就会对业务流程有更加完整的统一认识。

影响力地图
· 交付价值而不是交付功能
· 轻量化设计思想
· 对成功的目标和努力的共同理解
· 邀请合适的人分别代入不同角色（产品所有者、项目发起人、技术和业务人员）

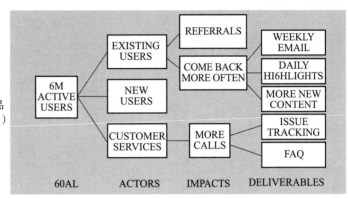

图 2-63　通过影响力地图将目标分解为可交付物

接着，我们对事件风暴中识别出来的领域模型进行边界的界定和划分，以便对业务模型有更加清晰的认识。在完成事件风暴之后，所有团队成员会收获对整个业务领域全局性的共识，接着应用架构师就可以针对上面的领域模型进行微服务设计或微服务的拆分了，如图 2-64 所示。

✓ 通过事件风暴形成边界上下文：账户、会员、商品、购物车、订单、仓储、物流、评价、推荐、发票

✓ 同时可以形成初步的服务地图（可以将边界上下文作为微服务划分的边界，后续设计中还需要考虑微服务原则中技术特征因素）

✓ 读模型、UI与Policy可以在后续设计中进行完善

图 2-64　通过事件风暴对业务领域建模并指导微服务划分

在确定了交付目标，形成了团队共识，并对业务领域模型有足够的了解后，我们就可以对微服务进行所谓的架构设计了。下面进入微服务的开发迭代过程中，大概的流程如图 2-65 所示。

1）按照用户故事线的方式来梳理需求并制订发布计划。

2）通过 Product Backlog 和 Sprint Backlog 管理需求。

3）通过 Sprint Planning 规划迭代工作。

4）每天站会的时候，通过 Sprint Board 可视化工作、障碍和风险。

5）在每个 Sprint 结束的时候，通过 Sprint Review 检视完成的工作。

6）通过 Sprint Retrospective 方式，在每个 Sprint 结尾复盘之前的工作，从而在后续过程中做到持续改进。

7）在完成 MVP 之后，我们通过 Final Showcase 向项目发起人和产品负责人展示我们完成的 MVP 并分享相关经验。

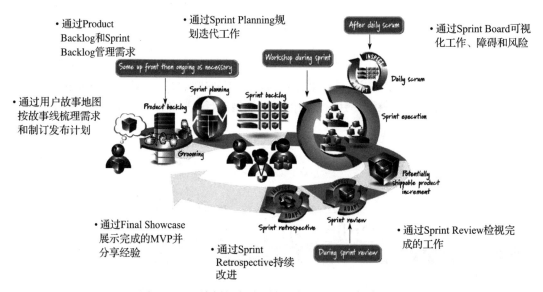

图 2-65　开放创新实验室中进行 Sprint 的迭代开发

6. 借助用户故事梳理需求和制订发布计划

之前提到会采用基于用户故事的方式进行需求梳理，为什么我们可以在开放创新实验室中通过用户故事的方式较好地梳理需求然后制订发布计划呢？原因是传统的敏捷开发中采用的 Product Backlog 是一种纯列表的方式，是一个相对扁平的结构，我们从这里无法知道哪些需求具有更高的优先级，各个需求彼此之间存在什么样的关系，具体应该先做哪些、后做哪些，以及我们应该怎样完成这些事情。而通过用户故事线的方式，如图 2-66 所示，我们可以把这些需求真正地串联起来，就好像有了一张导航地图，通过具体的路段就可以达到最终的目标。

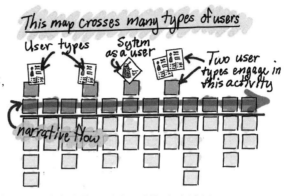

图 2-66　通过用户故事地图按故事线梳理需求和制订发布计划

另外，通过用户故事的方式梳理需求后，可以方便地制订初步的发布计划，最终可以通过 Product Backlog 和 Sprint Backlog 管理需求。这样通过用户故事的方式描绘的需求就从用户的角度得以阐述，写的故事也是为了满足用户的最终价值。在写用户故事的过程中，业务团队和技术团队会相互协作，开发团队在做任务分级的时候也会和其他团队相互协作，而不是像通常的低效开发模式那样，业务部门给开发部门一个技术需求文档，然后有问题再开会讨论。用户故事也会鼓励我们通过创新的方式帮助客户解决最终问题。这比以往的产品需求文档反馈环节更便捷。

7. 采用 Sprint Board 可视化工作、障碍和风险

在传统或瀑布式的开发模式中，我们通常会采用一些管理软件，或者以列表的方式来查看项目进度。但是，通常只有项目经理才可以查看，所以整个团队对于工作进度或执行过程中有什么样的问题，其实是缺乏了解的。通过 Sprint 和 Sprint Board 的方式，可以让整个团队了解本次迭代的工作或障碍，甚至是风险。图 2-67 中显示了目前需要完成哪些用户故事，这个用户故事到了什么样的状态。如果看到在某列上堆积了很多用户故事的卡片，可能说明在这里出现了问题。在红帽的开放创新实验室中会按照实际的工作流程来设计一个看板，比如哪些是将要做的（ToDo）、哪些是正在做的（Doing）、哪些是已经完成的（Done），这样的看板方式会使工作、障碍和风险变得清晰可见。

为何使用Sprint Board	如何设计和使用Sprint Board
• 可视化工作流程	• 根据实际工作流程设计看板，刚开始不要设计得太复杂
• 识别障碍和瓶颈	• 如果采用物理看板，团队在看板前站会
• 信息辐射源	• 如果采用在线看板，团队在站会时打开在线看板
• 改进团队协作	• 以用户故事为行（泳道），以工作流程环节为列
• 提升效率，加速端到端交付	• 限制在制品（WIP）
• 消除浪费	• 标记需要重点关注的卡片（比如延期、障碍）
	• 可划分专门泳道来作为处理紧急任务的"快车道"
	• 可用不同颜色卡片区分不同类型任务

图 2-67　通过 Sprint Board 可视化工作、障碍和风险

8. 使用 Sprint Retrospective 持续改进

在每个 Sprint 结尾，我们都会强调通过 Sprint Retrospective 来分析在完成的 Sprint 中哪些做得好、哪些是需要改进的，最终可以帮助我们在接下来的 Sprint 中做到持续改进，如图 2-68 所示。

Sprint Retrospective
- 持续改进
- 帮助团队消除延期、消除风险，以更好地达到目标
- 在每次迭代结束时做Sprint Retrospective，而不要一直等到项目结束后再来做一次大的复盘
- 借此机会感谢团队在上个迭代的努力付出
- 创造一个轻松愉快、畅所欲言的环境
- 鼓励人人参与
- 可以在团队内轮流主持
- Retrospective Actions作为下一个Sprint Planning的输入
- 常用模板：
  - CSS: START - STOP - CONTINUE
  - 4Ls: Liked - Learned - Lacked - Longed For

图 2-68　通过 Sprint Retrospective 持续改进

最后，在 Sprint 结束的时候，我们通过 Final Showcase 来看看开始定的目标和阐述经过几轮迭代后，是否已经完成了产出，是否完成了我们当初制订的 MVP，如图 2-69 所示。

Final Showcase
- 向产品负责人展示完成的MVP
- 团队成员分享学习到的经验
- 庆祝成功时刻

图 2-69　通过 Final Showcase 展示完成的 MVP 并分享经验

另外，在红帽的开放创新实验室中，之前提到会采用相关的技术实践，包括采用 CI/CD 的方式进行构建、基于红帽的 OpenShift 容器平台，另外开发测试的过程中会采用基于测试驱动开发的方式，从而较好地保证代码的质量。在开发团队内部，我们会推荐结对编程和小组学习，使团队成员能够对开发过程中的问题有更深入的了解和认识，图 2-70 列举了红帽客户在采用开放创新实验室后的成果。

项目前一周	第一周	第二周至第五周	第六周	第七周至第十一周	第十二周
• 配置项目管理工具（Confluence、Slack、Kanban） • 开发测试环境的搭建 • 协调并安排项目细则事务	• 团队规约 • 目标收益 • 优先级排序 • 使用事件风暴识别微服务 • 敏捷实践 • 熟悉OpenShift环境 • 开始开发工作	• 每周迭代 • 迭代计划 • 迭代演示 • 迭代回顾 • 改善团队微服务技能和开发实践能力	• 每周迭代 • 迭代计划 • 中期演示 • 中期总结回顾 • 改善团队微服务技能和开发实践能力	• 每周迭代 • 迭代计划 • 迭代演示 • 迭代回顾 • 改善团队微服务技能和开发实践能力	• 每周迭代 • 迭代计划 • 终期演示 • 终期回顾 • 产品交接 • 下一步计划建议
红帽 • 敏捷商业导师和项目接口人 • 系统保障工程师 • 服务交付经理	红帽 • 敏捷商业导师和项目接口人 • 高级解决方案架构师 • 高级咨询专家 客户团队 • 开发团队	红帽 • 敏捷商业导师和项目接口人 • 高级解决方案架构师 • 高级咨询专家 客户团队 • 开发团队	红帽 • 敏捷商业导师和项目接口人 • 高级解决方案架构师 • 高级咨询专家 客户团队 • 整个团队 • 领导和支持团队	红帽 • 敏捷商业导师和项目接口人 • 高级解决方案架构师 • 高级咨询专家 客户团队 • 整个团队	红帽 • 敏捷商业导师和项目接口人 • 高级解决方案架构师 • 高级咨询专家 客户团队 • 整个团队 • 领导和支持团队

人员和文化：
1. 敏捷及DevOps技能学习
2. 事件风暴及用户故事方法
3. LEAN UI/UX设计原则
4. Scrum及迭代开发方法
5. Walk the wall（Retro回顾）

工具和架构：
1. 原型及高保真页面设计
2. 测试驱动开发
3. 面向对象数据持久化（JPA）
4. 微服务开发最佳实践
5. 代码重构技术

DevOps：
1. 容器化平台工作原理
2. CI/CD流水线建设
3. 容器化环境下的系统开发与集成
4. 自动化测试

图 2-70　实际客户案例的成果总结

9. 小结

红帽的开放创新实验室通过红帽的咨询团队带领客户真正完整地参与并全程引领实际项目中的每一个开发关键点，充分体会和学习红帽是如何在云原生应用上实现自己的敏捷实践的，并真正让企业团队更好地体会和感受到在云原生开发过程中团队成员所需要具备的能力和共识。

2.5　企业云原生应用的未来发展趋势

1. 基于 Operator 方式的云原生应用和云基础设施

如今 Kubernetes 已成为云原生编排的底座，并且已经成为管理基于容器应用的标准设施。这其中很重要的一点是，我们可以通过定义 Kubernetes 中的 Operator 的方式扩展整个生态系统，同时还可以通过声明式的方式定义业务应用的期望终态，通过自行编写相关的 controller 逻辑，实现应用生命周期管理，时刻维持与终态的一致性。这些特性带来的收益降低了管理员手工部署资源及运维过程中的烦琐性，让业务人员可以集中精力在 Operator 内部业务逻辑的设计上，即使不懂业务的部署人员也可以轻松使用。这个趋势符合云原生时代对各类人员的期望，最终能实现敏捷和繁荣的生态圈。

2. Serverless 结合事件驱动的应用模式

随着云原生技术的不断发展，应用部署模式已逐渐趋向于"业务逻辑实现与基础设施分离"的设计原则。从云原生的整体发展路线来看，Serverless 模式更趋近于云原生最终的发展方向。其中 FaaS 是 Serverless 主要的实现方式之一，开发者通过编写一段逻辑代码来定义函数调用方式，当事件触发时函数被调用执行。FaaS 本质上是一种由事件驱动并由消息触发的服务，事件类型可以是一个 HTTP 请求，也可以是一次用户操作，可以将函数看作完成某个功能或任务的代码片段。所以通过结合 Serverless 特性和事件驱动架构的优势，可以很方便、很灵活地实现新一代云原生应用的完美架构。

Serverless 架构完美诠释了这种新型应用的部署模式和设计原则。首先，Serverless 可以降低运维复杂度，应用上线前用户无须再关注服务器数量、规格等，运维过程中用户无须持续监控服务器的状态，只需关注应用的整体状态。其次，Serverless 可以大大降低运营成本，应用运维所需投入的时间和人力将大大减少，应用在线才进行计费，空闲时无须付费，尤其在公有云场景中将为用户节省开销。再次，Serverless 缩短了产品上市时间，因为功能被解耦，应用的依赖服务从平台获取，用户无须关心底层细节，部署复杂度大大降低。最后，Serverless 增强了创新能力，可以快速做出新的应用原型，快速获取用户反馈，增强试错能力。

3. 边缘计算和 IoT 的应用形态

应用云原生化的本质就是将业务支撑的 IT 资源完美贴合云化 CT 资源的过程。从某种意义上来讲，我们也可以将云原生化这个概念理解为 IT/CT 融合概念面向云化基础架构的特定领域理论。当前我们面临的大量新技术，很多都正在改变当下的云化 CT 基础支撑理论。例如当下最火热的概念，元宇宙、体感设备、5G、车载计算体系、无人机体系、人形机器人等，几乎所有新热点技术都包含以新型小型化计算载体与主体大计算环境互动为基础的设计场景。而这些设计场景的基础组成部分不外乎边缘计算、物联网等技术在不同云化环境中的合理组合与运用。从这个角度来看，不管我们正在研究哪一类企业级计算场景，未来几乎都要面对计算技术向不同类型的边缘、物联网等特种云化基础运算场景的自动贴合需求，这就需要我们的应用可以更加合理地去适配那些目前看起来比较特殊的边缘云基础 CT 资源。而云原生技术可以令我们最大限度地忽略这些 CT 资源差异，用通用技术去实现对云化边缘计算资源的自动纳管、注入、云化调度与使用。基于云原生技术，我们可以最大限度地忽略这些特殊云化基础资源的持续变化，使 IT 侧设计始终关注业务逻辑本身，从而获得更加出色的敏捷化特征，降低总体拥有成本。简言之，边缘计算与物联网技术已经成为云原生应用中不可或缺的重要技术组成部分。

4. 组合式的应用架构

如果我们想要让企业在不断变化的业务环境中满足业务适应性的需求，就需要引导整个组织转向采用高速、安全、高效的组合式应用架构，而组合式应用架构正好具备了这种适应性。那些已经采用组合式方法的企业将在新应用实施速度方面比其他竞争对手快 80%。

可组合式的业务原则可以帮助组织应对越来越快速的变化，而这一点对于实现业务弹性和增长是至关重要的，否则，现代组织就有可能失去市场动力和客户忠诚度。根据 Gartner 的说法，未来的企业一定会摒弃与组织架构的灵活性不兼容的部分，这反映在 IT 的前端，即根据应用的细分和数据的划分来确定策略。有了组合式的应用架构，就能够更加现代化地进行软件设计并选择正确的组织模型，它将允许企业根据特定的业务需求快速创建和处理正在使用的应用。

5. 低代码 / 无代码平台的业务实现

要想让企业更加完美地实现云原生应用的相关方案，就必须尽可能地让业务线和 IT 实现协同工作，或者说通过使用低代码或无代码工具平台来实现。

因为低代码平台是为内部团队设计的，所以允许技术相对薄弱的用户构建应用程序，如果没有低代码，有时可能需要数月或数年的时间来开发。由于代码较少，框架工作大大减少了开发时间，使公司无须聘请昂贵且耗时的外部应用程序开发人员。企业不再需要编写复杂的应用程序，如业务结构或数据库。另一个优点是消除了通常由手动编码造成的错误。

低代码平台采用灵活的拖放功能和可视化界面，对用户友好且可供不同熟练程度的专业人士使用。由于这些解决方案是由业务所有者而不是第三方开发人员构建的，因此这些解决方案在业务中自然效果更好。

企业可以利用低代码平台来构建涵盖多种用途的应用程序。它们可以做任何事情，如现代化和自动化流程、构建流程自动化解决方案、业务流程管理应用程序等。此外，如果企业由于市场变化需要转移注意力，低代码可以通过其延展性来实现这一点。

合适的低代码平台与组织一起扩展。例如，随着业务的增长和流程的复杂化，可以随时轻松地将功能添加到当前解决方案中，无须从一个解决方案迁移到另一个解决方案。这使企业能够从小规模开始，并根据需要扩大其低代码库。

6. GitOps 成为持续交付的标准

Kubernetes 成为云原生编排的主流标准后，GitOps 将基于 Git 的工作流程引入云原生工作负载的发布管理。通过将 Git 视为单一事实来源并通过快速回滚的能力来协调状态，实现对基础设施和应用程序配置的一致性管理。目前 GitOps 结合 Argo CD 可以以声明方式实现对跨多个集群的 Kubernetes 进行基础架构管理，控制集群和应用程序配置，以及应用部署与环境洞察。GitOps 已发展为支持多租户和多集群部署，可以轻松管理在边缘或混合环境中运行的数万个 Kubernetes 集群。所以 GitOps 将成为持续交付、部署的黄金标准。

2.6 本章小结

本章带领大家探讨了目前企业应用的需求和面临的挑战，阐述了云原生应用的定义和新特性，进一步描述了云原生应用的挑战和可能存在的误解。从红帽自身的角度，告诉读者红帽是如何构建和实践云原生应用的，最后分析和探讨了企业云原生应用的未来发展趋势。

企业云原生基础架构实践之旅

3.1 企业基础架构的演进和趋势分析

在开始本章具体内容之前，我们先来看一下企业 IT 基础架构和数据中心的演进和发展历程。众所周知，所有行业的发展都围绕着一个永恒不变的话题，即如何能够最有效地实现降本增效和所谓的快速创新。而 IT 技术在这一原力的推动下，一次又一次地让我们看到在不同时期和不同阶段基础架构所发生的演进及其背后体现出的技术变革。在这一次次的技术演进中，我们也能看到业务发展和计算机技术相互促进而又相互对立的一面。下面就请大家跟随我们来看一看这段时光的缩影，然后再深入思考这背后的趋势和真谛。

3.1.1 阶段一——从小型机到裸机服务器

在 IT 基础架构发展的 20 世纪 90 年代到 2000 年，很多企业用户，尤其是银行和电信相关的用户，会把自己的核心应用包括核心数据库部署在小型机上。这是因为小型机通常会使用相对封闭的 UNIX 操作系统和专属的硬件架构，比如 IBM 采用 Power 处理器和 AIX 操作系统，Sun、Fujitsu（富士通）采用 SPARC 处理器架构和 Solaris 的操作系统，而 HP 则采用安腾处理器和 HP-UX 的操作系统。另外，小型机采用的 I/O 总线也有所不同，比如 Fujitsu 采用的是 PCI，Sun 采用的则是 SBus。这也就意味着各公司采用的小型机 I/O 设备、网卡、显卡、SCSI 卡等也都是各自专用的。这样做的好处是在封闭的硬件架构和操作系统上通过厂家的调校使性能达到最优和最稳定，同时还会采取冗余等保证措施，这样就能比较方便地实现核心业务的 RAS 特性（包括高可靠性、高可用性、高服务性等）。

小型机体系研发－生产－销售－服务的整个链条都是相对"封闭"的，导致小型机的发展相对于 IT 市场的趋势变得越来越缓慢，竞争力也越来越弱。因此与越来越流行的裸机服务器相比，小型机不管在技术上、价格上都相应地失去了优势。此时包括银行和电信在内的客户，除了保留原来部分基于小型机的应用集群外，超过 80% 的应用系统开始构建基于 PC 服务器的架构，也就是基于裸机服务器来构建集群。在结合分布式架构的同时，企业开始构建自己的内存数据库、分布式文件管理系统以及分布式数据库等，以及基于 Hadoop 的可扩展分布式计算应用。裸机服务器的优势体现在应用的高性能和可预测性上，其弱点也很明确，即成本会相对较高、在提供应用时过程相对比较复杂，且在应用部署后缺乏一定的灵活性。而裸机服务器继续存在的部分原因是作为某些特定应用，尤其是对性能要求较高的应用的解决方案（例如数据库），可以通过使用这种基础架构实现自己的应用特性。

裸机服务器随着 IT 基础架构的需求而演进，还远远没有到达终点，这是因为基础架构发展要求更大的灵活性、更优的经济性和易用性。首先，物理服务器缺乏时间灵活性，当系统中资源匮乏、需要扩容资源时，物理设备供给流程很长，设备到货后的安装、部署设置烦琐。其次，物理服务器缺乏空间灵活性，用户可能需要很小规格（如 1U1G）的计算资源，为此购置一台物理服务器可能需要花费一笔不小的费用，但是如果为了应对业务应用峰值时的资源开销而购置所谓的高配性能的服务器，往往资源的开销会远远低于峰值的预期，从而造成的结果是资源利用率低下。同时物理服务器还缺乏相对的操作灵活性，在使用物理服务器时，需要面临设备从上架、安装到配置的不同工作，针对物理服务器的网络配置也不是一项简单的工作。以上种种原因导致裸机服务器的明显不足。这是企业基础架构发展和演进的第一个阶段。

3.1.2　阶段二——x86 虚拟化

伴随着企业市场的发展，我们在基础架构上又迎来了一个新的巅峰时段，就是我们熟悉的虚拟化时代。当然，至今在企业客户的数据中心底层还大量地使用着这项技术。

虚拟化技术通过对硬件部分的抽象，用软件来模拟实现不同架构的处理器、内存、总线、磁盘 I/O 等硬件设备。如图 3-1 所示，虚拟化技术使一台物理服务器能够运行一台或多台虚拟机（VM），在很大程度上实现了对服务器资源的有效利用，我们有时也会把它称为对计算资源的压榨和统一管理。然而，虚拟化这一概念的发展其实可以追溯到 20 世纪 60 年代和大型计算机时代，但是直到 1998 年 VMware 将其虚拟机管理器（hypervisor）进行商业化后，它才真正被广泛应用于市场前沿以提高 IT 的生产效率。通过在一台物理服务器上成功运行多台虚拟机，并且让每台虚拟机都有自己独立的客户端操作系统（Guest OS），VMware 的虚拟化真正做到了帮助 IT 在基础架构方面实现提升效率的目标。1999 年，VMware 首次在 Intel x86 机器上实现了虚拟化，并通过使用二进制转换来替换特权指令，将其捕获到虚拟机管理器中。如今全球数以万计的企业都在 x86 服务器上运行着 VMware 的虚拟化系统，同时承载着其重要的业务系统，因此，在基于虚拟机管理器的企业虚拟化解决方案中，VMware 无疑成为市场上的佼佼者。其他的虚拟化解决方案还包括微软的 Hyper-V、Linux 的 KVM 以及 Xen 等。

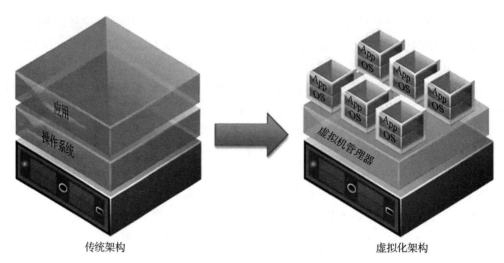

传统架构   虚拟化架构

图 3-1   通过虚拟机管理器实现虚拟化，运行多台虚拟机

通过使用虚拟机管理器技术来完成虚拟化的优势是很明显的，因为技术成熟，虚拟机管理器至今仍然被用户所采用。通过在物理服务器上启用多台虚拟机，不仅可以提高服务器CPU 的利用率，还可以通过整合多台物理服务器的计算资源，方便快捷地实现池化资源的构建，也能方便地支持多租户的需求。

但虚拟化技术本身是存在一些缺点的。

❑ **资源消耗**。虚拟化技术需要的复杂性相对高一些，对于虚拟机管理器本身而言会存在固定的资源开销，而虚拟化中每个虚拟机如果为了达到较好的运行效果，客户端操作系统也会对 CPU 和内存有一定的要求。相对于裸机的基础架构而言，以上这些性能的开销是不容忽视的。

❑ **超额分配 CPU/ 内存，造成系统不稳定**。当物理服务器采用虚拟化技术造成资源超分时，可能会造成服务器性能不稳定的严重问题。另外，如果多个虚拟机需要向统一的存储同时发送 I/O 请求，很可能会造成存储响应的延迟甚至可能被锁住，而针对性能延迟要求高的应用，比如数据库，则需要划分单独的资源来处理对应资源的开销以及虚拟机操作系统的启动时长问题。

❑ **弹性扩展能力差**。虚拟化技术缺乏相应的分布式部署，无法真正实现资源的弹性扩展。当用户请求增多时，虚拟化所能管理的集群规模可能远未达到理想程度，甚至会出现资源不够的情况。所以随着集群规模的扩大，需要依托和借助自动化的流程来完成所谓的资源弹性扩展。

3.1.3   阶段三——超融合的基础架构以及软件定义数据中心

一直以来，企业都希望在不影响其他方面的情况下简化基础架构配置过程和运维过程。而超融合的基础架构的出现，似乎在某种意义上给行业发展找到了出路。超融合的基础架构是一种完全由软件定义的 IT 基础架构，它可以通过底层的虚拟化技术来实现对硬件资源的软件定义。这包括计算虚拟化、存储虚拟化以及网络虚拟化等。

　　简单地说，超融合的基础架构可以将计算、存储以及网络连接集成到一个"盒子"中，如图 3-2 所示。通过提供对硬件和软件资产的统一管理视图，在一个功能强大且易于管理的环境下实现集成式的软件定义计算、软件定义存储以及软件定义网络，从而隐藏了所谓基础架构底层的复杂性。超融合的基础架构在裸机设备上使用复杂的基础设施软件，通过简化式的管理，最终提高了某些特定应用的易用性（例如虚拟桌面）。超融合的基础架构可以部署到不同的硬件环境中并用于不同的业务目的，例如远程办公、边缘服务、整合的数据中心等。其中超融合基础架构供应商包括 Red Hat、Dell/EMC、IBM、联想、HP、Nutanix、Cisco 等。

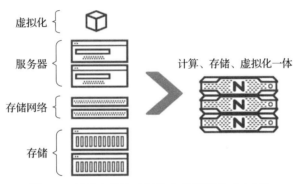

图 3-2　超融合的基础架构实现所谓的"盒子"

　　超融合的基础架构象征着软件在基础架构上又一次很大的进步，因为它代表软件发展在技术上的融合。这个融合包括对计算的融合、对存储的融合、对网络的融合。这也代表所有技术在峰值点的结合，例如，在超融合的基础架构上 VMware 推出的 VSphere+VSan+VCloud 的解决方案将软件定义数据中心的实现推向了成熟。在这一阶段，同样也有来自开源技术的 OpenStack+Ceph+KV 实现对软件技术的融合，并进一步实现了越发精细的技术目标。

　　超融合的基础架构可以将硬件和软件通过预先打包的方式组合在一起，并通过虚拟机管理器屏蔽虚拟化底层的复杂性，然后通过不断增长的超融合设备集群实现对基础架构的扩展，最终实现简化私有云的自建难度。但是超融合的基础架构也存在一些不足。

　　❑ **被硬件绑定，扩展能力差**。当系统资源被打包到设备中时，计算和存储的分配比例其实就已经被锁定了，因此对于有状态的应用（如关系数据库等）缺乏较好的支持。

　　❑ **快速扩展能力差，不灵活**。超融合的基础架构对大规模可扩展的分布式计算（如 Spark、Hadoop 和 Storm 等）的支持比较有限，所以很容易被超融合的供应商锁定。另外，超融合的基础架构同样在一定程度上缺乏时间灵活性和空间灵活性，运维和升级的复杂性会随着集群规模的扩大越发明显，而在资源上仍然无法很好地实现相对的弹性扩展。

❑ **被供应商绑定**。超融合的基础架构的解决方案通常都会由一家供应商进行一体化提供，这很容易形成被供应商绑定的问题。

3.1.4 阶段四——应用定义基础架构

在企业基础架构发展的前三个阶段，我们不难看出一个共同点，即每个软件项目开始基本都会从设计、规划底层的基础架构做起。例如，当我们要部署和投产 Java 开发的相关应用时，可能需要用到相应的中间件服务器，那么我们项目计划的第一步可能就需要配置应用服务器或选择相应的虚拟机来承载中间件的部署，这一过程中可能还会涉及配置网络或配置相应的存储来满足应用的具体需求。另外，比较明显的一点是，在提供所有这些基础设施的时候，我们需要提前计划和规划好对于基础设施的相应配置，以确保它们能够满足应用当前所需的服务等级要求，甚至需要考虑到将来预期增长的要求。所以，只有在计划和配置完成这些基础架构之后，我们的应用才能进行上线。

但是我们都知道，基础架构以及对应的基础设施存在的最终目的是对企业的应用提供服务的，所以我们一直在思考，是不是可以反过来让应用来决定我们最终对于基础架构的需求，使基础架构能够自行提供配置从而满足业务应用的需求。答案显然是可以的，IT 发展的第四个阶段就是基础架构将由它所提供服务的应用来定义。在这一阶段，应用和人员都摆脱了对底层 IT 基础架构的束缚，而底层基础架构本身可能会发生变化，从裸机服务器到虚拟化，到私有云再到公共云，这些所有事物的背后有一样东西是始终保持不变的，就是我需要和应用进行交互、通过应用去表达我们的业务，所以 IT 在这个阶段变成了通过应用来定义基础架构的时代，基础架构变得越来越不可见，甚至化繁为简。

在和云相关的基础架构的发展过程中，困扰 IT 人员最多的是需要为各种技术栈的应用部署运行环境、依赖服务等。虽然自动化运维的工具可以在很大程度上降低构建环境的复杂度，但仍然不能从根本上解决运行时环境问题。下面，我们来看一看在这一阶段出现的几个最重要的因素。

1. 容器的兴起

在企业基础架构发展第二阶段和第三阶段，虚拟化技术已经非常流行。虽然传统的虚拟化技术解决了硬件层面的资源共享问题，但是在日常开发中，从本地到服务端的投产过程却存在着兼容性问题，通常表现为本地运行良好，投入生产环境后却问题百出，根本不利于持续集成和相应的持续交付。而容器化将应用程序代码和其相关的依赖项（配置文件等）打包成一个文件，运行该文件的时候就会生成一个容器实例，在这个封闭的环境中，容器不仅提供了程序需要的一切，而且不会捆绑应用环境所依赖的操作系统，所以真正的轻量级不言而喻。

另外，因为容器的方式能够实现为应用打包所有相关软件及其所依赖的环境，所以容器可以方便地实现跨平台部署，它使一个应用可以可靠地从一个计算环境迁移到另一个计算环境。随着容器技术的不断兴起，以及共享的多租户在基础架构上可以安全、稳定地运行应用，应用定义基础架构的阶段也应运而生。

2. 无状态和有状态的应用

应用之所以能够实现在某种程度上定义架构的相应需求，根本上是因为在这一阶段，我们有了对无状态应用和有状态应用更好的抽象和支持。

有状态的应用是指在应用内存储状态信息。例如，用户在网站上购物浏览时，添加到购物车中的商品会被存储在用户实例的相关实例中，如果该实例异常停止，该用户购物车中的商品信息也会丢失。在无状态的应用中，服务内部的变量值不被存储在服务内部。所以有状态应用的伸缩是相对复杂的，云上的应用尽可能做到的是无状态。无状态不代表状态消失，而是把状态迁移到了分布式缓存或数据库中，这样可以把复杂度抽象到统一的位置，便于集中管理。

然而，许多企业的关键应用通常需要保留和管理状态信息。例如，复杂的分布式大数据、NoSQL 和数据库应用都是有状态的，需要在本地和云平台中运行，仅仅将存储卷附加到 Docker 上不足以支持有状态的应用，因为这并不能解决性能的可预测性、应用的可移植性和高可用性、生命周期管理等问题。因此，迫切需要云计算基础架构更好地支持有状态的关键应用，关于这个问题，我们会在下面详细介绍。

另外，有状态应用、中间件等大多都有定制的生命周期管理需求，很难用一种或几种工具有效地管理其生命周期，例如 MySQL、Kafka 这样的有状态应用和中间件。因此针对相关应用的定制化生命周期管理急需得到解决。

3. 容器编排

虽然容器实现了在单个计算资源上的应用打包、发布、运行等功能，但随着应用规模的逐渐扩大，对散落在不同计算资源上容器的管理成本逐渐上升，换句话说，只有当容器能够有效地部署、管理和扩展，并且能够按照相应的自动化方式去管理和协调时，将应用放入容器才会变得真正有价值。因此 IT 架构需要一个容器编排或调度工具来统一管理容器的分布式计算资源。容器的编排引擎在这里发挥了至关重要的作用，这也是第四阶段 IT 基础架构的重要组成部分，其重要性非常高，以至于引发了各个厂商之间的 "容器编排大战"。其中包括 Docker 公司的 Swarm、RedHat 公司的 OpenShift、Rancher 公司的 Cattle、AWS 公司的 ECS 和 CoreOS 公司的 Fleet。

如果说容器镜像能够保证应用本身在开发与部署环境中的一致性，那么容器编排工具通过统一的配置文件，就可以保证应用的 "部署参数" 在开发与部署环境中的一致性。容器编排器的核心功能大致可以分为资源管理、调度和编排以及服务管理。

4. 小结

这里总结一下应用定义基础架构的概念，应用定义基础架构可以结合容器描述为一个基于容器的、应用感知的计算和存储一体化的平台，它可以运行在通用硬件组件上。它的软件可以有效地对底层服务器、虚拟机、网络和存储进行抽象，从而生成一个集计算、存储和数据的连续体。最终容器化的应用都可以在这个连续体中运行，而相互之间不会影响彼此的性能。因为计算和存储是分离的，所以应用的可移植性和可扩展性得到了大大提高，应用可以在不移动或复制数据的情况下围绕着连续体自由移动。例如复杂的分布式应用，如NoSQL、Hadoop、Spark 和 MongoDB 等，另外也可以快速轻松地实现部署。

应用定义基础架构能够根据单个应用的需求以及环境的拓扑结构智能地提供容器和存储，并配置应用以充分利用这些组件。它可以确保所有应用获得足够的计算、存储和网络资源，以满足用户定义的服务质量要求，最终保证所有应用性能的可预测性。另外应用定义基础架构还能够自动恢复失败的节点和磁盘，并在服务器之间无缝地移动工作负载，因此让硬件的使用变得更加有效率，从而实现为不可避免的性能峰值预留更多的硬件。此时，大家应该可以很清晰地说出所谓的连续体是什么，当然这里不急着具体描述它，我们接下来看看当前 IT 发展的核心问题和企业在构建基础架构上的理想目标。

3.1.5　算力的需求是云计算要解决的核心问题

我们知道，计算是人类认识世界和改造世界的重要方式。如图 3-3 所示，从蒸汽时代到电气化的时代，无论是集成电路时代大规模生产制造的设备计算，还是信息化时代全球互联互通的移动计算，计算已经深入浸透到人类生活的方方面面。同时，计算的模式也在发生着变化，从以互联网为中心的云计算，到业务可就近闭环、实现敏捷智能的边缘计算，再到未来云 – 边计算能力与端侧的联动，计算模式正在向着云 – 边 – 端多级部署的泛在架构发展，以满足智能社会多样化的算力需求。

图 3-3　算力是数字化 / 智能化时代的关键生产力

算力无疑已经成为一种新的关键生产力，但无论云厂商还是所谓的最终用户，对于算力的渴求仍然十分强烈。不同产业对于算力的需求远远超过了当下业务增长的速度。云厂商为了追求更好的经济效益、绿色环保等要求，不得不采用东数西算、深度定制数据中心和硬件设备等相关手段。

如图 3-4 所示，算力作为一种重要的资源，在每个地方都会用到，无论在集中的数据中心，还是在智能化的工厂、业务网点、5G 的基站以及智能的终端设备都需要大量的算力，都需要进行不同层次上的数据处理。这无疑就形成了一个云边端的架构。云数据中心已经取代传统数据中心成为主流，云原生的技术无疑成为其中的核心技术。根据思科云指数报告，2021年云流量在全球流量中的占比高达 95%。在此基础上，我们利用云原生的技术能够解决跨云环境一致性问题，缩短应用交付的周期，并消除组织架构协作壁垒等问题。另外，因为受到网络条件的制约，中心化的云计算已经无法满足部分低时延、大带宽、低传输成本的应用场景，如智慧安防、自动驾驶等。这就需要将计算的能力从云端进一步迁移到相应的边缘端。

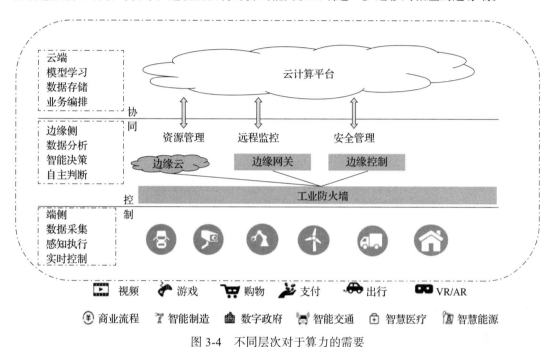

图 3-4　不同层次对于算力的需要

　　另外，算力的内容也开始变得越来越多样化，而算力在形式上也不再是单一传统的通用算力和异构多核的方式，CPU、GPU、DPU、IPU 等不同的计算处理的方式会变得越来越主流，同时变得越来越精细化，如图 3-5 所示。我们可以看到英特尔（Intel）收购阿尔特拉以及超威半导体公司（AMD）收购赛灵思（Xilinx）等重要事项，人们对于算力的需求比任何时候都更加迫切，而相应的基础架构的能力建设也变得更为重要、更具挑战性。

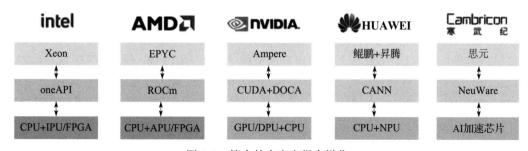

图 3-5　算力的内容变得多样化

3.1.6 两化融合和云边协同

两化融合是目前很多企业提出的一个更高要求，在传统的范围里，IT（Information Technology）的管理和 OT（Operational Technology）的管理是一个割裂的场景，总部的数据中心或区域的数据中心都会统一地管理很多 IT 相关的设备、应用系统，而生产上的服务器、工业数据甚至是一些传感器、执行器都由 OT 的范畴去进行管理，而现在所说的两化融合，是指我们要在两个方面打通两者之间的界限，如图 3-6 所示。第一个方面的融合是指要进行统一的管理，我们希望能够拥有统一的管理策略，从总部的数据中心一路下发，下发的范围既包含区域数据中心，也包含工业数据中心，甚至包含生产上的服务器以及边缘设备。所以管理的方式、方法和策略都一致是统一管理的最高目标。第二个方面的融合是指数据的融合，我们希望从边缘设备采集的数据或者生产服务器上产生的数据能够无缝地、平滑地被采集到总部的数据中心，所有的数据统一在一个平台上进行一体化的分析，并且制定出符合业务的决策。

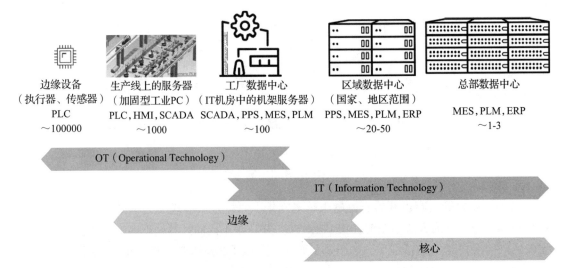

图 3-6 两化融合的目标

两化融合解决了管理的问题，那么是不是也可以解决我们所说的流程的问题？答案是可以的，如图 3-7 所示，可以通过云边协同来实现，在云边协同中，我们可以将云原生的基础架构和云原生的应用部署在不同的地方，不仅仅可以部署在数据中心、公有云处，也可以部署在地理分布的工厂或边缘层级，所有的流程（包括开发流程、管理流程）就可以变成一体化了。如果我们在数据中心开发了一个新的应用，可以通过直接的推管、Ops 的方式、DevOps 的方式、GitOps 的方式一次性从数据中心推送到地理分布的工厂中，推管到最边缘处，这时应用的使用、应用的更新、版本的更替就不要人去做，而这个一体化的管理流程也能最终实现云边协同。

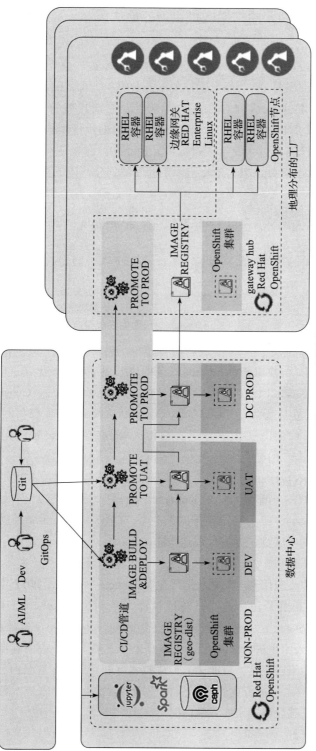

图 3-7　云边协同

3.1.7　Kubernetes 的云原生架构是目前的最优解

1. Kubernetes 和云原生

针对上面阐述的发展趋势，以及前面提及的连续体这一概念，在开源技术发展和持续演进的今天，我们都能耳熟能详地说出这一技术明星，即 Kubernetes。Kubernetes 最初的设计思想来源于谷歌的 Borg 和 Omega 内部特性，然而这些特性在后面也随之落到了 Kubernetes 身上，这就是 Pod、SideCar 等功能以及相关的设计模式。Kubernetes 从 2014 年 6 月开源，到 2023 年已经走过了 9 年，可以说是 Kubernetes 的诞生开启了整个云原生的新时代，如图 3-8 所示。我们可以粗略地将云原生的发展划分为以下几个时期。

图 3-8　Kubernetes 与云原生发展过程

（1）初创期（2014 年）

2014 年，Google 开源了 Kubernetes，在此之前的 2013 年，Docker 开源，DevOps、微服务已变得十分流行，云原生的概念已经初出茅庐。在开源了 Kubernetes 之后，Google 和红帽等公司牵头发起成立了云原生计算基金会（Cloud Native Computing Fondation，CNCF），并将 Kubernetes 作为初创项目捐献给了 CNCF。CNCF 作为云原生背后的重要推手，起到了至关重要的作用。

（2）成长期（2015—2016 年）

这一阶段，通过 Kubernetes 的开源，CNCF 致力于整合开源技术，使容器编排功能成为微服务架构中很重要的一部分。随着 Kubernetes 的高速发展，2017 年，Kubernetes 打败了 Docker Swarm、Mesos，成为容器编排的领导者。CRD 和 Operator 模式也随着诞生，大大增强了 Kubernetes 的扩展性，促进了周边生态的繁荣。

（3）高速增长期（2017—2018 年）

2016 年之后的云原生应用基本都默认运行在 Kubernetes 平台上，2017 年、2018 年 Google 主导的 Istio、Knative 相继开源，这些开源项目都大量利用了 Kubernetes 的 Operator 进行扩展。2018 年，Kubernetes 正式从 CNCF 毕业，Prometheus、Envoy 也陆续从 CNCF 毕业。CNCF 也在 2018 年对云原生进行了重定义，从原来的三要素——应用容器化、面向微服务架构、应用支持容器的编排调度，修改为云原生技术有利于各组织在公有云、私有云和混合云等新型动态环境中构建和运行可弹性扩展的应用。云原生的代表技术包括容器、服务网格、微服务、不可变基础设施和声明式 API。

（4）普及推广期（2019 年至今）

经过几年的发展，Kubernetes 已经得到大规模的应用，云原生的概念开始深入人心，

Kubernetes 被冠以云原生的操作系统名号，基于 Operator 模式的生态大放异彩。通过整合 Kubernetes 和云基础设施，研发和运维关注点分离。Kubernetes 到 Service Mesh（后 Kubernetes 时代的微服务），基于 Kubernetes 的 Serverless 都在快速发展，OAM 诞生，旨在定义云原生应用标准。

2. 企业级的 Kubernetes

红帽是第一批与 Google 合作研发 Kubernetes 的公司之一，而其自身创建的 OpenShift 平台则是针对企业客户打造的领先的容器平台。在数以百计的客户中，红帽的 OpenShift 平台被应用于不同的垂直细分行业中，而且被成功部署在企业的数据中心以及各大主流公有云的平台上。如图 3-9 所示，红帽从一开始就引领 Kubernetes 的开发，红帽的 OpenShift 在企业级的 IT 架构和云原生的推进上体现出不可忽视的力量，这其中包括赋能客户应用、基础架构的演变以及赋能企业业务的革新发展等。虽然红帽的 OpenShift 在 2011 年就已经问世并一直在发展，但是作出以 Kubernetes 为标准的决定是在 2014 年。这个决定至今还影响着红帽在构建企业级容器平台 OpenShift 上的核心理念，正如红帽打造了世界领先的企业级 Linux 平台——RedHat Enterprise Linux 一样，红帽一直致力于将 RedHat OpenShift 打造成企业 Kubernetes 的标准，红帽还专注于建立开放的社区容器标准，并通过协助发起 CNCF、Open Container Initiative，推进更多的企业来塑造这些理念并同时保护这些标准。另外，红帽在构建企业级平台上一直坚持投入和引领的原则，这不仅体现在对 Kubernetes 的项目贡献上，也反映在对 Kubernetes 生态圈的建设上，而所有这些的原动力都始终源自红帽公司的文化和精神，源自开源社区至上的原则，这背后的初衷都是由客户和社区的需求所驱动的。

另外，红帽一直致力于在整个堆栈中更好地运营企业的 Kubernetes 平台，无论底层的基础架构还是上层的应用程序，这就是红帽收购 CoreOS 的主要动因，我们通常将这次收购看作红帽针对 Kubernetes 在运维管理和自动化操作方面作出的 2.5 亿美元投资。

CoreOS 推出的一项重要创新就是在 2016 年发布了用于管理 Kubernetes 集群服务的 Operator 模式。正如 Brandon Phillips 所描述的那样，Operator 是"一个特定于应用的控制器，它不仅扩展了 Kubernetes 的 API，同时可以让 Kubernetes 的用户创建、配置和管理有状态的复杂应用实例"。在 KubeCon 大会上，红帽和 CoreOS 推出了 Operator 框架，以加速和标准化 Kubernetes Operator 的发展。如今 Operator 的模式基本已经成为 Kubernetes 上运维和管理容器的标准模式。Operator 通过充分利用 Kubernetes Custom Resource Definitions（CRDs）的优势扩展了 Kubernetes 的 API，从而实现了自定义资源，最终方便、快捷地扩展了原生 Kubernetes 的相关功能。在这一过程中，CRDs 是由 RedHat 主导并引领开发的，红帽的企业级容器平台从版本 4 开始，也就是所谓的 OpenShift 4，从安装的部分开始，将由 installer 管理通过红帽 CoreOS 提供的不可变 Linux 容器主机，同时还会管理运行在 OpenShift 底层的云基础设施或数据中心的基础架构配置。通过 OpenShift 将全栈的自动化管理推广到基于 OpenStack、Azure、Google 等不同的云平台，同时还支持包括裸机环境、VMware 在内的平台，这样就可以实现在供应商提供的基础设施上运行 OpenShift 集群，从而达到在不可变基础架构上部署 Kubernetes 的最终目的。

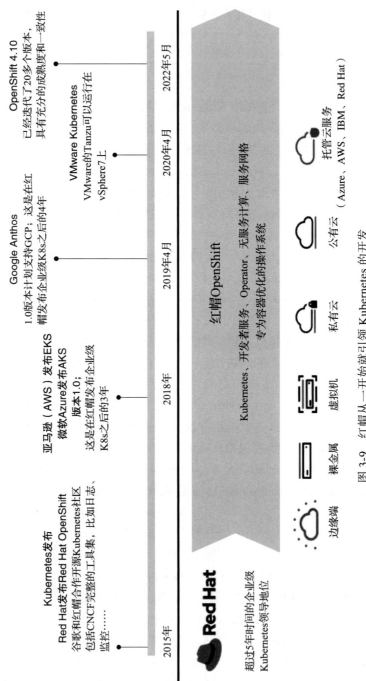

图 3-9 红帽从一开始就引领 Kubernetes 的开发

3. 企业级的 Kubernetes 可以更加全面地适配算力

红帽的企业级 Kubernetes 平台（OpenShift）可以安装在各种类型的硬件资源上，这包括裸金属服务器、虚拟化环境、公有云、边缘端设备等，屏蔽了底层硬件资源的异样性，通过 OpenShift 平台提供的 Operator 能力，可以充分使用来自底层硬件的各种算力资源，包括 CPU、GPU、DPU、IPU 在内各种硬件资源，充分体现了在云原生架构下适配算力的能力。

4. 企业级的 Kubernetes 可以实现两化融合和云边协同

一方面，红帽的企业级 Kubernetes 平台（OpenShift）可以打通 IT（Information Technology）和 OT（Operational Technology）之间的界限，实现对总部的数据中心、区域的数据中心、IT 的设备、IT 的应用系统、生产的服务器、工业数据、传感器、执行器的统一管理，可以通过总部的数据中心统一下发管理策略，一路直达各个终端。另一方面，OpenShift 平台可以方便地做到数据的融合，从边缘设备采集的数据或者生产服务器上产生的数据能够无缝地、平滑地被采集到总部的数据中心，所有的数据统一在一个平台上进行一体化的分析，并且制定出符合业务的决策，真正实现两化融合。

另外，红帽的企业级 Kubernetes 平台（OpenShift）可以将云原生的基础架构和云原生的应用部署在不同的地方，其中包括总部数据中心、区域数据中心、公有云、地理分布的工厂或边缘端，通过云原生的方式一次性将应用从数据中心推送到地理分布的工厂中或最边缘处，这时整个流程都是自动化完成，而这个一体化的管理流程也能帮助我们最终实现云边协同。

3.1.8 趋势总结

经过十几年的发展，云计算已经成为数字化转型的重要基础设施，由"面向云迁移应用"的阶段演进到"面向云构建应用"的阶段，即由"以资源为中心"演进到"以应用为中心"的云原生基础设施阶段。云原生的基础架构不仅能够给用户带来多方面的革新，而且可以利用智能的调度、运维系统高效管理更为丰富的应用，天然混合云的架构可将业务快速分发部署到分布式云的场景中，同时软硬协同的基础设施架构在为应用提供更好性能的同时，也对隔离性、安全性等多方面的能力进行了加强。

作为企业 IT 领导者或选型者，你可能不仅会关注技术带来的先进性，而且会更多地关注行业的发展趋势，因为趋势是我们将来要走的路。早年的 OpenStack 已成为软件行业的先锋者，为开源软件在企业级市场上迈出了有力的一步。如今，采用开源软件构建自己的基础架构似乎成为行业的实时标准，这当中通过 CNCF 定义的一系列关于云原生的标准，几乎是所有企业在构建自己的基础架构时必须要考虑的重要因素。这当中除了我们经常会看到的应用容器化、面向微服务架构、服务网格等定义外，通过 CNCF 社区定义的容器运行时接口（CRI）、容器存储接口（CSI）以及容器网络接口（CNI）正越来越成熟，使 Kubernetes 不仅仅可以是云原生应用的基础调度平台，Kubernetes 也可以完全实现对基础架构的定义，这包括基础架构需要使用存储、网络甚至是计算资源等。

Kubernetes 已经成为数据中心中的"新一代操作系统"，通过 Kubernetes 结合云上的特性可以方便地实现新一代的融合基础架构。而通过 Operator 的方式可以让 Kubernetes 上的应用更加便捷和通用，同时 Kubernetes 的 Operator 的模式也让应用可以完全忽略底层基础设施的复杂性。

所以可以清晰地看出，Kubernetes 加上云原生的基础架构一定是未来企业基础架构的必然发展趋势。接下来将分析企业为什么需要云原生的基础架构。

3.2　云原生基础架构的现实意义

在知晓整个企业基础架构的发展趋势之后，我们可以明确地意识到云原生的基础架构对于企业选型技术架构栈或是构建自己的基础架构平台有着不可厚非的意义。但是我们知道每次技术革新的背后其实都有着业务需求发展的必然因素，企业一边可能需要寻求快速增长的业务，一边也要兼顾相应的技术创新，另外低成本的技术转型与稳定性、标准化、安全的基础架构之间的矛盾也是屡见不鲜，这些因素构成了基础架构演进的驱动因素。下面就来逐一看看这些因素的具体诉求。

3.2.1　应用需求爆发式增长，需要选择更加合适的基础设施

IT 技术发展至今，最明显的一个趋势是，企业应用的需求呈现爆炸性增长。换句话说，"每个企业都正在成为软件企业"。据 IDC 预测，到 2025 年三分之二的企业将成为多产的"软件企业"，每天都会发布软件版本。越来越多的企业将使用软件来交付服务，企业需要选择更加合理和合适的基础设施以及基础架构来应对快速增长的应用需求和应用背后真正快速变化的市场。如图 3-10 所示，图中气泡大小代表各个行业在 2020 年云原生技术上的投资规模，纵轴代表 2020 年相比 2019 年的增长率，横轴代表 2021—2025 年的增长速度。

一个显而易见的问题是企业如果想适应应用需求的快速增长态势，可能会很直接地考虑借助云基础架构带来的便利性，接着就会做相应的应用现代化。云计算已经从单一的资源提供阶段发展成为需要提供包括全面服务、基础设施和相关能力的阶段。云原生进入所谓的 2.0 阶段，已经从单纯的微服务、容器化和应用上云发展到了全栈贯通的企业级云原生，所有这些变化是因为容器化带来的 IT 系统从静态部署到动态部署的改变。但是我们会发现，云计算在目前阶段能提供的选择太多了，我们应该选择什么样的云、选择什么趋势的云、选择什么厂商的云最终作为基础设施的承载者？相信云原生的基础架构一定能带领我们找到答案。

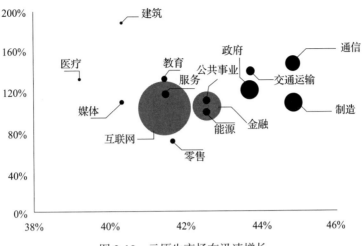

图 3-10　云原生市场在迅速增长

3.2.2　基础架构的运维需要更加行之有效的方式

在很多企业内部仍然沿用传统基础架构的运维体系，大致可以分为两个级别，如图 3-11 所示。级别 1 为相对的初级别，运维人员还会通过远程 SSH 的方式访问相应的服务器，然后在相应的服务器上做升级或降级软件包，接着通过调整配置文件、安装软件最后完成部署应用。级别 2 会采用相应的自动化方式，其中能够采用模板化的方式管理相应的 OS（SOE 环境），同时也能采用自动化脚本的方式批量部署虚拟机、应用等不同工作负载，另外对应的运维工作会有自己的自动化运维平台，同时可以实现相关脚本的任务化。操作的可视化，以及执行结果的可追踪化。运维在这一级别上似乎可以很好地做到提升 IT 效率、减少错误率的目标。

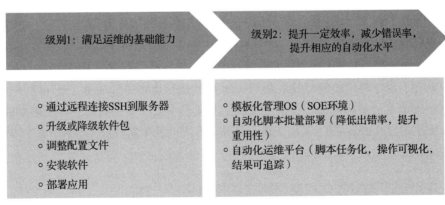

图 3-11　传统基础架构的运维体系

但是不难发现，如果我们所处的时代是传统 IT 的时代，这一切看似都没有问题，并且运维已经做到很高效了。但恰恰相反，我们正处于云原生的时代或者说是向云原生转型的时代。而在面对云原生或云原生转型上，企业的基础架构运维就会面临很多问题，如图 3-12 所示。应用的迭代速度加快了，部署也更加频繁了，所以如何能够更好地处理应用相关的迭代和回滚以及应用的升级是我们在云原生时代运维所要做的最基础的工作，另外，应用正逐步转向微服务架构，运维复杂度会大大增加，不仅应用部署的规模变得越来越大，同时相关组件的使用也会增多，出错的问题点和概率点也会变得更加频繁，另外，企业基础架构的底层环境会相对传统 IT 时代变得更加复杂，有可能存在私有云、公有云、多云混合的环境，如何统一高效地运维和管理 IT 资源是值得我们深入思考的问题。

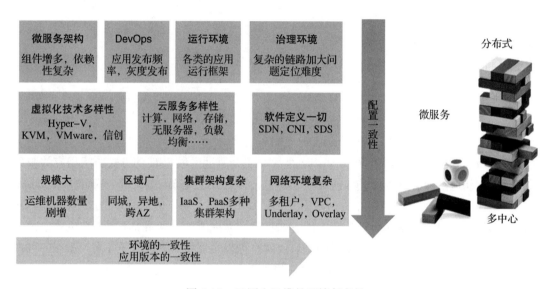

图 3-12　云原生运维的环境复杂性

在运维基础架构相关的 IT 设施或操作系统时，大家可能碰到过这样问题，首先管理员对操作系统的变更随意性非常大，虽然有配置变更记录，但和实际对不上，以至于在出现严重问题后难以查找原因和修复，系统的配置会变得越来越乱，直到没人再敢动。

所以，在云原生时代如何有效地对 IT 基础架构进行运维和管理是首要问题。如果我们采用了基于云原生的基础架构，在很大程度上能从根本上改变我们对于传统运维的思维模式，以云原生的方式去运维 IT 基础架构，另外，我们会从全新的视觉和操作空间去看待 IT 基础架构资源。

3.2.3　应用形态的多样化和交付格式的标准化

随着容器集群在企业生产环境中的大规模部署和使用，越来越多的企业将自己的关键业务切换到了容器的生产环境，而容器技术需要应对的场景也越来越复杂，虽然本地数据中心的集群资源和弹性措施可以满足大量企业相关业务的部署要求，但在一些具体场景下，如多集群管理、安全全链路、容灾、跨云迁移等，本地的数据中心或单独的云厂商是无法完全满足用户的全部需求的。因此需要能够提供针对跨云服务的能力来满足客户的业务诉求，最终能够保证业务的连续性、稳定性，以便有效地管理 IT 资源。当前所有主流云厂商基本都会支持基于 Kubernetes 的容器服务，Kubernetes 已然成为容器调度和管理的事实标准，这也在为多云环境下实现对 IT 资源的统一管理提供了必备的技术条件。

未来客户构建的应用形态可能是多种多样的，其中包括有无状态的、数据库的、边缘端的甚至是无服务器函数式的。这些应用可以通过企业内部的自研来完成实现，也可以通过下游的合作伙伴或供应商来交付进行完成。但是它们都会呈现一个共同的特点，即基于统一的交付格式进行开发或者基于 Kubernetes 的标准交付格式进行开发。因为这样不仅可以很好地解除单一厂商在资源定义上带来的锁定问题，同时也可以方便地实现多集群管理、跨云业务的容灾，在某个云服务商发生故障时可以快速切换到其他的云服务商或者构建完成的混合云环境中，最终实现所谓的跨云弹性伸缩和跨云业务管理，同时还可以通过利用公有云提供的超大资源池来应对业务短期流量的高峰场景，从而大幅提高业务的承载能力。以上这些之所以能够实现，大都是因为底层的基础架构是基于云原生方式构建的，另外支持应用的底层基础架构都是采用基于标准格式的 Kubernetes 来完成的。

3.2.4　基础架构团队的技能和改变问题

在企业内部，我们能越来越明显地看到，针对业务应用进行发布、上线和投产时，我们更多会通过应用一侧来发起，比如在 Kubernetes 中通过 YAML 文件来进行定义，你的应用在生产中需要用到几个实例、备份时需要用到几个磁盘、测试时候的环境中需要支持什么样的依赖等。所以不难看出，将来对于基础架构的消费定义会变得越来越向应用侧倾斜，基础架构人员的技能也会从传统的技能越来越向应用侧转换。

随着企业在 IT 建设上越来越多地采用基于 DevOps 和 SRE 的方式来构建自己的生产流水线以及技术团队的相关文化，我们会发现，云原生的概念会越来越多地被映射到从数据中心到基础架构再到 IT 的运维团队的方方面面，可以看到在云原生的趋势下，相关人员的技能变得更加全面，换句话说，就是 IT 运维人员需要以更少的人员配比去完成更加专业、更加全面的技术工作，这其中有点类似 SRE 所负责的事情。这就要求基础架构团队中的每个人都要主动接受改变，都要主动学习云原生基础架构相关知识，只有把握好当下的趋势，才能在将来立于有利的位置。

3.2.5　企业上云后的窘境

对于企业客户而言，当下很多企业的 IT 建设依然存在一些窘境。这很大一部分是历史的原因。因为在相当一段时间内，不同的云厂商通常都会在各自的基础设施资源上发展自己一体化的 PaaS 应用，这样一体化后相对低门槛甚至是零门槛的因素，使很多企业用户会很容易地采用这样的解决方案。然而在云厂商提供的一体化解决方案中，不仅可能含有基础架构的 IaaS 层，同时还包括平台层的 PaaS，以及相关的一些协议、端口和适配等，这样最终就很容易让相应的企业用户被云厂商提供的一体化解决方案造成严重的"锁死"问题，从而导致用户在技术上被深度绑定，最终甚至可能出现所谓的高门槛阻止用户流出，从而使企业用户"上云容易下云难"，形成了对云厂商的一种被动性依赖。

另外，对于企业信息化建设而言，IT 基础设施的最大困境往往在于其自身的复杂度。不同的企业在产业数字化过程中，每种 IT 基础、设施架构都有存在的合理性，相互之间是不可替代的，IT 建设又是一个渐进的过程，所以必然存在存量 IT 架构和增量 IT 基础设施共存的现实情况。在复杂的混合 IT 基础设施情况下，如何能够屏蔽掉底层基础设施的差异性，让企业更加聚焦在本行业的业务创新上往往是一个普遍性的难题。而采用云原生的基础架构无疑是以上问题的最好答案，因为云原生基础架构的独立性和延展性可以很好地帮助企业用户实现对不同基础架构的耦合性，从而屏蔽底层基础设施的差异性，更加有效地管理 IT 基础资源。

还有一个显而易见的问题，即如果企业已经选定了具体的云厂商作为自己基础架构平台的提供者，往往会面临以下一些挑战。首先在现有基础架构的提供上往往缺乏对服务供应的统一流程，通常都依赖于各种类型的模板，然后再基于模板提供多种脚本。其次在对 IT 资源进行操作时，经常需要对一批资源进行批量的配置变更操作，很难做到完全跟踪状态，以至于一致性面临很大的问题。最后是缺乏 IT 资源的关键指标，很难做到可以回滚到和原有设计态一致的资源状态，导致出现问题后难以进行定位。而采用云原生的基础架构可以方便、有效地应对上述问题。

3.2.6 企业需要面对边缘端基础架构的挑战

IDC 在中国企业市场趋势峰会中指出，边缘端的基础架构会作为创新加速器的最重要一员，因为目前市场中正通过 5G、物联网、AI 等技术实现 IT 加速创新，而边缘端的基础架构正是部署物联网、相应设备以及边缘应用的关键。38% 的用户认为掌握边缘端的基础架构将会成为这次 IT 创新的领导者，边缘计算也在重塑 IT 基础架构在传统应用中的地位，并改变计算、存储和网络的形态。如图 3-13 所示。当前边缘计算从边缘产品的连续性到 IT 部门之外的 IT 技能再到超融合产品的改造上有着不同的挑战，而采用云原生的基础架构则是解决这些挑战的最佳选择。

另外，我们知道，如今边缘计算与物联网设备正处于一个蓬勃发展的时期。我们可预见的硬件迭代周期和软件迭代周期都会变得越来越快。任何一方面基础架构技术的支持都会影响到其自身的发展。因此无论是边缘计算还是物联网技术都需要在发展的初期充分考虑对于基础架构的适配性。随着云原生技术的不断成熟，各类硬件的相关能力在进行云化时的门槛也会变得越来越低，所以很多硬件在最初设计阶段就应该对云化的基础架构进行实现考虑和支持，这样不仅可以使硬件在一出现就能获得最大的软件资源支持，同时也能获得更长的生命周期支持，而云原生的基础架构正是在这一点上考虑的。

图 3-13　边缘计算面临的挑战

3.3　云原生基础架构的定义和核心特征

3.3.1　云原生基础架构的定义

　　首先，我们来看云原生的基础架构是如何定义的。下面的表述仅代表笔者个人的意见，云原生基础架构是指通过一定程度的抽象，实现标准接口以对底层资源进行分配和完整调度。其次，云原生基础架构还指可以通过 API 和软件的方式对基础架构资源进行管理，其本身能实现对底层基础架构的高效扩展和资源的合理分配。云原生基础架构还包括运行和支持应用程序的硬件和软件，这些应用程序通过利用云的优势进行构建，并且只存在于云中。云原生基础架构上运行的应用程序应该是基于云原生方式构建的，它可以是容器或容器中包含的微服务，最终能够实现快速地复制或删除资源，从而达到灵活、低成本、易维护的特性。总结来看，云原生的基础架构应该包含三个部分，即应用程序、架构和运维方式，如图 3-14 所示。其中应用程序一定指的是云原生的应用，因为只有通过云原生的应用才能充分利用云原生相关的优势，这里的架构是指相关所有用来构建云原生基础架构的支撑方式，这部分内容我们会在后面具体阐述，最后的运维方式是和人相关的内容，也就是我们需要采用云原生的方式运维基础架构。

3.3.2　云原生基础架构的核心特征

　　Gartner 将云原生基础架构大概划分为四大类，如图 3-15 和表 3-1 所示。我们可以看出一个非常重要的特性，即在对几类基础架构的划分中，计算单元的颗粒度会变得越来越细，也会进一步体现出和云原生基础架构相关的核心特征。

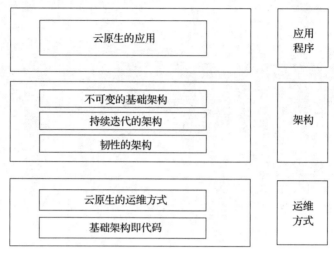

图 3-14　云原生基础架构

☐ 模块化程度越来越高：自包含的应用打包方式，应用与底层物理基础设施解耦自动化。

☐ 运维程度越来越高：自动化的资源调度和弹性伸缩能力，用户将关注点逐渐聚焦到应用自身。

☐ 弹性效率越来越高：VM 可以实现分钟级扩容，容器可以实现秒级扩容，函数可以做到毫秒级扩容。

☐ 故障恢复能力越来越高：随着系统自愈性的增强，大大简化了应用架构容错的复杂性。

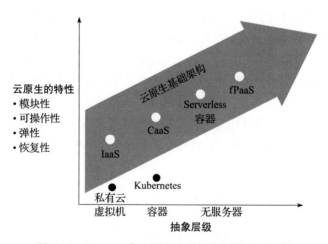

图 3-15　Gartner 将云原生基础架构划分成四大类

表 3-1　Gartner 把云原生基础架构划分成四大类

分类	IaaS	CaaS	Serverless 容器	fPaaS/FaaS
代表产品	弹性计算（ECS）	K8s 服务（ACK）	Serverless K8s（ASK）弹性容器实例（ECI）	函数计算（Function Compute）
虚拟化技术	硬件虚拟化	操作系统虚拟化	MicroVM	容器或应用运行时虚拟化
应用交付	虚拟机镜像配合自动化脚本	容器镜像	容器镜像	应用代码
应用兼容性（灵活性）	高	中	中	低
计算单元	虚拟机	Pod	Pod	函数实例
弹性效率	分钟级	秒级	秒级	毫秒级

除了上述描述的基本特性外，云原生基础架构的核心特征还应该包括以下几点。

❑ 不可变部署。例如基于容器镜像的部署（虚拟化的模板仅提供了操作系统基线）。

❑ 声明式配置。"基础设施即代码"提供了一个期望（未来）的状态（VS 需要详细地部署配置脚本或文档）。

❑ 组件编排。通过通用声明性策略和配置实现管理：监控、扩展、可用性、路由等（VS 运维系统及监控与网络管理体系的支撑）。

❑ 运行时不可知。平台将组件（例如容器）视为黑匣子，无须了解其内容（VS 关注依赖的组件部署和调用关系处理）。

3.3.3　对云原生基础架构的误解

1. 云原生基础架构等同于采用了公有云

通过上述对云原生基础架构的定义，有些用户和读者可能会有一些认知上的混淆，他们可能会把云原生基础架构和公有云、容器、容器平台进行关联甚至画等号。之所以出现这样的情况，是因为业界对于云原生基础架构并没有一个严格意义上统一的概念。首先，云原生基础架构并不等于公有云，也不等同于采用了公有云。其次，云原生基础架构也并不代表在公有云上运行着的基础架构。原因很简单，因为单一地从云服务商那里通过租用或是获得的服务器的使用时长，并不会让你的基础架构变为云原生化的，这样的做法无疑与管理传统的 IaaS 和运行裸机物理服务器的数据中心在本质上没有区别。

2. 云原生基础架构等同于容器或容器平台

云原生基础架构不能简单地等同于采用了容器，或者说通过容器来运行应用程序就可以称为云原生的基础架构。这是因为，我们的应用程序仍然可以沿用虚拟机的方式进行应用部署，如果仅仅改变了应用程序的打包和部署方式，并不意味着底层的基础架构就会具备自愈能力、具有可扩展性。所以这一点是需要大家注意的。

云原生基础架构也不意味着采用了容器平台（如 OpenShift 和 Kubernetes）。这是因为容器平台虽然提供了很多云原生基础架构所需的功能，比如通过 Operator 来实现对 CNI、CSI 的封装，但我们部署的应用程序未必会直接使用这些功能、特性或采用这样的方式进行托管。所以我们不能单一地把采用了容器、容器平台就称为云原生基础架构。

3. 云原生基础架构等同于微服务加上"基础架构即代码"

云原生基础架构并不等同于微服务加上"基础架构即代码"的组合。这是因为微服务只是一种软件架构的实现，我们仍然可以把传统的单体架构的应用部署到云原生的基础架构上，我们采用了微服务架构并不代表已经完成对底层资源的抽象或可以通过 API 的方式来实现对基础架构资源的管理。另外，我们如果采用了"基础架构即代码"的方式，这是一个非常好的开始，但并不是我们的终点目标，因为我们还有很多工作要做，所以云原生的基础架构不等同于微服务加上"基础架构即代码"。

3.3.4　对云原生基础架构定义的共识

所以我们总结一下，其实，云原生的基础架构并没有对底层的资源（包括计算、存储、网络）进行过度的改变，而其核心是对资源的调用和使用方式上。云原生的基础架构通常会采用和容器相关的平台，比如 OpenShift 和 Kubernetes 等，实现对底层的基础架构资源的抽象并最终服务于上层的原生应用。这一诉求的发起者往往来自平台中运行的云原生应用，之所以能实现这一切，是因为该平台具备动态创建基础架构的能力，同时也能对不同服务器资源和异构资源进行抽象，从而最终实现资源的动态分配和调度。

综上所述，云原生基础架构应该包含三个部分，即应用程序、架构和运维方式，其中的原则是会通过 API 控制，由软件管理，最终目标是我们的应用程序。我们只有具备了云原生的应用程序才能充分利用云原生基础架构的能力，对于云原生应用的构建部分可以参考第 2 章，另外，我们分别会采用和云原生基础架构相关的原则去实践架构部分，同时我们也再次强调需要以云原生的方式进行基础架构运维的必要性。下面的内容将对构建云原生的架构和实践内容进行探讨。

3.4　云原生基础架构的构建思路

3.4.1　构建不可变的基础架构

上面的章节中指出，云原生基础架构的核心特征中很重要的一点是运维程度会越来越高，具体体现在标准化和自动化的能力上，那我们又该如何能够实现这一点呢？下面来看一看不可变基础架构的相关内容。

1. 什么是不可变基础架构

不可变基础架构是一种管理 IT 资源上的服务和软件部署的方法，其中组件被替换而不是被更改。每次发生任何更改时，都会有效地重新部署应用程序或服务。在这种模式中，任何基础设施的实例（包括服务器、容器等各种软硬件）一旦创建之后便成为一种只读状态，不可对其进行任何更改。如果需要修改或升级某些实例，唯一的方式就是创建一批新的实例以替换。这种思想与不可变对象的概念是完全相同的。

2. 为什么需要不可变基础架构

在开始探讨为什么需要不可变基础架构之前，我们来看一个大家都非常熟悉的例子。我们可能都需要去烹饪一些自己想吃的菜肴，这个过程中我们需要充分把握放置不同食材的顺序以及加工不同食材所需的火候和时间，但是往往会出现在食材相同的情况下，最终菜肴的口味和口感区别很大，这是为什么呢？因为在烹制菜肴的过程中，火候、时间以及复杂的制作流程可能是一般人难以驾驭的，或者说不容易达到人们的预期水平值。而如今在烹饪菜品的时候，我们也可以选择另外一种方式，即预制菜的方式，这样经过预先加工处理的食材（清洗、分切、搅拌、调味、搭配），中途不再需要添加任何辅料，按照标准进行简单加热，即可完成整个加工过程。因为配方、辅料和加工时间一样，出品的菜肴口味和口感基本是一样的，这样不仅过程简单而且成功率非常高，比较适合面向大众，如图 3-16 所示。

这个例子很形象地描绘了采用不可变基础架构（预制菜）所能带来的好处和价值，下面具体说明为什么需要不可变的基础架构。

烹炒　　　　　　　　　　　　　预制菜

过程复杂、人工随意性　　　　　标准一致，过程简单，
高——结果不稳定　　　　　　　自动化完成——结果稳定

图 3-16　烹炒和预制菜的不同

（1）一致应用部署统一流程

我们在 3.2.2 节中曾指出，在基于传统基础架构的前提下，很多企业仍然会采用模板化的方式管理相应的 OS（SOE 环境），同时还会采用脚本的方式批量部署虚拟机、应用等工作负载。而在应用需要实现快速迭代和部署的时代，如何最终能保证应用在迭代周期中的一致性和可溯性变得更加困难。

如果我们采用不可变的基础架构，所有应用在部署过程中都不需要依赖服务器之前的状态，部署过程依赖于单次的原子操作，要么全部成功，要么没有任何变化。另外，使用版本控制可以方便地保留之前应用版本的相关信息，例如采用 ArgoCD 等。这样不仅使用于部署新应用的相同过程也可用于回滚到旧版本，同时在处理停机时还可以添加额外的弹性并缩短恢复时间。因此，通过不可变基础架构的优势，可以很好地解决部署和运维应用时需要处理迭代、回滚以及应用升级的诸多麻烦问题。

（2）降低复杂性

当我们采用了不可变的基础架构之后，基础架构组件会变得更加标准化，例如在 OpenShift

（Kubernetes）中通过 YAML 来定义所有对底层资源的需求：运行实例个数、PV 需求、备份要求等。这样标准化后的基础架构可以很方便地做到自动化，从而降低了在可变基础架构上操作的复杂性，例如原来在基于可变的基础架构上，对数据中心中过百甚至上千的应用实例或操作系统使用可变方式来进行更新和补丁配置是非常困难的，因为我们极其容易出错而且还会耗费大量的时间。

（3）解决配置漂移和状态丢失

如果基础架构采用的是可变方式来运维的话，即便是采用脚本或一些管理工具进行运维，时间久了也会出现配置漂移和雪花组件的情况，这就意味着你永远无法准确知道目前基础架构的状态，而如果我们采用的是不可变的基础架构，则可以通过自动、统一的部署过程来部署新的服务器，最终实现基础结构中的所有配置更改，保持状态的一致性和完整性。

（4）助力实现 SRE

采用基于容器的不可变基础架构，对我们实现 SRE 有着不同的意义，首先，新容器替换失效容器的时间短且可自动完成。由于极易重新获得全新的运行环境，因此具备高可用性（Availability）、低运维成本（Cost）的优势。其次，新容器和原有容器完全一致，因此应用不容易出错，具备高稳定性（Stability）的优势。最后，容器占用资源少，因此能用更低的硬件成本（Cost）部署运行更大规模的集群，以提高应用的可用性（Availability）。

（5）实现关键资源监控

在采用传统基础架构的方式时，如果要对基础架构中的关键资源进行统计、分析或进行最常见的监控管理，我们可能需要依托于云平台帮我们实现这些功能，但通常云平台具备的监控功能并不一定是我们想要的或者是针对我们所关心的关键资源进行提供的。然而在采用了基于不可变的基础架构后，例如在 OpenShift（Kubernetes）上，我们完全可以方便地通过 prometheus 获取想要的关键资源数据，甚至 HIA 可以通过 Service Mesh 的方式方便地获取应用的实时状态数据。

3. 不可变基础架构和可变基础架构区别

可变基础架构和不可变基础架构之间最根本的区别在于它们的核心策略：可变基础架构的组件旨在部署后进行更改，而不可变基础架构的组成部分旨在保持不变并最终被替换。下面我们来从具体的几个维度看下两者的区别

（1）环境部署的不同

在可变基础架构中，我们会用不同的构建和部署过程供应出多个运行环境，在不同部署过程中的差异就会导致运行环境之间的差异，而运行环境的差异会导致应用运行结果的差异和不一致。不可变基础架构则会采用相同的构建和部署过程统一供应出多个运行环境，这样多个环境之间就不会存在差异，从而可以确保在不同环境中的应用运行结果一致，如图 3-17 所示。

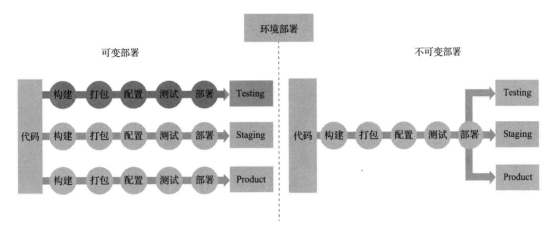

图 3-17　环境部署的不同

（2）变更升级的不同

我们可以看出在可变的基础架构中，如果要对应用程序或基础架构组件进行变更或升级，采用的方法是在原来版本的环境上直接升级到新的版本，如直接从 v1 版本的环境升级到 v2 版本，而在不可变基础架构中，则是完全创建一套新的版本的环境，比如直接创建 v2 版本的环境，如图 3-18 所示。

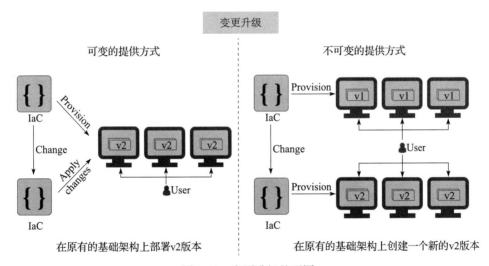

图 3-18　变更升级的不同

（3）计算单元的选取

另外我们从最基本的计算单元上来进行比较，如表 3-2 所示，以便大家对不可变基础架构中计算颗粒有进一步的认识。当然计算单元远不只有下面列出的虚拟机和容器，它们是最常用的两种计算单元。

表 3-2　不可变基础架构对于计算单元的选取

	虚拟机	容　器
运行环境的完整性	虚拟机内包括一个独立的操作系统	容器内不包含独立操作系统，它需要运行在宿主机的操作系统之上
对文件系统的修改限制	缺少技术手段限制对虚拟机操作系统中的文件进行添加、删除和修改操作，同时也没有机制跟踪这些更新变化	容器内是分层文件系统，由于其底层文件系统是只读的，因此不能直接添加、删除和修改底层文件系统，只能在上层文件系统追加这些更新变化
包含的软件环境	通常一个虚拟机内含多个相互关联的应用支撑软件，运行的应用可能不止一个	通常一个容器只运行一个特定软件和一个应用微服务
满足差异化需求	为供应不同的运行环境，只能在虚拟机内部对相关软件进行搭配组合，不过组合的可能性非常多	在宿主机上通过组合不同容器即可为不同的应用定制提供所需的运行环境
Golden Image 占用空间	单一虚拟机模板占用空间非常大，各种软件搭配组合样式多，并且其包含的软件版本还会升级，因此整体会占用大量存储	每个容器镜像占用空间很小，且不需要搭配组合，只需要考虑其中包含软件的版本升级，因此整体占用空间少
适合的架构类型	可变基础架构	不可变基础架构

（4）行为形态的不同

可变基础架构中的服务器被认为是不可替代的，因为独特的系统必须始终保持运行状态。通过这种方式，它们就像宠物（Pet）一样，独一无二，无法模仿，并且倾向于手工制作。宠物需要主人个性化的精心喂养和照顾，Pet 服务的示例包括大型机、单独的服务器、负载平衡器和防火墙、数据库系统等。不可变基础架构中的服务器或应用就像牛（Cattle）一样可以认为它们是一次性的，易于复制或使用自动化工具进行扩展。因为 Cattle 彼此之间大致相同，是通过编码识别的。Cattle 中的众多群体中没有一个是独一无二或不可或缺的，因为只要 Cattle 生病了，主人就可以对其进行隔离并替换它。Cattle 服务的示例包括 Web 服务器集群、NoSQL 集群、应用集群、搜索集群、缓存集群等。

（5）运行环境的处理方式不同

不可变基础架构和可变基础架构的另一个区别就是，对于基础架构中的服务器的处理方式的不同。我们通常把它称为雪花服务器和凤凰服务器，如图 3-19 所示。

雪花服务器类似于宠物。它们是手工管理的服务器，经常更新和调整到位，从而形成独特的环境。雪花服务器难以长时间保持一个固定形状，总处于微小的变化中。这种随机变化的过程就是"烹炒"的过程，从而导致运行环境的配置不断漂移。通常，每片雪花都很难被完全复制和重现，因此没有两片雪花是完全一样的。

凤凰服务器是始终从头开始构建的服务器，并且易于通过自动化过程重新创建（或"从灰烬中升起"）。为了避免运行环境的配置不断漂移，凤凰环境可通过原生的"涅槃"过程，在火中燃烧后获得重生。每次重生后获得完全相同的运行环境，因此可保证每次都能获得一致的应用运行环境。"涅槃重生"就是重新根据镜像创建容器的过程，这一过程简单高效，且无须人工干预。

雪花服务器
雪片型环境

虚拟机

凤凰服务器
凤凰型环境

容器

图 3-19　不同类型的环境

4. 不可变基础架构的最终目标

实现不可变基础架构，不是让我们的基础架构变得不可以变化，相反，是让我们的基础架构变得更加自动化、更加简便，从而降低运维复杂过程中引入的一系列相关问题。通过不可变的基础架构，我们不仅有效解决了上面的问题，同时也对目前 IT 环境中的基础架构运维找到了一个行之有效的方式。

3.4.2　构建能够持续迭代的基础架构

我们知道在构建云原生的基础架构的过程中，需要将基础架构以抽象化的方式表达，然后做到标准化，最终实现自动化。所以是否能够通过代码的方式来完成对底层基础架构的声明、操作、编排、创建并最终提供服务显得尤为有价值。所以基础架构即代码似乎尤为重要。下面来具体看一看。

1. 基础架构即代码是我们需要的中间过程

（1）基础架构即代码的概念

基础架构即代码（Infrastructure-as-Code，IaC）是通过代码（而非手动流程）来管理和置备基础架构的方法。通过 Infrastructure-as-Code，我们可以创建包含基础架构规范的配置文件，从而便于编辑和进一步的分发配置需求。此外，它还可确保每次置备的环境完全相同。通过对配置规范进行整理和记录，Infrastructure-as-Code 有助于实现配置管理，并避免发生未记录的临时配置更改。

版本控制是基础架构即代码中的一个重要组成部分，就像其他软件源代码文件一样，配置文件也应该在源代码控制之下。以基础架构即代码的方式部署还意味着可以将基础架构划分为若干模块化组件，它们可通过自动化以不同的方式进行组合。

借助基础架构即代码实现基础架构置备的自动化，意味着开发人员无须在每次开发或部署应用时手动置备和管理服务器、操作系统、存储及其他基础架构组件。对基础架构编码即可创建一个置备用的模板，尽管置备过程仍然可以手动完成，但却可以由自动化工具（例如红帽的 Ansible 自动化平台——Terraform）等来完成相关实现。

（2）基础架构即代码带来的好处

我们知道，置备基础架构历来是一个耗时且成本高昂的手动过程。如今，基础架构的管理已经从数据中心内部的物理硬件转移到了虚拟化、容器甚至函数式的计算。另外，随着云计算技术的不断发展，基础架构相关的组件数量也在不断增加，每天会有更多的应用发布到生产环境中，而且基础架构本身也在不断地被使用、扩展和移除。如果没有相应的基础架构即代码做实践，那么管理大规模的基础架构和组件的相关集群会变得越来越困难。

另外，基础架构即代码不仅可以帮助我们管理企业对于 IT 基础架构的需求，同时也可以提高一致性并减少最终的错误和手动配置，从而实现降低成本、加快部署速度、减少错误、提高基础架构一致性等。

（3）基础架构即代码的不足

缺少以应用程序为中心的抽象

对于基础架构即代码而言，它所能提供的核心抽象是模块、提供者以及针对状态的管理（例如 Terraform）。直白地说，模块就像具有输入和输出参数的函数，而提供者则是云服务商通过 API 暴露出来的连接器。然而这些功能与使用编程语言时的操作相比，仍然是一些非常原始的抽象。你不可能在自己的基础架构即代码中指定具体的应用程序或微服务，甚至是与安全标准相关的概念。这样，当基础架构资源需要提供给 DevOps 工程师使用时，他会发现他需要去详细定义每个资源，甚至每个资源的目的。这样无疑会导致大量代码的产生，下面举一个例子说明。

例如，如果一个用户要在 AWS 中设置相关的网络拓扑，我们就需要通过给定的 CIDR 去创建一个 VPC，然后将子网划分到所需数量的可用区内。每个可用区都需要有一个专用的子网和一个共有的子网，然后在每个可用区内部署 NAT 的网关，用来接收专用子网的出口流量。虽然可以通过基础架构即代码的方式来完成上面的需求，实现类似 CreateInfrastructure（string Region，string CIDR，int AzCount）这样的函数调用，但是我们会发现可能需要编写超过 1000 行的代码。目前虽然有些工具的增强功能向着优化的方向迈出了很大一步（例如 Terragrunt），但仍然会因为大量代码的产生最终导致错误的发生，要对这样的基础设施进行改变也会变得非常困难。

所以我们可以看出，基础架构即代码采用的相关技术（例如 Terraform、CloudFormation）具有非常有限并且特定的用例。在通常的应用程序开发的情况下，基础架构即代码并不真正等同于编写代码。这些技术缺少了许多关键能力的抽象和功能方法，无法真正大规模地管理任何类型的基础架构。

基础架构即代码并不能提供内置的最佳实践，也不允许使用者添加

在基础架构即代码中，如果我们希望编写一个自定义的函数，该函数负责在创建虚拟机和网络时进行一系列的合规性检查，还能采用对应的最佳实践进行相关性验证，最终我们发现这样的操作在基础架构即代码中是不被允许的。

使用 Terraform 构建现代云相关的基础架构就好像使用 C 语言构建复杂的 Web 应用程序。随着公有云的持续快速发展，每年会有数百种新增服务出现，如果公司采用的云是具有数百种不同工作负载的云的话，当前的自动化技术或者所谓的基础架构即代码是无法对其进行管理和扩展的。

基础架构即代码并非编排的协调者

我们知道，基础架构并不是一次性构建完成的，而是需要持续迭代运行的。每次进行少量更改时，都需要遍历大量现有代码，发送代码进行审阅请求，测试代码，然后才能最终进行更改。在基础架构即代码中进行更改就好比要对数据库进行更改操作，需要针对特定的行和列，并确切知道要更改的内容。为了能够实现完全自动化的基础架构，必须将多种功能和工具结合在一起。如图 3-20 所示，如果需要在 AWS 上进行 DevOps 相关功能的实现，可能用到的函数分类非常多，更何况还需要把要用到函数进行一定的编排才能实现完整的场景功能，可想而知这是一件多么复杂的事情。

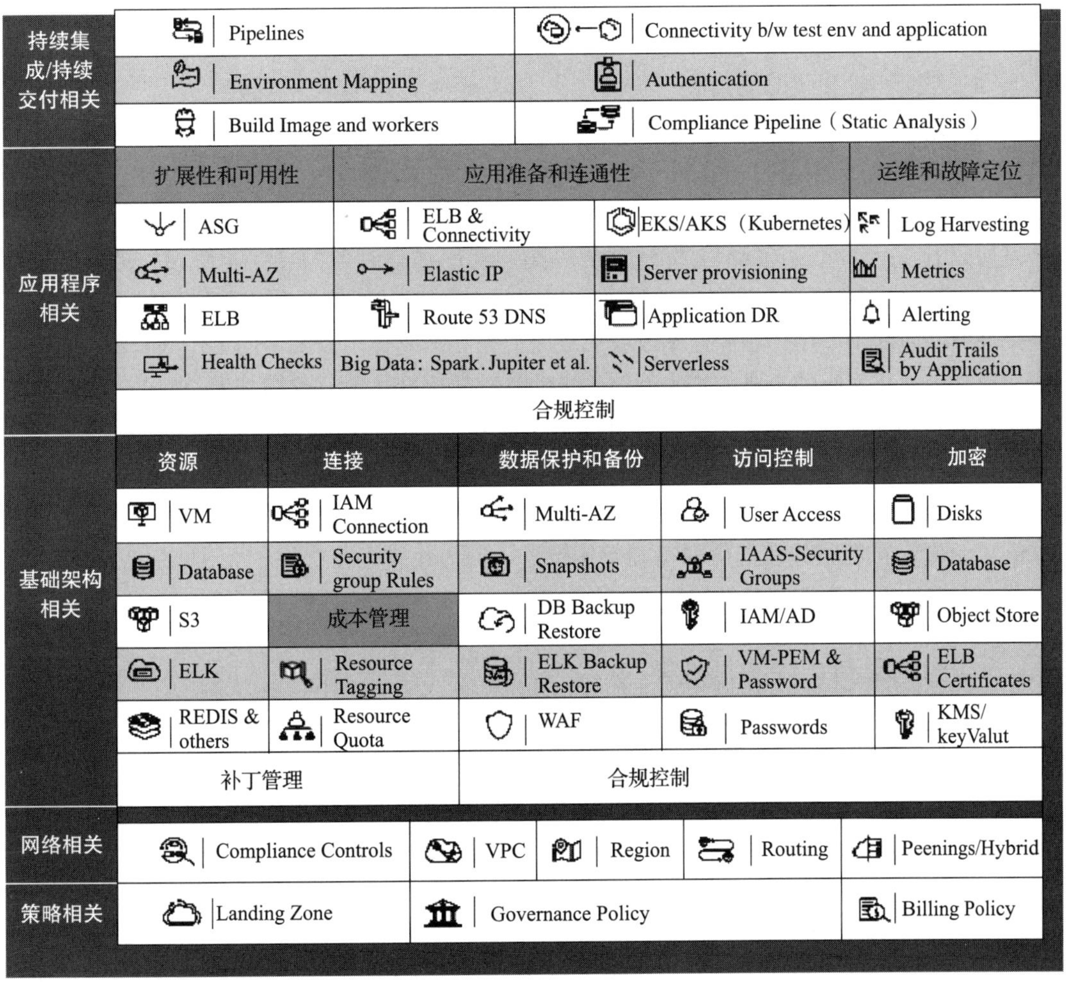

持续集成/持续交付相关	Pipelines		Connectivity b/w test env and application		
	Environment Mapping		Authentication		
	Build Image and workers		Compliance Pipeline（Static Analysis）		

应用程序相关	扩展性和可用性		应用准备和连通性			运维和故障定位
	ASG	ELB & Connectivity	EKS/AKS（Kubernetes）			Log Harvesting
	Multi-AZ	Elastic IP	Server provisioning			Metrics
	ELB	Route 53 DNS	Application DR			Alerting
	Health Checks	Big Data：Spark.Jupiter et al.	Serverless			Audit Trails by Application
	合规控制					

基础架构相关	资源	连接	数据保护和备份	访问控制	加密
	VM	IAM Connection	Multi-AZ	User Access	Disks
	Database	Security group Rules	Snapshots	IAAS-Security Groups	Database
	S3	成本管理	DB Backup Restore	IAM/AD	Object Store
	ELK	Resource Tagging	ELK Backup Restore	VM-PEM & Password	ELB Certificates
	REDIS & others	Resource Quota	WAF	Passwords	KMS/keyValut
	补丁管理		合规控制		

网络相关	Compliance Controls	VPC	Region	Routing	Peenings/Hybrid

策略相关	Landing Zone	Governance Policy		Billing Policy

图 3-20　在 AWS 上进行 DevOps 实现需要用到的函数分类

基础架构即代码其实不能真正意义地实现我们对云原生基础架构的完整需求，因为它不仅缺少以应用程序为中心的抽象，同时还缺少真正核心意义的协调者等条件。

2. 实现对基础架构资源的编排和持续迭代

我们可以这样认为，基础架构即代码其实只是到达和实现云原生基础架构这个终极目标的一个中间过程。这里所说的中间过程是指，如果我们要实现完整的云原生基础架构需求，除了采用基础架构即代码之外，还需要借助于其他的手段和相关的平台方案。

（1）结合 Kubernetes 和 CI/CD

如果我们要实现完整的云原生基础架构，单纯使用基础架构即代码是无法满足对基础架构资源的主动编排甚至是生命周期管理需求的。另外，如果想要基础架构能够实现持续迭代的需求，我们就必须把涉及基础架构中类似构建网络拓扑、资源配置、应用程序部署、设置日志记录、监视和警报等功能集成到流水线中，也就是我们通常说的 CI/CD 当中，所以采用 Kubernetes 加上相关的流水线 CI/CD 可以很好地帮助我们达成最终目标。

（2）结合自动化代码的生成

企业的开发人员希望更专注于构建自己的应用程序，只知道自己需要哪些基本的基础架构组件即可。而 IT 部门则希望专注于运维和相关的安全性，并能控制基础架构级别进行的所有操作和更改。

所以开发人员不太想编写 Terraform 之类的代码，有时他们还要了解相关的安全性需求。针对这样的情况，由于基础架构即代码只是一些相对简单的基础结构的描述，因此我们完全可以借助于应用程序的蓝图或应用程序的拓扑结构显示需要协同工作的资源或服务列表，通过自动化代码的生成方式来创建初级的基础架构即代码。这样其中一部分工作是通过自动生成代码完成的，因此运维人员就能够在此基础上为开发人员提供相对高级别的控制，使开发人员可以方便地寻求计算资源或负载均衡器之类的资源，不会出现安全控制之类的风险问题。因此低代码或无代码方法就可以满足开发人员和 DevOps 团队的用例。为开发人员提供了无代码自助服务和安全的基础架构设置，而为运维人员提供了无代码 / 低代码界面，从而可根据他们的准则和公司的政策为自动化编程和自动化堆栈提供服务。

3.4.3 构建具有韧性的基础架构

1. 如何用好云计算是每个企业都要思考的问题

不论是公有云还是私有云，云计算所提供的基础架构服务能力已经进入各行各业。不论是在技术创新还是业务创新上，也都离不开云计算所提供的服务，云计算对企业的经营管理、生产制造、销售采购和产品创新都提供着不间断的服务和支持。即使云计算所提供的服务比传统的 IT 方式有了更大的可靠性提升，但是客观上来讲，也没有绝对不出问题的云计算，因为云计算的动态性、平台性和复杂性的特点，即使是非常低的故障比例，依然会对业务的连续性产生巨大影响，因为在云环境下的故障具有更大的传播范围。2022 年韩国的社交服务瘫痪事件对韩国民众的生活产生了很大影响，不仅是社交功能无法使用，与之紧密联系的支付、第三方应用授权都被波及。如果说这只是某个小型数据中心的个案，那么放眼全球最前列的公有云厂商，在过去的 5 年中也都发生过这样或那样的故障，导致几十分钟甚至几个小时的服务中断。如图 3-21 所示,任何系统都有发生事故的可能,特别是复杂系统,所以如何能够让云计算中提供的基础架构服务变得更具有韧性,如何用好云计算,是每个企业都需要思考的问题。

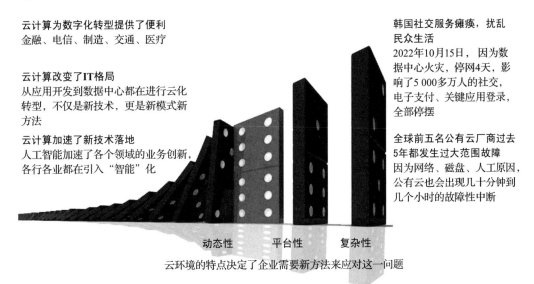

云计算为数字化转型提供了便利
金融、电信、制造、交通、医疗

云计算改变了IT格局
从应用开发到数据中心都在进行云化转型,不仅是新技术,更是新模式新方法

云计算加速了新技术落地
人工智能加速了各个领域的业务创新,各行各业都在引入"智能"化

韩国社交服务瘫痪,扰乱民众生活
2022年10月15日,因为数据中心火灾,停网4天,影响了5 000多万人的社交、电子支付、关键应用登录,全部停摆

全球前五名公有云厂商过去5年都发生过大范围故障
因为网络、磁盘、人工原因,公有云也会出现几十分钟到几个小时的故障性中断

动态性　平台性　复杂性

云环境的特点决定了企业需要新方法来应对这一问题

图 3-21　如何用好云计算是每个企业都要思考的问题

2. 捉住系统里捣乱的那只猴子

下面通过一个形象的例子来解释云计算在提供基础架构服务的情况下系统故障有什么样的特点。如图 3-22 所示,这里的每个格子都是一个房间,代表着一个单独的 IT 系统,房间上一些开启和关闭状态的门是相互连通的,左面代表传统 IT 架构的情况,右面是采用了云计算提供的基础架构服务的情况。房间里的那只猴子则代表某一系统的故障。当

云化之前的静态专属性模式
捣乱的猴子只能进入有限的房间

云化之后的动态共享模式
非常多的房间,非常多的通道,捉住这只猴子变得非常困难

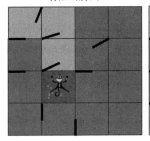

图 3-22　系统里捣乱的猴子

这只猴子开始捣乱的时候,我们要把它控制起来,这样它才不会惹出更多的麻烦。而理想的情况则是,在猴子开始变得不老实的时候,我们能够快速让猴子安静下来或者把猴子从房间中转移出去。在 IT 系统云化之前,系统和系统之间从资源到访问上是相对隔离的,这也使系统故障这只猴子不太容易流窜到其他地方,但是云化后,应用系统会用到大量的平台提供的服务,或者说通过基础架构提供的服务,比如动态的资源调度、集中的注册中心、共享的流量入口以及统一的管控策略等,所以基础架构引起的故障或者某一个应用引发的雪崩会因为基础架构的动态性而被进一步放大。应用的小型化和大量的相互引用,也使确定到底哪只猴子是罪魁祸首变得困难。

3. 混沌工程是云原生基础架构的"标配"

"混沌"一词主要是指远古天地未开以前模糊一团的状态，英文为 Chaos。而混沌工程，则是从云服务提供的基础架构环境中的随机性和不确定性出发，通过对系统注入特定的故障来产生故障场景，并根据系统在各种压力下的表现进一步制定优化策略，从而提升系统稳定性。混沌工程一方面可以将故障扼杀在襁褓之中，另一方面可以让服务和系统变得具有韧性，从而能够承受一定的故障并且从故障中自愈。一般来说，混沌工程的实现都需要依托于一定的平台。如果拿混沌工程和传统的测试进行比较，两者存在一定联系但又有很大不同。混沌工程和故障测试在工具和方法上会有很多重合，故障测试重点关注系统是否可以通过测试，是行还是不行的验证结果，而混沌工程则更多的是需要去探索，即当故障发生时系统的行为表现是什么、有哪些机制应该发挥作用、系统的承受能力如何等。混沌工程非常适合揭露生产系统中的未知缺陷，因为混沌工程会从软硬件、存储、网络的全视角进行统筹优化和配置，这方面和测试的执行过程有着很大的区别。在进行混沌实验之前，需要首先做好基础的测试并排除已知的问题，这类似于在做性能测试之前，应该先做基准测试排除掉显而易见的性能瓶颈和并发缺陷，最后开始大规模和长时间的压测。

混沌工程其实并不是一项新的技术，从 2010 年起，Netflix 工程师为了云上可靠性和容错的问题，推出了第一代混沌工具 Chaos Monkey。Netflix 这么做的主要原因是，2008 年 8 月，Netflix 主要数据库的故障导致了三天的停机，致使 DVD 租赁业务中断，因此 Netflix 的工程师决定，逐步将系统迁移到 AWS 上，运行基于微服务的新型分布式架构。这种架构虽然消除了单点故障，但引入了新的复杂性因素，需要更加可靠和容错的系统。为此，Netflix 工程师创建了 Chaos Monkey，会随机终止在生产环境中运行的 EC2 实例来快速了解服务是否健壮，是否有足够的弹性容忍计划外的故障。至此，混沌工程开始兴起。混沌工程逐渐从一个工具发展出工具集，再发展为整套的实践理论，以及各种商业化的平台和开源的平台。直到 2017 年，Netflix 前工程师撰写的《混沌工程》出版，混沌工程才开始被大众所熟悉，后来被互联网公司和公有云厂商广泛运用。

4. 混沌工程具体做什么

混沌工程会通过对系统随机地注入故障，制造一些不可预知的行为，进而识别系统中的弱点，提高系统应对不确定事件的抵御能力。如图 3-23 所示，混沌工程不只是简单地引入故障，而是查看系统是否足够健壮并发现薄弱环节，混沌工程所注入的事件，最终会触发系统的一系列连锁反应，而这些反应的过程必须是基于策略的自动化过程，而不是所谓的传统的运维 / 预警 / 干预的方式。

正确配置策略的前提是建立可观测性，不仅是监控 CPU、网络、延时、错误这些表面的指标数据，更需要采集关键数据，比如负载均衡到真正的服务之间、服务和服务之间的调用状况。不同类型的业务系统关注的指标也会不尽相同，银行系统可能关注的是单位时间能够完成的交易量、响应时间、不同类型交易的比例。视频系统关注可能是当下的播放请求数量、播放的抖动、带宽消耗、丢包等指标。当引入混沌工程的时候，我们该如何描述一个系统是否稳定呢？通常我们描绘一个系统的稳定状态时，需要通过一组指标构成一种模型，而不是单一指标。当向系统注入事件时，应该不会导致系统稳定状态发生明显的变化。当业务指标发生大量的抖动（比如瞬时降低提升）时，可能就意味着系统出现了异常。

稳态假设是混沌工程执行故障模拟的一个重要参考基准，建立在对稳定运行平台的一系列观测量基础上，不应只关注系统层面的资源情况、访问量、响应时间、时间周期等处理特征，而更应该建立业务规模和处理资源的关系，每一类服务的 SLA 标准是什么，这样才能回答被引入故障的系统是否处于稳定状态。

发现薄弱环节　　　　检验系统的应对策略　　　观测采集关键数据　　　建立稳态假设

图 3-23　混沌工程做什么

5. 混沌工程是一个持续的平台和能力建设过程

从宏观上看混沌工程涵盖了从故障发现、故障响应、故障定位、故障恢复以及故障预防到复盘改进的全部过程。这当中既包括产品和工具的选择，也包括定制化实施和集成的工作，还需要制定一系列因地制宜的策略和原则，最后建立起混沌实验的执行规程。这一过程中需要不断丰富和完善混沌场景，解决执行中发现的问题，并确保整个实验过程的安全性，最终能够形成企业新的安全生产制度以及全员能力和文化氛围。混沌工程是一个自动化、场景化、工程化的持续建设过程，从混沌工具到混沌工程，先解决有无问题，进而再不断优化。

从执行过程来看，混沌工程是一个典型的 PDCA 的过程，其中引入了爆破这一专业化的技术手段和系统韧性的新概念，其核心是混沌平台建设。根据混沌工程的目标范围，要确定合适的技术路线，是选择开源产品组装、购买商业产品和服务还是自己开发工具，这里要充分考虑混沌技术还在快速发展之中，新工具、新功能出现的速度非常快，每个工具又都有其各自侧重的领域，一个复杂场景可能会串联很多工具。从执行、观察效果到效果数据分析可能分散在各种平台，可能要不断地在各种平台之间切换，才能看到实验的效果数据，如何提高实验的效率至关重要，需要能够快速地将不同工具编排到统一的流程中，提取并对齐各项观测数据以方便分析。

6. 混沌工程的价值

根据 2021 年 11 月《中国混沌工程调查报告》中的调查反馈，如图 3-24 所示，运用了混沌工程的企业的服务可用性都得到了显著提升，平均故障修复时间（MTTR）和平均故障检测时间（MTTD）也有明显的改善。随着演练频率的提升，如果能够做到每天进行混沌演练，系统 99% 的可用性可以达到 97.5%，而大于 99.99% 的可用性也可以达到 65%。我们看到，互联网公司和很多大型银行、股份银行都在积极开展混沌工程的项目。

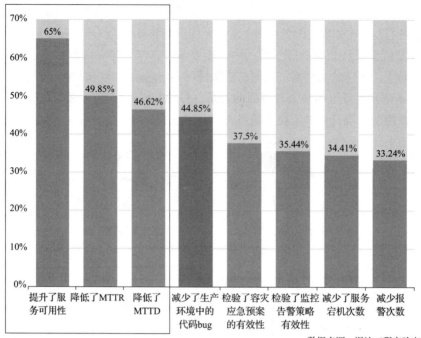

图 3-24　混沌工程的价值

3.4.4　构建异构、开放的混合云架构

随着越来越多的企业从初步尝试转为深入采用云技术，云的应用也变得越来越普及。从最初为了上私有云还是公有云而纠结，到如今越来越理性的企业用户认定混合云才是未来的方向。

IDC 的调研报告表示，全球有 85% 的受访企业在多云环境开始运营，到 2021 年，96% 的受访企业技术使用多个云环境。随着企业数字化的不断推进，越来越多的企业认为未来数字业务将成为发展的重中之重，而且几乎所有数字业务都已经或计划使用混合云环境。企业的业务重心会越来越向多云环境偏移，因为企业通常需要从不同的云供应商那里获得基于云的不同服务。美国国际数据集团（IDG）调查了 IT 和企业高管对数字化转型的关注度，他们为此设定目标以及实现方式等，发现混合云计算（包括两个或多个数据中心、一个公有云、一个私有云以及一个托管私有云）正是企业 IT 的未来。

1. 什么是混合云的架构

混合云是近几年来经常被提及的一个新的云架构体系，根据 NIST（美国国家标准与技术研究院）的定义，混合云是由两个或两个以上的云（私有云、社区云或公有云）组成的，它们各自独立，但是通过标准化技术或专有技术绑定在一起，云之间实现了数据和应用程序的可移植性。因此，混合云可以被理解为一种融合的 IT 架构，将不同环境下的资源通过技术尽可能无缝地连接起来，进而实现应用的移植、编排和管理。混合云某种意义上是多个云之间互联的 IT 架构，但是云之间的混合模式有很多，例如公有云之间的混合、私有云之间的混合、公有云和私有云之间的混合等，这些模式称为多云的模式，但是这些模式和混合云有着一定的区别：

- ❑ 混合云需要通过专线或 VPN 来连接各个相关的云，而多云则不必这样做，多云通过云管平台（CMP）来管理多个云；
- ❑ 混合云关注云资源之间的互联，以便应用能相互通信，而多云则关注云资源的管理，其主要通过 API 来进行管理。

混合云的模式不再是单纯的公有云 + 私有云的模式。混合云的结构和构成变得更为复杂。

2. 为什么需要混合云的架构

混合云作为一个可能覆盖私有云、专有云、公有云的融合计算体，它除了在形态上有了很大的不同之外，在很多方面都有着不同的优势，如图 3-25 所示。

（1）弹性的 IT 架构

采用混合云的架构，可以方便地利用公有云厂商在计算上的庞大计算资源池和分布于各地的数据中心，充分利用公有云厂商在算力上的优势，同时除了能够在本地数据中心进行高可用或热迁移之外，可以方便地利用公有云进行跨可用区甚至是跨地域地进行弹性伸缩，极大地拓宽了原有 IT 架构的资源边界，获得了充分的弹性能力。

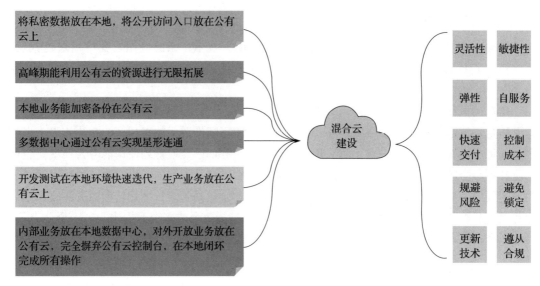

图 3-25 为什么需要混合云的架构

（2）扩展性

混合云突破了私有云的硬件限制，通过 API 屏蔽了底层基础设施的差异，而且可以快速对接第三方应用。这种扩展能力体现在不用将企业的基础设计捆绑在某个平台厂商或服务的机型上，可以实现将业务部署在多个异构的环境中，利用这个相关的可扩展性，可以随时获取更高的计算能力。企业通过把非机密功能移动到公有云区域，可以降低对内部私有云的压力和需求。

（3）业务需求

将企业的业务系统部署到混合云的架构中，不仅可以利用混合云平台进行业务流量的分割、资源的动态伸缩、容灾备份以及统一的管理等，还将极大地推动企业的数字化业务，同时提升在线的服务体验，对有出海业务需求的企业是极大的便利优势。

（4）安全需求

私有云的安全性在某种程度上是超越公有云的，而公有云的计算资源又是私有云无法企及的。在这种矛盾的情况下，混合云完美地解决了这个问题，它既可以利用私有云的安全将内部重要数据保存在本地数据中心，也可以使用公有云的计算资源，更高效快捷地完成工作，相比私有云或公有云都更完美。

（5）平衡需求与降低成本

企业在选择混合云架构之前，应对混合云的建设规模、投入成本和建设效果进行全方位的评估，在满足自身企业业务需求的前提下，找到最平衡及最优的部署架构是企业的终极目标。混合云在这方面可以有效地降低成本。它既可以使用公有云又可以使用私有云，企业可以将应用程序和数据放在最适合的平台上，从而获得最佳的利益组合。

（6）兼顾开放性与兼容性

企业在选择混合云架构后，不仅可以利用公有云产品带来的丰富多样的性能外，同时还能固化和沉淀自己在现有业务上的能力，不仅可以让已有的 IT 架构得到延续（包括应用架构、网络规划、服务器类型等），同时对希望尝试创新和开发的业务，可以进一步试水，实现从本地数据中心到公有云上的服务部署的过程。

3. 构建混合云架构存在的挑战和约束

企业决策者可能心目中都会有自己理想的混合云架构愿景，如图 3-26 所示，这里给出了一个初步的混合云架构图。但是在这当中，我们需要面对很多可能存在的挑战以及相关约束，具体如下。

- 没有专线。
- 专线带宽不够。
- 操作系统不统一。
- 各家公有云托管的 Kubernetes 可能不一致。
- 各家公有云托管的存储可能不一致。
- 历史遗留系统无法上云。
- 没有合适的分布式数据库。
- 现有系统还没有容器化。
- 现有系统不支持分布式部署。

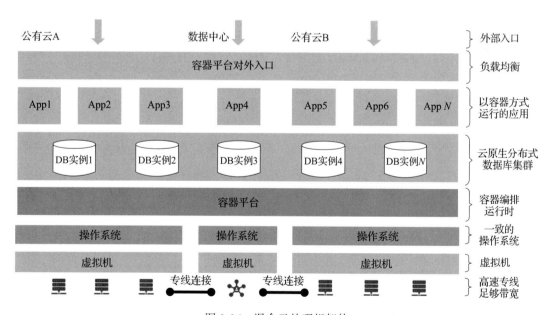

图 3-26　混合云的理想架构

当企业在搭建混合云架构的时候，不同组织结构中的人可能对于混合云的诉求和想法也各有不同。如图 3-27 所示，公司的 CIO 可能不希望依赖特定的产品方案和技术实现，以避免所谓的厂商和产品的锁定，另外希望在构建时可以考虑标准化云架构的问题以及在规划和建设上面临难度大的有关问题；而开发部门则可能会希望能够面向不同的云环境，能够提供统一的 DevOps 环境，能够提供开放方式的集成环境包括 API、流程等相关的组件，能够加速应用的开发等；而运维部门则会关注如果涉及公有云、私有云，技术的架构栈将会变得更加复杂，需要能够提供更高的稳定性和可靠性等，同时也希望能够具备可视化的统一运维管理门户，另外也能提供在不同云平台上工作负载的迁移部署服务。所以针对以上诉求和挑战，我们可以把相关的问题列为四大类：开放的技术路线、标准的混合云架构、完整的开发运行和统一的运维管理。

图 3-27　建设混合云面临的挑战

4. 构建混合云架构的原则

针对构建混合云架构中面临的上述挑战，我们拟定了有关构建混合云架构的建设原则，如图 3-28 所示。第一是开放技术相关：通过采用开放技术的路线，避免技术的锁定，使用开源产品，有利于技术创新。第二是标准架构相关：基于容器的混合云使用容器架构，屏蔽 IaaS 层的差异性，使用标准化的 Linux，为平台提供稳定可靠环境。第三是完整环境相关：通过提供完整的开发测试环境，应用可以直接发布到公有云、私有云、边缘云，另外能够提供标准镜像、API、集成、缓存等组件。第四是统一运维相关：实现统一的运行监控、统一的应用发布，以及相关的自动化管理。

3.4.5　小结

上面我们谈了实现云原生基础架构可以采用的有关方法和策略，其中包括构建不可变基础架构、构建能够持续迭代的基础架构、构建具有韧性的基础架构以及构建异构 / 开放的混合云架构等，另外我们也能看出，实现完整的云原生基础架构并不是一蹴而就的事情，具有相当大的难度。就目前阶段而言，只有极少数的企业实现了所谓的云原生的基础架构，很多企业还处于传统架构和选择云原生基础架构的共存时期，所以企业从自身而言应该本着从基础做起，树立云原生的理念，结合自己的实际情况，勇敢地在自己 IT 道路上勇于学习、勤于探索、敢于创新才会真正收获自己的云原生基础架构。

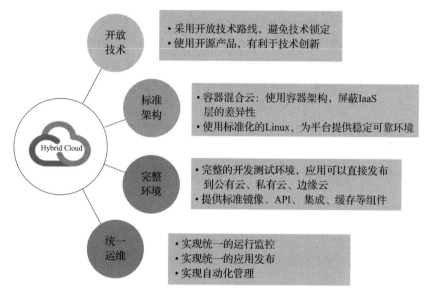

图 3-28　建设混合云架构的原则

3.5　红帽关于云原生基础架构的实践

从前面可知，如果你认为构建云原生的基础架构是通过从软件厂商那里购买相关产品或是从相应的云服务商那里通过租用服务实例或采用现成功能就能实现的话，那你的路线可能就走偏了。所以下面我们会分享一些有关红帽在构建云原生基础架构上的相关实践内容，希望这些内容可以帮助到你和相关的企业用户，同时你也可以思考用自己的方式去构建并管理自己的云原生基础架构，并最终从中受益。

3.5.1　不可变基础架构的相关实践

1. 构建不可变基础架构的实践思路

构建不可变基础架构其实并不是我们追求的终极目标，构建云原生的基础架构才是我们的初心。要能构建云原生的基础架构，最根本的是要从传统的应用思维角度转换到云化运维的思维角度上来，只有决策者的理念发生了转变，才会从根本上促成事情的成功。另外，要构建不可变的基础架构，如我们之前探讨的，就必须让企业在基础架构上能够做到标准化、自动化。这就回到了最原始的问题，即我们如何才能做到标准化、自动化。

首先，我们可以定义清楚基础架构中使用的最小计算单元是什么，当然这里推荐大家采用基于容器的方式。其次，需要对基础架构从操作层面有一个清晰的定义或者对操作内容步骤进行抽象，这里笔者个人认为可以通过 YAML 文件的方式来实现，或者说通过 YAML 文件的声明式定义方式是目前最符合要求的。最后，就是需要通过原生平台（比如 OpenShift、Kubernetes、Ansible 等）去实现对底层基础架构的不可变性。围绕云原生基础架构的构建，我们需要明白，基于云原生的实践方式在建立的文化与传统技术以及工程组织上有着很大不同，并不是采用了新的工具集或遵循了新的云原生规范及法则，就可以认为是按照云原生的实践方式在构建云原生基础架构或者构建不可变的基础架构。这是目前很多企业都会严重跑偏的一个现象，只有我们真正改变了对底层架构的认知和观念，才能最高效地去构建不可变基础架构，然后才是云原生的基础架构。

下面来看看构建不可变的基础架构需要涉及哪些领域的能力，我们大致会把需要的领域能力分为四个层面，即构建及部署层、应用层、持久化数据层以及服务器层，如图 3-29 所示。

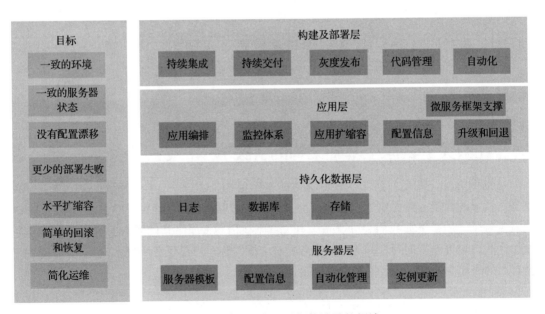

图 3-29　构建不可变基础架构涉及的领域

（1）构建及部署层

在这个层面中，我们首先需要关注持续集成和持续交付的能力，也就是如何将应用构建过程管道化，从而最终提升应用的构建效率。另外要关注持续发布的能力，需要考虑后端复杂的部署环境，减少部署后调整形成的不一致，解决不同版本的共存策略体系建设，最后是相应的自动化能力，基于平台提供的能力能将整个过程脚本化和自动化，支持反复执行。

（2）构建应用层

在应用层领域，我们会考虑采用容器技术封装成镜像，让应用尽可能保持无状态，而把应用的数据放在后端的存储中。对于配置信息（包括环境、依赖组件地址等），我们会考虑存放在配置中心中，然后通过 configmap 方式打包到镜像内，对于应用实例的创建和销毁，扩缩容会通过基于容器编排平台实现（如 Kubernetes、OpenShift 等），对于应用的软件架构会充分结合微服务架构的相关模式，同时需要考虑运行框架的不可变更性和治理框架的不可变更性。

（3）构建持久化数据层

对于持久化数据层，我们大概可以把它分为三个部分。第一是日志，我们可以采用集中式日志存储，并从应用中分离出来，日志组件的部署尽量采用镜像方式，便于快速恢复和供应，同样日志的配置信息也需要从应用中分离出来。第二是存储，尽可能少依赖于本地存储，尽量做到能够集中性地规划存储架构，让前端可以通过云服务或者 API 的方式提供给应用，同时采用多实例的架构保障高可用性。第三是数据库，尽量将数据的存储和数据库的实例分离（需要对网络带宽的要求）或者是采用分布式数据库。

（4）构建服务器层

对于服务器层，我们可以结合虚拟化技术进行构建。针对不同类型的应用，采用不同的 OS 镜像。对于配置信息，可以通过注入模式（或者其他方式）保持实例配置信息和静态模板的分离原则；对于易变的应用配置信息回归到应用构建管理，最终通过自动化工具批量更新配置并保存在配置库；对于实例的创建和销毁，采用基于自动化工具实现实例创建和销毁。

2. 虚拟机环境下实现不可变基础架构

（1）虚拟机环境下实现不可变基础架构的整体思路

如果现有的数据中心或基础架构还是以虚拟机为主的用户，我们可以采用如图 3-30 所示的思路来构建虚拟机环境下的不可变基础架构。大概可以分为 3 个部分：第一部分，构建基于虚拟机的构建及部署自动化方案；第二部分，实现配置和应用分离、做到参数优化以及实现应用回滚；第三部分，统一基础模板，通过 Infrastructure as Code 实现配置自动化和配置监控还原。

（2）实现路径

相关实现路径如图 3-31 所示，而其核心重点可以放在 3.4.1 节所讲的第三部分。

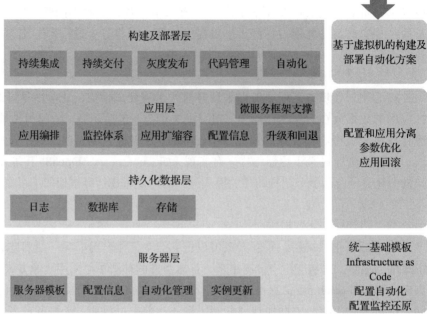

图 3-30　虚拟机环境下构建不可变基础架构的思路

图 3-31　虚拟机环境下构建不可变基础架构的实现路径

3. 容器环境下实现不可变基础架构

（1）容器环境实现不可变基础架构的整体思路

如果企业内部已经采用了容器技术，则可以考虑围绕容器构建及部署自动化方案，其次是容器化应用及支撑组件的部署，可以借助（OpenShift/Kubernetes）来实现，然后需要实现针对容器运行环境下优化的 OS 环境，如图 3-32 所示，这将在下面的 CoreOS 中具体讨论。

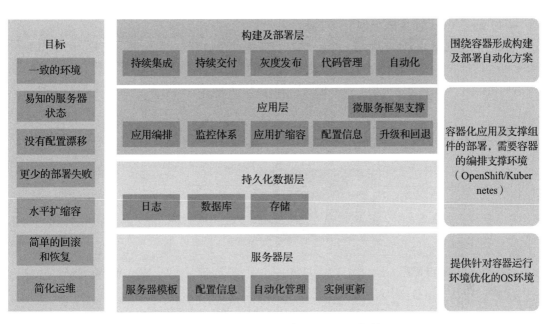

图 3-32　容器环境下构建不可变基础架构

（2）实现路径

相关实现路径如图 3-33 所示，而其核心重点可以放在云原生全生命周期管理和监控体系的优化侧，针对不同底层编排平台下 OS 模板的精简和统一，定制专为运行容器化设计的 OS 模板，以及安全和审计组件与标准模板的分离。

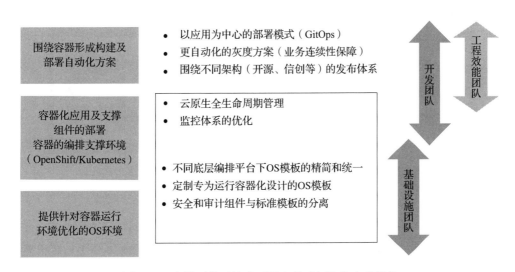

图 3-33　容器环境下构建不可变基础架构的实现路径

（3）通过 CoreOS 实现容器不可变操作系统

我们知道红帽的 CoreOS 是一个针对容器环境优化的 OS，并且可以把 CoreOS 作为一个不可变的操作系统，CoreOS 之所以能够实现不可变性，是因为它的运行包、进程、配置等的变化都被严格"受控"和"跟踪记录"，具体特性如图 3-34 所示。

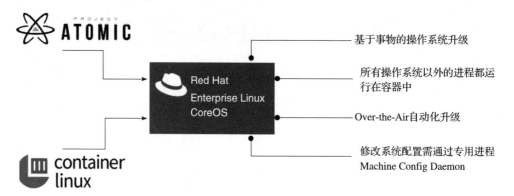

图 3-34　红帽 CoreOS 实现不可变操作系统

另外，通过结合 OpenShift 和 CoreOS，可以充分发挥不可变基础架构的多重优势，如图 3-35 所示。

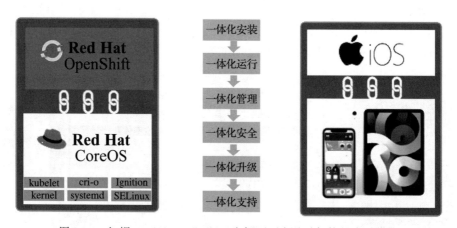

图 3-35　红帽 OpenShift+CoreOS 发挥不可变基础架构的多重优势

4. 建立不可变基础架构的可观测体系

不可变的基础架构并不是说基础架构不能变，而是通过标准化和自动化的手段降低了原来因为操作可变基础架构的复杂性和不确定性，另外，不可变基础设施本质上做了很多组件之间的解耦工作，对于单一的业务而言，更多地依赖于底层中间设施和组件，因此构建监控体系以提升可观测性至关重要。如图 3-36 所示，构建自己企业内部的可观测体系是实现不可

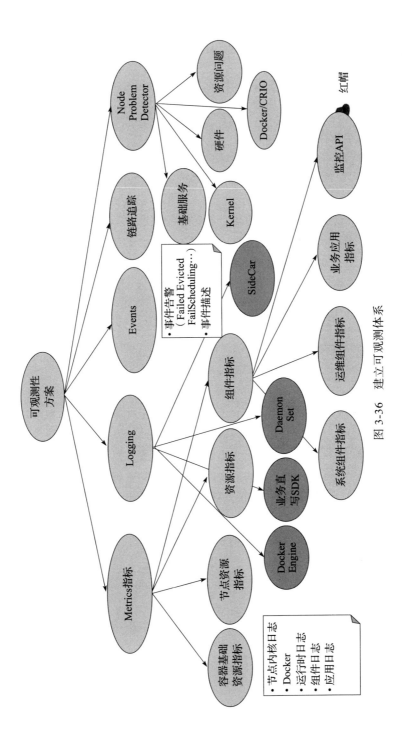

图 3-36　建立可观测体系

变基础架构的关键之一，如果你已经在企业内部采用了 Kubernetes，这些问题就变得非常容易了，因为我们可以很方便地通过 Kubernetes 的 API 或相关的 Prometheus 来完成这个事情。

3.5.2 采用混沌工程的相关实践

1. 构建混沌工程的实践思路

混沌工程实验的可能性是无限的，根据不同的分布式系统架构和不同的核心业务价值，实验可以千变万化。系统网络不可能永远是正常的：网络会突然出现延迟，带宽可能被批处理或者数据搬迁占尽，网络拓扑可能突然发生了调整。机房永远不会断电，磁盘满了，代码出现 bug……这些情况不可能全部被穷尽，如果把所有情况都纳入场景中，反而是不经济的方法。因此在建立混沌场景的时候，需要有一定的原则。如何准备故障点，大概有 4 个方面可以重点考虑：

❑ 关注高价值故障，一旦发生会造成灾难性或者波及面广泛。
❑ 历史上出现过的问题。
❑ 同行业经常出现的问题。
❑ 新引入的技术和系统。

混沌工程的测试应该建立层次性的故障库，并不断补充和完善。

我们知道，当企业把自己的应用以微服务架构的方式，越来越多地迁移到自己构建的云或相关的云环境中后，随着微服化的演进，微服务的单元数量会呈指数级增长，单元之间的关联关系会更加庞杂，最终会使系统内部的变更加趋向于动态化。另外，业务场景的进一步细化使技术栈不断加深，故障点可能会出现在任何地方，复杂度也在急剧提升。因此，云化后，带来了更优雅的架构、更灵活的调度以及更完善的治理的同时，也带来更多新的复杂性；一个很小的变更，因某种未预料到的场景，很可能会引起蝴蝶效应，触发大面积的系统混乱、故障并导致服务中断。

所以在构建云原生的基础架构的同时，就对架构是否可以具备韧性，提出关键的挑战。其中针对韧性可以大概分为如下几点：

❑ **业务保护**。对云原生业务进行应用、数据、配置的一体化备份、恢复、迁移，支持多云环境与多中心复制。
❑ **业务可观测性**。支持应用拓扑与资源拓扑的自动感知，云原生健康度评估，多集群指标采集、下钻与分析。
❑ **业务优化**。实现相关故障的演练，寻找系统的脆弱点，提高系统的稳定性与可用性。

❑ **业务弹性**。根据对业务负荷的智能预测，对多集群内的应用根据预设策略进行自动弹性调度。

另外，在构建基础架构的时候，很重要的一点是希望我们的基础架构具备自愈能力，这里的自愈能力并不体现在我们通过指定特殊的测试用例、测试场景或者特定的技术手段，造成相关应用下线然后停服，我们在此基础上针对问题做相应的高可用或高容错的方案，也更不是在容器平台中通过删除或杀死 pod 来验证我们是不是有相关的机制或措施可以修复这一切。

这里所说的自愈能力，是指可以随机在应用上进行下线、停服、删除实例或注入压力使程序崩溃。当出现上面的结果行为时，我们的基础架构或者说云原生的基础架构可以帮助我们自动治愈所有失败和故障。

如何能够最终解决这些问题呢？我们可以在云原生的基础架构上引入混沌工程。通过采用混沌工程的相关实践（如图 3-37 所示），帮助企业部署在云原生环境中的业务系统应对各种不确定风险带来的挑战，为业务系统提供持续运行、持续优化的能力。另外，通过采用混沌工程的相关实践，还可以获得如下优势。

多维度监控——业务高阶健康度与精确定位故障位置

针对多集群环境定制的集中监控平台，统合多集群数据并可以根据集群、节点、应用、命名空间、服务、发布、容器等多个维度对监控目标进行精确定位和多层次的下钻。

业务备份 / 恢复——故障发生时快速恢复

针对不同业务线的重要程度，制定不同的备份策略。核心业务、关键业务做到分钟级甚至秒级备份，普通业务、非关键业务按周或按月备份。

多中心复制——支持云原生业务容灾

生产中心的业务除了在本地备份外，还可以在灾备中心进行备份，双活架构下支持双中心互备，提升业务韧性，实现业务的双保险。

如图 3-38 所示，通过采用混沌工程的实践，我们最终就能方便地验证系统稳定性，发现系统或应用的薄弱点，验证微服务相关的容错能力以及防护手段，同时还可以验证业务编排与配置是否合理，最终检测监控相关的发现能力及警告能力，满足能够验证灾备相关的方案、应急预案等要求。

2. 通过红帽的 OpenShift+ 容量管理实现混沌工程

IStorM Chaos 基于 OpenShift 容器平台构建多集群环境下的混沌工程，如图 3-39 所示，通过咨询 + 平台的方式构建一套完整的混沌工程体系，通过故障注入演练，可以帮助企业发现容器环境下影响业务稳定性的隐患与问题，从而快速有效地提升业务和系统稳定性。

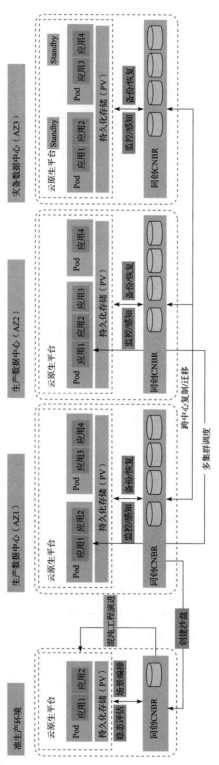

图 3-37 通过混沌工程实现相关的韧性和自愈性

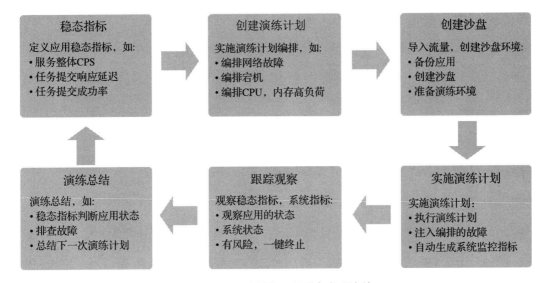

图 3-38　通过混沌工程平台实现演练

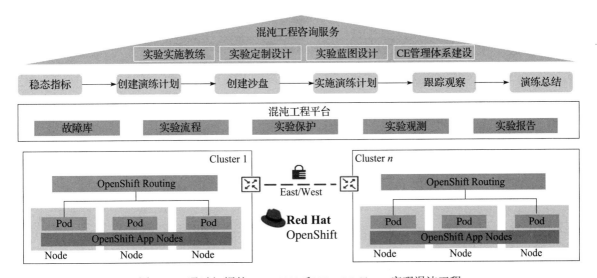

图 3-39　通过红帽的 OpenShift 和 IStorM Chaos 实现混沌工程

3. 通过红帽的 Ansible+IStorM DR 灾备管理平台实现混沌工程

IStorM DR 灾备管理平台可以在业务连续性体系建立过程中，结合容灾环境的全局一体化监控和场景化预案定制，实现容灾演练过程流程化管理，如图 3-40 所示，结合红帽 Ansible 自动化平台，实现切换过程自动化，结合可视化指挥视图，形成统一的灾备管理工作支撑平台，并结合业务视角定期评估，持续改进，充分提升 IT 价值和业务连续性，助力企业治理现代化和服务智慧化。

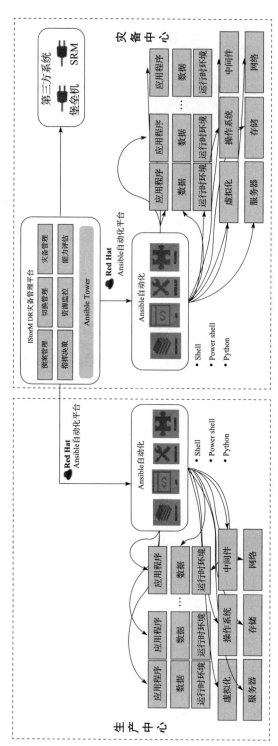

图 3-40 通过红帽的 Ansible 和 IStorM DR 实现混沌工程

　　系统的韧性来自 IT 架构的每一个层级，从基础设施、容器、云原生框架、数据库等各种组件，一直到应用系统本身，在一个千疮百孔的环境上建立混沌工程并不是一个正确的做法，并且混沌工程虽然可以发现问题，但问题的最终解决仍然需要前面提到的各个层级有能力解决相应的问题。因此开展混沌工程也有一定的前提条件，一方面在构建应用系统以及平台的时候，需要选择足够稳定和成熟的技术和产品，另一方面，这些产品需要足够开放，能够让混沌平台进行各种故障注入，提供可观测性的接口，并有足够强的配置和策略化管理能力。围绕着红帽的 OCP 容器平台产品，如图 3-41 所示，红帽提供了多集群管理、多集群安全对容器进行集中的策略管理，定期审核的基础镜像和可靠镜像仓库，以及在云环境下的容器可靠存储，不仅提升了平台自身的稳定性，也给用户提供了非常丰富的定制化能力。在自动化领域，任何时候都不能少了 Ansible 的位置，跨混沌工具的执行编排、调度和执行结果收集，都是 Ansible 最擅长的工作。

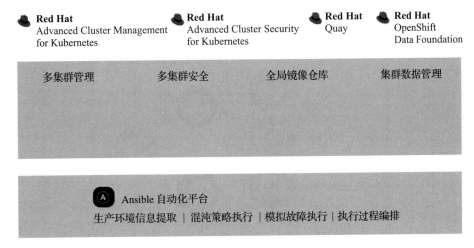

图 3-41　红帽可用于提升混沌工程效果的产品

4. 通过 Kraken 与红帽 OpenShift 实现混沌工程

　　红帽开源的 Kraken 是一个专门面向 OCP 和 Kubernetes 的混沌实验工具，其中集成了 Cerberus 和 PowerfulSeal，利用 PowerfulSeal 对负载节点注入启停、中止、崩溃，或者是 kubelet 节点。通过 OpenShift-kube-apiserver 扰乱包括 pod、服务、复制控制器等 API 对象的有效性，并确认配置不受影响。对 infra 的节点进行干扰，看普罗米修斯、ETCD 等平台性故障是否对集群运行产生影响，也可以对 OCP 中的 namespace 进行随机的大规模杀戮 pod，测试用户应用层面的稳定性。这些注入过程既可以是整个平台，也可以被限制在某一个 namespace 之中。如图 3-42 所示，Kraken 通过 Cerberus 可以监控各种集群组件，并在集群运行状况开始退化时采取行动。来自 Cerberus 的状态信息可以被 Kraken 使用，以确定集群是否从故障注入中恢复，并决定是否继续下一个混沌场景。

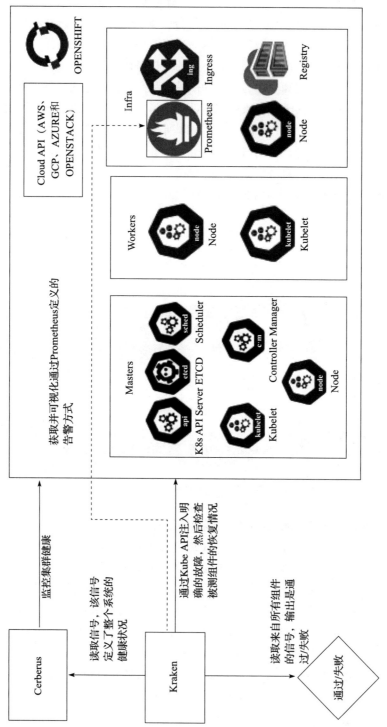

图 3-42 通过 Kraken 与红帽 OCP 紧密集成

5. 通过红帽与合作伙伴构建生态赋能

混沌工程是一个开放度很高的领域，不仅是在工具层面，也包括平台建设和解决方案合作，目前红帽有多家合作伙伴可以提供和混沌工程相关的产品、服务，并且完成了在红帽产品上的运行验证和管理验证，可以在解决方案中使用 OCP 作为混沌平台的自身运行平台，并对 OCP 进行混沌场景注入，同时在产品中也使用 Ansible 作为自动化执行的工具。相关解决方案不仅限于混沌工程平台，与业务连续性相关的灾备恢复、容量估算规划、云原生应用跨云迁移等方案也都进行了基于红帽产品的测试和认证，共同成为红帽解决方案生态的重要组成部分。

下面是红帽的一个客户案例，如图 3-43 所示，在这个项目中，红帽的服务团队以 Litmus 为主要工具，协助客户打造了面向虚拟机和红帽 OCP 容器平台的混合基础设施的混沌平台。在项目中为关键业务系统量身设计了大量的混沌场景，进行了上千次的混沌实验，帮助客户提前发现了大量产品、配置、使用、规则方面的问题。

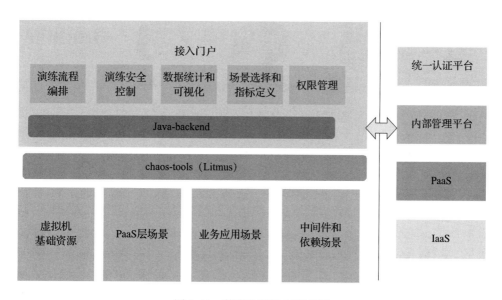

图 3-43　某客户混沌工程项目

6. 混沌工程的工具选择

混沌工程相关的工具有很多，如图 3-44 所示，比如最早由 Netflix 开发的 Chaos Monkey、阿里开源的 ChaosBlade、红帽开源的 Kraken 和 PingCAP 开源的 Chaos Mesh。AWS、微软、谷歌都推出了自己的混沌工具，但是每种工具都有其适用的范围和侧重点，如果想实现从公有云到私有云、从 IaaS/PaaS 到应用的全系列故障注入和编排，就需要组合使用多种工具。

Chaos Mesh 是一个 Kubernetes 原生工具，允许你将实验部署和管理为 Kubernetes 资源。这也是一个云原生计算基金会（CNCF）沙盒项目，可以被集成到 CI/CD pipeline 中，还有非常不错的 Web UI。PowerfulSeal 是一个用于在 Kubernetes 集群上运行实验的 CLI 工具。如果你只是打算初步尝试一下混沌实验的过程，这是一个很快就能上手的工具。Toxiproxy 是一种轻量级的故障注入网络代理，最初由 Shopify 开发（并广泛使用）。Toxiproxy 可用于模拟某些网络条件，允许创建延迟、连接丢失、带宽节流和数据包操作等条件。它充当两个服务之间的代理，可以直接向流量注入故障。

图 3-44　混沌工程的工具选择

3.5.3　混合云基础架构的相关实践

1. 红帽构建混合云基础架构的实践思路

红帽针对企业所面临的混合云的困境，提出了开放混合云架构的愿景，如图 3-45 所示。我们希望能有一个统一的操作系统可以运行在不同云环境的基础设施上，来减轻运维人员的工作负担。这样，运维人员面对的就是一个一致的操作系统，不需要去关心硬件的不同、虚拟化方式地不同、操作系统发行版的不同，可以安心地针对统一的操作系统进行自动化运维的开发，实现基础设施的管理和监控。我们也希望能有一个统一的应用运行平台，让开发人员和软件服务提供商能在这个平台上进行应用和服务的开发，而不需要关心基础设施层的实现。这个统一的应用平台解决了云原生应用的开发、依赖、部署和运行问题，使生态足够完善，开发人员可以自由选择适合自己的开发工具、开发语言和应用运行时。生态伙伴也可以在这个平台上提供自己的服务和开发人员所需要的中间件，来节省应用开发的时间、缩短业务的上线周期。

在企业构建混合云架构时，如图 3-46 所示，需要面对如何创建、使用以及运维不同云服务的问题。另外开发团队要熟悉不同的云环境服务，才能让开发出的业务应用在不同的云上运行起来，运维团队要了解不同云的运维机制，编写脚本或自动化工具来对接多个云，才能保证应用所需的资源得到快速供应；还需要进行多方位的监控来保证系统的稳定运行。每个团队都需要掌握多种技能，才能自由地在多朵云中穿梭。人员的稳定性对企业尤为重要，企业还需要考虑供应商锁定的风险、成本预测的相关因素。

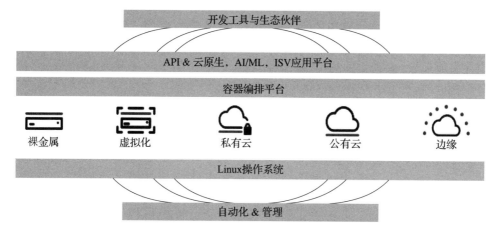

图 3-45　红帽的开放混合云架构的愿景

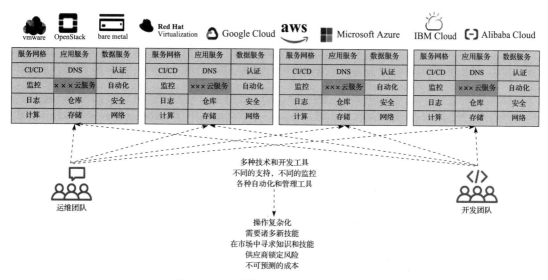

图 3-46　构建混合云架构时面临的问题

2. 红帽以 OpenShift 为核心的开放混合云

基于之前的开放混合云愿景和构建开放混合云面临的各种问题，红帽认为混合云的模式不再是单纯的公有云 + 私有云。混合云的结构和构成也会变得更为复杂。混合云建设的目标在很大程度上是为了获得云原生应用构建能力，所以红帽在构建开发混合云上大概可以分为两个层次：一个是操作系统的层次，另一个是我们所说的容器平台 OpenShift 的层次。如图 3-47 所示，红帽为构建开放混合多云平台提供了可以运行在多种硬件和虚拟环境主机上的企业级操作系统，让运维人员不需要关心这个操作系统具体运行在哪种类型的环境中，可以安心地面对统一操作系统进行资源自动化供给、监控、维护。我们在这个统一的操作系统之上基于业界公认的容器化标准 Kubernetes 创建了标准的容器化编排环境，即灰色的 Kubernetes Engine 部分。我们在 Kubernetes 引擎之上提供了构建业务应用所需要的：

❑ 平台服务——解决服务运行的底座问题；

❑ 应用服务——解决应用运行时和中间件问题；

❑ 数据服务——解决有状态应用的持久化问题；

❑ 开发服务——解决应用开发工具和生产力的问题。

这 4 部分和 Kubernetes 引擎组成了 OpenShift 的容器平台，也就是 OpenShift Container Platform。

在 OpenShift 容器平台之上，我们针对多个容器集群和多云的使用场景提供了多云集群管理、多云集群安全，以及多云镜像管理和多云存储管理套件，所有这些功能共同组成了 OpenShift 容器平台的增强版，通过 OpenShift 容器平台能够实现打通混合云的架构，使企业算力在异构的基础设施上实现标准化、统一化。

3. 在公有云上提供 OpenShift 的服务和全托管服务

为了更好地支持混合云架构，红帽在公有云上提供了两种不同方式的服务，如图 3-48 所示。其中一种 OpenShift 会作为云服务在相应的共有云基础设施上运行，这一过程中会由红帽和公有云的提供商共同支持和提供相关服务，目前红帽已经与 AWS、微软和 IBM 等不同厂商联合推出了包括 ROSA、ARO 和 RHOIC 在内的 OpenShift 云服务，开发者可以使用自己熟悉的 API 和现有的 OpenShift 工具完成在公有云中部署，这会令你的团队更专注于业务开发，提升交付速度。另外，在这项服务中，我们可以提供生产就绪的 Kubernetes 集群，联合运维可保证 99.95% 的集群全栈正常运行，由专门的 SRE 团队承担 Day1 和 Day2 的运维工作。你可以根据业务需求进行按需扩展、随用随付，同时也可以按小时或按年进行计费。另外一种服务则是由红帽提供标准化的 OpenShift 集群，然后将其托管到 AWS 或 GCP 中，这一过程中将完全由红帽来提供运维和支持服务。这一服务过程中客户可以选择区域、节点大小、可用区的分布，可以选择集成日志、指标、认证等，还可以进行托管的集群升级和补丁修复。另外红帽承诺保障 99.95% 正常运行时间的 SLA，对于 OpenShift API 管理每天支持可达 10 万次的调用。

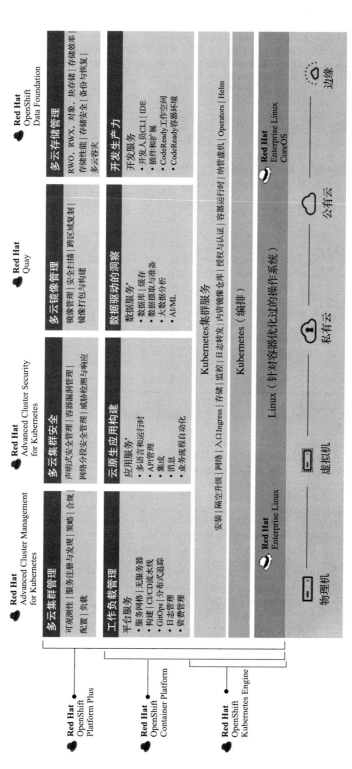

图 3-47　红帽的开放混合多云平台

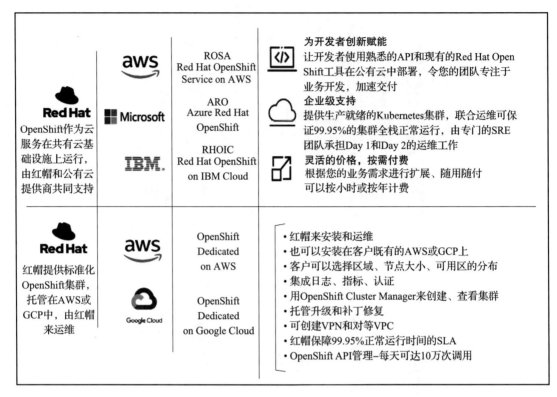

图 3-48　在公有云上提供 OpenShift 的服务和全托管服务

　　用户通过在公有云环境中以公有云服务的方式来创建 OpenShift 集群，同时加上红帽相关专职的 SRE 团队来承担 Day1 和 Day2 的安装和运维工作，这样大大减轻了用户运维团队的工作量；同时开发人员还能获得与本地部署 OpenShift 一致的界面和 API，这样就避免了额外的学习曲线，使其更能专注在业务应用的开发和交付上。这为企业用户在构建私有数据中心和公有云托管服务提供了方便的驾乘空间。

4. 通过 ACM+ODF+CNV 实现跨可用区的虚拟机的热迁移

　　在通过红帽提供的混合云架构方案中，你可以方便地实现异构的混合云架构，因为即便底层的基础架构不同，可能是不同的物理机、不同的虚拟机、或不同的公有云甚至是不同的边缘端设备，我们都可以通过统一的 OpenShift 平台来实现对不同底层基础架构的融合纳管。其中 OpenShift 中的高级集群管理（Advanced Cluster Security）可以方便地完成对不同 Kubernetes 平台的统一纳管，OpenShift 中的数据服务（OpenShift Data Foudation），可以实现对基础架构中不同存储的集成和纳管。最后 OpenShift 中提供的容器虚拟化（container virtualization）可以方便地实现对虚拟机这种计算资源的诉求，让虚拟机工作负载可以方便地运行在 Kubernetes 上，并且可以实现在数据中心间的热迁移。

如图 3-49 所示，借助红帽的 ACM+ODF+CNV，我们可以在 AWS 的公有云上实现跨可用区的虚拟机的热迁移，这在一般的混合云架构或单一的公有云架构上是无法实现的。

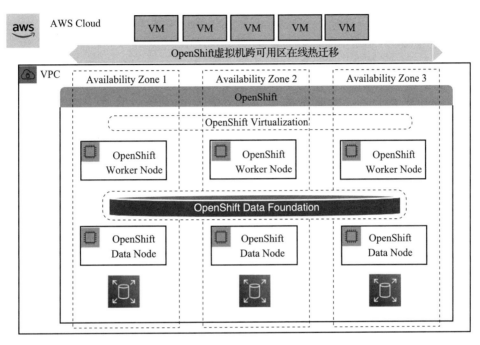

图 3-49　通过红帽的 ACM+ODF+CNV 在 AWS 的公有云上实现跨可用区的虚拟机的热迁移

5. 通过 MicroShift+ACM 实现云边协同

MicroShift 是红帽 CTO Office 边缘计算团队创建的一个开源项目，它提供了一个针对小型边缘计算环境优化的 OpenShift/Kubernetes 运行环境，如图 3-50 所示，目前 MicroShift 可以获得红帽完整的商业订阅支持，其中 MicroShift 具备如下特点：轻量级，节约使用系统资源，最少只需要 2 cpu core、2G 内存的配置需求，支持以 rpm 或容器的方式部署，同时支持包括 RHEL8、CentOS8 Stream 等操作系统，还能提供与标准 OpenShift 一致的开发和管理体验。

我们可以通过结合 OpenShift 中高级集群管理的功能（Advanced Cluster Manager）实现对标注的 Kubernetes 集群、OpenShift 集群以及 MicroShift 集群进行纳管。如图 3-51 所示，我们还可以通过高级集群管理中提供的 GitOps 的方式实现对不同集群实现应用推送和应用纳管，这样就可以方便地一次性将应用从中央数据中心推送到地区数据中心、推管到远边缘处，从而实现云边协同。

MicroShift是红帽CTO Office边缘计算团队创建的一个开源项目，它提供了一个针对小型边缘计算环境优化的OpenShift/Kubernetes运行环境，红帽有计划在未来将MicroShift产品化为正式支持的产品。

MicroShift具备以下特点：

- 轻量级、节约使用系统资源
- 2 CPU core、2G内存
- 支持以rpm或容器的方式部署
- RHEL8、CentOS8 Stream
- 提供与标准OpenShift一致的开发和管理体验

Red Hat Advanced Cluster Manager可以

- 纳管标准OpenShift集群和MicroShift集群
- 用统一的RHACM GitOps方式管理应用

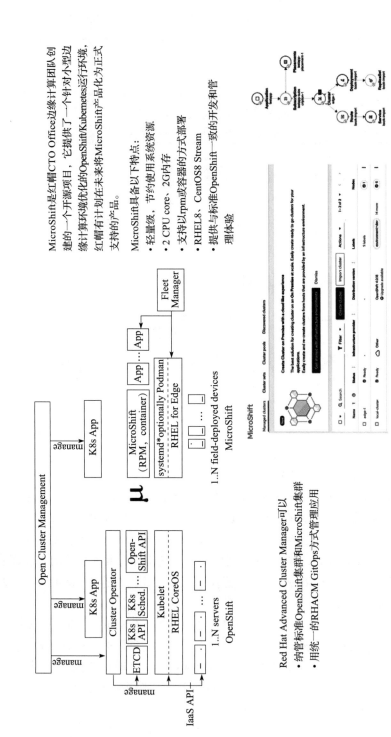

图 3-50　红帽的 MicroShift 针对小型边缘计算环境优化的 Kubernetes

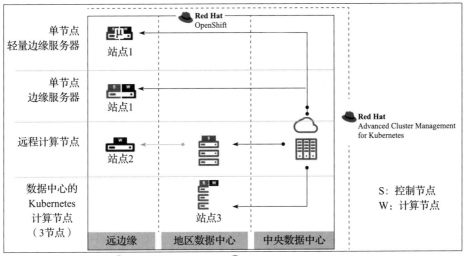

图 3-51　云边协同混合云实现

6. 实现业务出境

下面是红帽出境业务解决方案的客户案例。客户希望能够迅速在香港搭建起云原生的容器环境，支持境外云原生业务应用的开发、测试和生产运营。红帽借助 AWS 香港的 OpenShift 服务 ROSA，为客户创建了云原生的开发、测试和生产环境；利用 AWS 和本地数据中心的专线，拉通境外业务系统与本地数据中心之间依赖系统的调用，如图 3-52 所示。开发的应用以 Tekon 编写 CI 流水线，持续构建容器镜像，再推送到香港的镜像仓库 quay 中，用 ArgoCD 实现应用的持续发布，用户的请求负载会从 AWS 的 route 53 流入服务网格纳管的微服务应用中，服务网格内置了服务的注册与发现、分布式追踪、熔断与限流，客户用多种开发语言协作实现了云原生业务系统。

图 3-52　通过数据中心专线拉通境外业务系统

如图 3-53 所示，将来我们会配合客户在本地数据中心搭建 OpenShift 容器集群，把开发和测试环境从香港下沉到本地，开发和测试在本地进行，生产环境业务系统在境外运行，业务数据落地在境外，这样就满足了数据的合规要求。开发的持续集成 CI 会在本地数据中心完成后，推送到本地的镜像仓库 quay，境外镜像仓库 quay 从本地数据中心的镜像仓库自动同步镜像，每个集群的 ArgoCD 会由多集群管理软件 ACM 进行纳管，其中 ArgoCD 负责它所在集群业务应用的持续部署。多集群管理软件 ACM 纳管多个集群，提供运维与监控的统一入口，当有新的境外市场需要部署业务系统的时候，可以从多集群管理软件套件上为特定区域创建容器集群、同步镜像、发布应用，镜像同步的带宽问题通过公有云跨区的对等 VPC 解决，创建对等 VPC 后，流量走的是 AWS 的骨干网络。

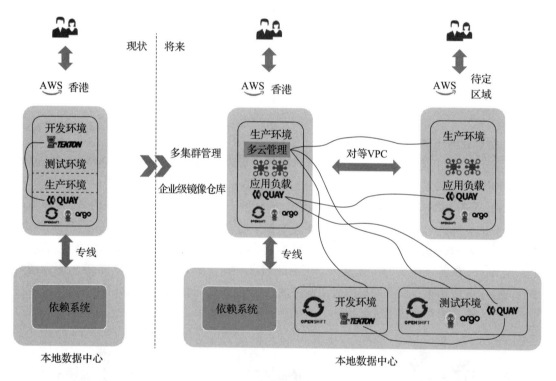

图 3-53　通过红帽的混合云架构实现出境业务

7. 实现容灾备份

除异地双活外，部分企业会选择容灾备份的方式（如图 3-54 所示），来保证业务连续性，实现不丢或少丢数据。有的企业会在异地创建灾备中心来备份本地数据中心的数据，也有的企业会选择备份本地数据中心的数据到运营商提供的云环境。在本地数据中心发生故障后，临时启用灾备中心来承载业务，这样就腾出时间用灾备中心的数据来修复本地数据中心的故障，当本地数据中心修复以后，再切换业务负载到本地数据中心。

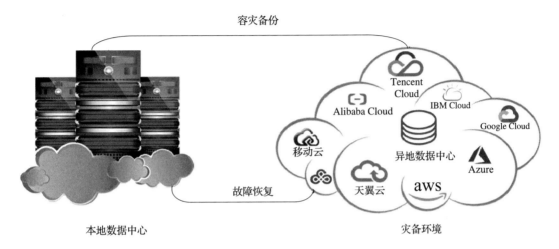

图 3-54　通过容灾备份来实现故障恢复

红帽的 OpenShift DR（ODR），适用于刚刚提到的容灾备份场景。如图 3-55 所示，我们可以分别在本地数据中和异地数据中心（或云环境）创建 OpenShift 集群，再创建 Hub 集群。Hub 集群就是我们所说的管理集群，考虑到管理集群的高可用性因素，我们通常会把它搭建在运营商提供的高可用保证的云环境中。在管理集群上安装高级集群管理软件 ACM，ACM 负责纳管本地数据中心的主集群和容灾环境的容灾集群。用户业务负载会由 DNS 指向主集群，而主集群中的业务应用会通过 ACM 和 GitOps 的方式进行下发、部署，主集群中有状态应用的持久化数据保存在红帽的云原生存储的 ODF 中，主集群和灾备集群之间的 ODF 通过 OpenShift 的容灾组件 ODR 进行编排，最终实现数据跨集群之间的异步复制。当主集群发生故障后，系统管理员可以触发容灾组件的 Failover，这时，容灾组件会根据已经复制到灾备集群 ODF 中的数据创建应用运行需要的持久化数据卷，ACM 会自动在灾备集群中部署业务应用，挂载灾备组件创建的好的持久化卷，灾备集群环境在这个时间点就已经可以接收和处理用户业务负载了。另外，由管理员切换 DNS 指向灾备环境，到这个时间点，灾备环境开始承载全部业务负载，业务系统得到恢复。

当排除主集群的故障后，主集群和灾备集群之间的业务数据异步反向复制也会自动恢复，管理员可以用同样的方式在恰当的时间点切换业务负载回主集群，完成最终退回的过程。

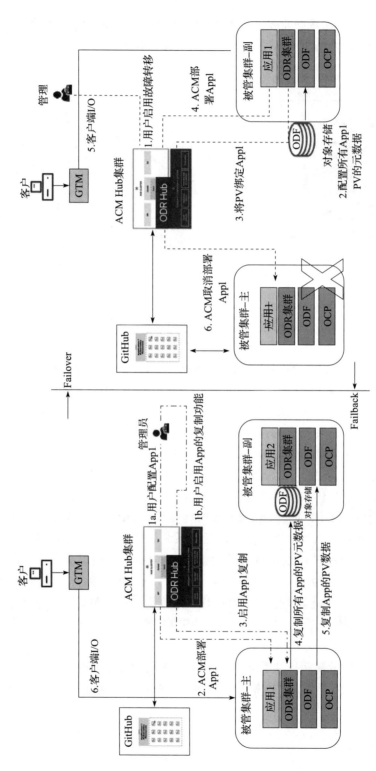

图 3-55　通过红帽的混合云架构实现容灾备份

8. 实现异地多集群应用发布

在之前的场景和方案中提到过，我们可以将应用发布到多个 K8s 或多个 OpenShift 的集群环境中，这里我们来看一个相对复杂的场景。如图 3-56 所示，有两个本地的数据中心，一个在深圳，一个在上海，每个数据中心分别都有 Kubernetes 集群和 OpenShift 集群。在公有云的 AWS 上，有北美 ROSA 集群（OpenShift on AWS），在 AWS 的欧洲区采用了 AWS 的 Kubernetes 服务 EKS。针对这样的部署情况，采用什么样的最简化的方式才能把应用负载部署在异地或者异地的 K8s 集群上呢？就这就是我们需要解决的问题。

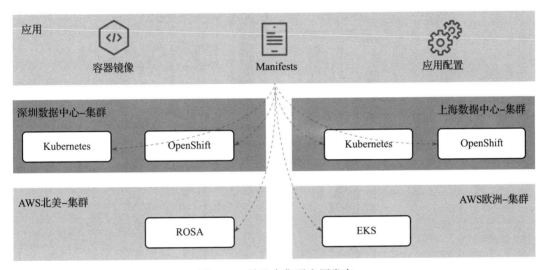

图 3-56　异地多集群应用发布

红帽的 OpenShift 中的高级集群管理不仅可以发布应用，也可以用来发布集群的组件。如图 3-57 所示，这次我们选择的是 ArgoCD。我们需要一个控制集群，即图中左侧的 OpenShift Hub Bootstrap，Hub 集群上安装了高级集群管理套件 ACM，ACM 不但可以纳管 OpenShift 集群，也可以纳管规范的 Kubernetes 集群。在这个场景下，我们分别纳管了两个私有数据中心的 Kubernetes 以及共有云上的 ROSA 和 EKS，有了被纳管的集群，ACM 就可以向被纳管集群部署应用或者组件。ACM 提供了两种方式部署应用，第一种是内置的多集群应用发布组件，第二种是 ArgoCD 插件。我们把需要部署的 ArgoCD 的资源保存在 Git 仓库中，接着用两种多集群应用发布方式的任意一种，向被纳管的集群下发 ArgoCD，ACM 从 Git 仓库中读取 ArgoCD 的部署配置信息，为每个纳管的集群安装 ArgoCD 组件，每个集群的 ArgoCD 部署成功后，再从预定义的 Git 仓库中拉取业务应用的部署信息。Git 中保存的部署配置信息以符合 Kubernetes 规范的用于定制化对应组织的应用部署配置信息，不同的被纳管集群拉取到的是每个集群特有的、可以在本集群部署的应用部署配置信息，ArgoCD 利用这些信息完成应用的部署工作。简单说来，就是通过管控集群向被纳管集群下发 ArgoCD，每个纳管集群的 ArgoCD 完成集群自身业务应用的部署。

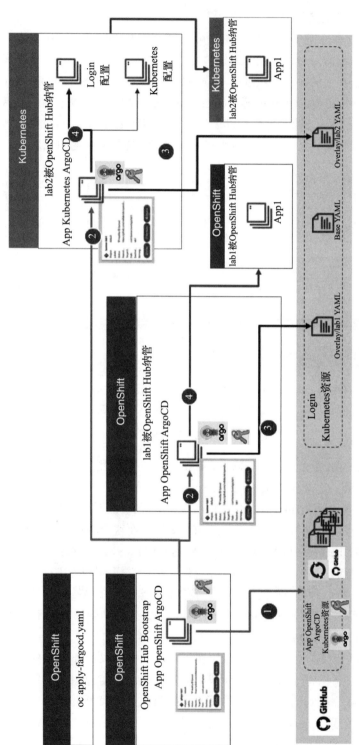

图 3-57 异地多集群应用发布的解决方案

9. 负载扩容 / 峰谷调节

我们知道本地数据中心的资源毕竟是有限的，为了满足每年几次大规模促销活动而去购买新的硬件，不仅增加了企业的成本，也在一定程度上造成了企业的资源浪费。我们希望企业自己的私有云资源可以满足常规的业务要求，当遇到特殊促销场景时，如图 3-58 所示，能把超出私有云资源容量之外的峰值请求交给公有云来处理，共有云的资源采取按需付费的方式，即用多少，付多少。

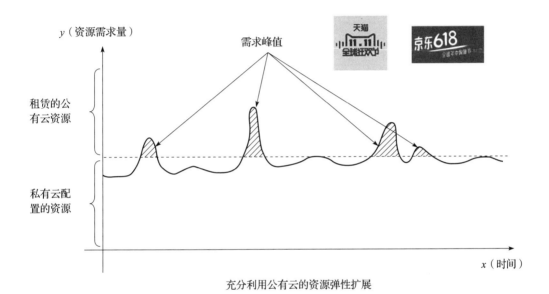

图 3-58　负载扩容 / 峰谷调节需求场景

红帽的 OpenShift 中的高级集群管理可以在公有云的环境中迅速拉起 OpenShift 集群，如图 3-59 所示，我们需要一个 Hub 集群来安装 ACM，这个 Hub 集群可以是一个独立的集群，在数据中心或者在公有云上。为了节省资源，我们可以把 Hub 集群部署在即将被纳管的容器集群上。有公有云资源需求的时候，ACM 负责在公有云上创建集群，发布应用，调整全局负载均衡器进行集群的可用性和负载情况探测，分发合适的流量到自有数据中心，分发过剩或者突发流量到公有云环境进行处理。当促销活动结束后，我们可以从 ACM 把共有云环境的集群设置成休眠状态，等下次要用的时候及时进行休眠的恢复，在公有云上处于休眠状态的集群所产生的费用只有存储资源的费用；我们把集群缩容到最小化的状态，等后续需要的时候进行按需扩容，还可以直接销毁整个公有云环境的集群。对于集群之间的网络和存储可以参考之前混合云场景的解决方案。

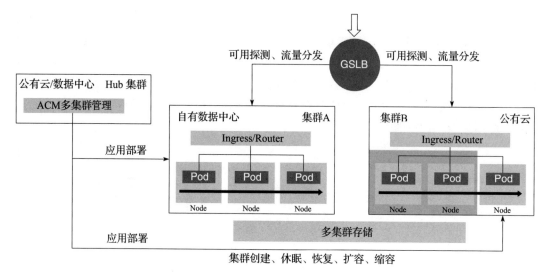

图 3-59 峰谷调节的解决方案

3.6 本章小结

本章带领大家探讨了目前企业基础架构的发展趋势，以及云原生基础架构的现实意义，阐述了云原生基础架构的定义和核心特征，云原生的基础架构是企业基础架构发展的核心。本章进一步描述了云原生基础架构的构建思路，最后从红帽自身的角度，告诉读者红帽是如何构建和实践云原生架构的，最后分析和探讨了关于企业云原生基础架构的展望。

第 4 章 *Chapter 4*

企业开源治理实践之旅

张某是一家大型国有金融企业的 CTO，一年以来，总在为那些"无处不在"的开源软件而烦心，很多开源软件他都没有听过，却已经在生产上运行很久了，出了问题经常找不到负责的人，而且安全软件每次扫描都会报警——"×× 软件未经许可使用"，"×× 软件版本过低，存在众多安全风险"，使他疲于应付，他大把的时间被用来救火而不能专注于更有价值的工作。经过一年的努力，他的团队引入了开源企业专家团队，建立了一套"开源软件管理框架"，并在这个框架的基础上形成了一套相对完善的开源软件管理体系，对于现有的开发、测试和生产环境的 300 多种开源软件，其中比较关键的 100 多种已经有了有效的管理。往后项目组和技术团队如果需要再引入一种新的开源软件，大家会通过"开源软件引入流程"寻求"开源软件办公室"的支持和辅导，而且再也不用频繁绑架那仅有的几位架构师来"给出意见"，"开源软件办公室"已经有能力启动各个开源小组进行评测、评估和评审，对于生产上不需要使用或者可以被集中替代的开源软件/组件，各小组也能够在"办公室"的指导下根据"推荐的开源软件列表"和"开源技术库"制订部署和替代方案，有序地安排更新和替换。现在，凡是新的软件，无论是开源软件还是非开源软件，在进入之前都要进行开源技术评估，这大大降低了公司开源技术的使用风险。经过 1 年的开源治理项目，他的团队已经实现了开源软件的收口管理，技术运维团队可以信赖和乐于使用经过"治理"的开源软件。技术团队管理开源软件再也不用依靠某个"技术明星"，而是很多开源小组的人说起开源软件时都能够"深入探讨"。

现在，他再也不是救火队员，而且终于可以放下开源软件"唯一技术专家"的身份，现在他可以专注于更重要、更有意义的"创新技术探索和研究"工作中。

今天，他就要给最新一期的"开源软件管理内部培训班"的学员分享"开源技术文化"，他的分享主题是"合理控制风险，拥抱开源创新"，而且他要带着"开源软件办公室"

的几位组长一起出席，让更多的员工加入更多的"开源技术小组"中，这样他的团队才会更加主动地探索"开源软件"代表的技术创新。

4.1 开源是共识，是趋势，是改变世界的力量

开源软件自诞生以来，借助全球的社区技术人员的力量，一直处在高速发展的状态，作为全球最大的开源软件供应商，红帽公司 2021 年和 2022 年先后做过两次开源软件调查。

如图 4-1 所示，有 95% 的企业管理者认为企业开源对于他们的企业基础架构软件战略至关重要，因此可以肯定地说，我们无须再询问"是否使用"。我们需要问的是"为什么使用"和"如何使用"。[⊖]

与此同时，我们也看到，在众多的关键技术创新领域都有开源软件的相关贡献。

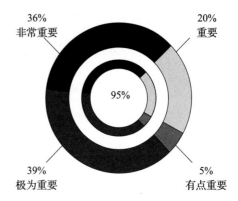

图 4-1　在企业管理者眼里开源的重要程度

如图 4-2 所示，近 10 年的全球重大技术创新背后都离不开开源社区的贡献，放眼国内外，有越来越多的软件企业，如华为、中兴、BAT、阿里等，不再是开源软件的观众，而是开源软件的贡献者、发起者。

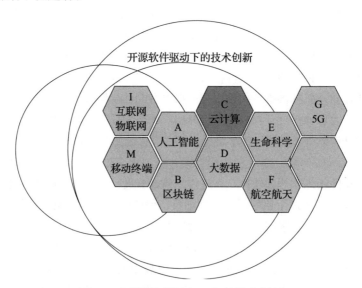

图 4-2　开源驱动了近 10 年的技术创新

⊖ 摘自：https://www.redhat.com/zh/enterprise-open-source-report/2022。

由此可见，学开源、用开源、进入社区贡献开源已经成为全球科技人员的共识，是全球技术发展的重要趋势，开源社区和开源软件已经成为改变世界的重要力量。

4.2　为什么需要管理开源软件

4.2.1　开源软件已经渗入企业 IT 环境的各个领域

在企业 IT 环境中，开源软件由于涉及领域非常广，适应性强，其场景已快速渗入运维、开发、管理等各个领域。

如图 4-3 所示，不管是金融行业、生产型企业还是服务行业，开源软件已经在各个领域得到广泛的应用。

- ❑ **应用系统领域**：自动化管理应用 Ansible、平台类应用（如 KVM、Kubernetes）等。
- ❑ **中间件领域**：JBoss 系列、Activity 流程引擎、规则引擎 Drools。
- ❑ **操作系统领域**：以红帽 RHEL、SUSE、华为 OpenOula 为代表的 Linux 操作系统。
- ❑ **数据库领域**：不仅是内存数据库 Redis，在关系型数据库 MySQL 中也拥有大量用户。
- ❑ **技术框架领域**：从早期 Apache 下的 Spring 框架到近年大热的服务网格 ISTIO、无服务器等。
- ❑ **运维工具领域**：以 puppet、Satellite、GitOps 为代表的新兴的运维工具。
- ❑ **开发工具**：Eclipse Che、CodeReady 等。

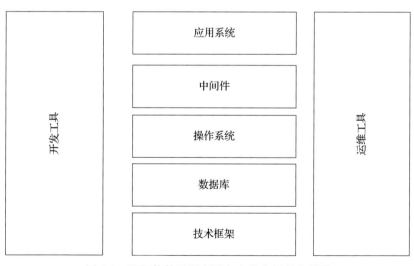

图 4-3　开源软件已经应用在企业内部各个领域

4.2.2　开源软件具备非常明显的优势

相对于传统的非开源软件，开源软件具有创新快、成熟度高、客户化空间较大、不锁定、安全性好和较低的拥有成本等特点，以下分类进行介绍。

1. 创新快

纵观各大开源软件社区，从最早、最大的开源社区 Apache 到云原生计算基金会（CNCF），全球开源软件社区正在快速膨胀之中。根据 CNCF 的数据，截至 2018 年 12 月，CNCF 的社区中的开源软件数量为 468 个，而到 2021 年 12 月，数量快速增长到了 924 个，短短 2 年增长了 456 个，除此之外，2018 年年底的 468 个社区并没有都存活下来，有很多社区都消亡了，从 2018 年年底至今，实际增长数量大于 456。

同时我们看到，从区块链、AI、ML 领域到物联网、基础设施、中间件和应用运行依赖、DevOps 等诸多领域，开源软件的版本更新迭代速度非常快，有的甚至以天为单位发布新版本。

2. 部分开源软件成熟度较高

我们看到，以 Tomcat、JBoss、Redis、MySQL、Ansible、CEPH、Drools、Activity 为代表的部分开源软件的成熟度较高，运行稳定性也较好，在企业应用环境中能够很好地运行，尤其得益于全球开发者的贡献，很多开源软件的社区决策机制健全，更新速度快，赢得了企业的广泛认可。

3. 开源软件客户化的空间较大

相对于非开源的企业软件而言，开源软件因为拥有庞大的开发者群体，普遍具备较大的可定制性，所以能够更好地兼顾全球企业的特色需求，这使很多国内外的企业可以对其进行客户化的配置和二次开发，甚至在协议允许的情况下衍生出很多特色的发行版，形成了很大的开源软件客制化市场，应用场景也异彩纷呈。

4. 开源软件给客户更多的自由选择权，没有技术锁定

相对于使用闭源软件，开源软件的用户第一次拥有了众多的选择权利，可以自由地在多款同类型的开源软件中进行选择。以容器运行时为例，Docker、CRI-O、ContainerD 等都满足 OCI 标准，可以随意更换，客户再也不会被一家软件供应商锁定。

5. 开源软件的安全性相对较好

由于全球化的开发模式，开源软件可以更好地应对各种安全隐患，安全代码、安全方案的响应速度也比闭源软件有所提升。

6. 较低的拥有成本

由于开源软件来源于社区，而社区版的开源软件普遍是不收费的，企业在具备一定的技术能力或技术支持的条件下，可以低成本地使用，这也给企业节省了大量的软件采购成本。

所以，我们说开源软件给企业带来了更自由、更安全、更低成本等多方面的价值。但

同时随着各行各业大规模、广泛地应用开源技术，企业也面临着许多与之相关的问题和挑战，接下来我们选择一些重点方面进行探讨。

4.2.3 开源软件的大规模使用给企业带来了全新的问题和挑战

在企业科技建设领域，为了能构建先进、安全、可控的核心技术与产品体系，加强、加快数字产业化，实现科技创新，金融企业引入了大量的开源软件。开源软件让企业信息技术的蓬勃发展获益颇丰，如技术创新力、代码可控、稳定安全、避免锁定和低成本等，开源软件在给金融企业带来价值的同时，在商业授权方式、运维管理、技术支持等方面与传统商业版软件也存在较大差异，客观地造成了一系列开源软件管理方面的问题和挑战，以下分别进行介绍。

1. 开源软件更新速度快，技术人员知识更新速度跟不上

开源软件更新速度快代表了其出色的技术活力和众多的关注度，但同时开源社区的用户对技术非常敏感，以容器调度为例，当 Kubernetes（以下为 K8s）技术成为主流之后，同时代的 Mesos 和其他调度软件快速消亡，其社区贡献者在几个月之内就转移到 K8s 社区，如果企业在开始的时候选择了错误的技术路线，那么技术断层不可避免；同时，K8s 社区技术更新速度非常快，以红帽和 Google 为代表的社区主导厂商不断加入新的技术来满足企业需求，一个 K8s 社区就包含了 Prometheus、Kibana、CRI-O、CoreOS、EFK 等众多的子社区和开源软件，这给企业内部技术团队的知识和技能带来了很大的挑战，技术人员必须持续不断地更新技能和团建才能跟上社区发展潮流，不被抛弃。

2. 开源许可证繁杂，尤其是传染性开源许可容易造成知识产权纠纷

开源社区自诞生以来就在开源许可方面存在众多差异，比如：强著作权型许可协议、弱著作权型许可协议，以及宽容型许可协议；传染性和非传染性许可协议等，常见的有 LPL（V1/V2V3 等）、Apache（V1/V2）、MIT、BSD、GNU、GPL、LGPL、SSPL 等，据统计有超过 80 种，而且还在不断增加中。普通用户很难识别这些许可协议，更不要说合理选择。

所以，如何选择适合用户的开源技术并避免与之相关的知识产品纠纷，成为用户技术选型的关键影响因素。

3. 开源软件彼此依赖、关系复杂，版本同步和基线管理困难

很多开源软件存在互相依赖关系，以红帽 OpenShift 为例，其内部集成了 Kubernetes 作为容器调度，同时集成了 Docker 和 Podman 作为容器运行时，同时也集成了 Prometheus 作为监控、EFK 日志管理框架、ISTIO 作为服务网格、OVS 作为网络组件，而 EFK 框架本身就涵盖了 Elasticsearch、Logstash、Kibana 等 3 个开源组件，这些开源组件分别按照各自的演化周期进行更新，要想实现完整发布一个 OpenShift 平台，就需要同时跟踪众多的开源组

件，要实现周期性的版本选择、组件集成、测试和版本发布是一项巨大的挑战。

4. 补丁更新问题突出，升级等同于重装，业务影响范围大

同样以容器云 PaaS 平台为例，Kubernetes 平均每 3 ~ 4 个月发布一个新的版本，而这期间会不断地有新的安全漏洞更新和软件错误的代码修复发布，很多企业用户发现，做一次 Kubernetes 的版本升级是一个非常庞大而复杂的工程，不仅要重装平台，而且要重新测试上层的全部应用，投入巨大，急需借助于红帽 OpenShift 这样专业的厂商和产品解决这个难题。

5. 缺乏商业支持能力

在贸易冲突这些年，众多的初创公司在竞争 Linux 操作系统市场，在这个领域中公认的大量使用的 Linux 系统是 CentOS，而 CentOS 是红帽 RHEL 的下游社区化版本；当上游的厂商不再对 CentOS 投入的时候，众多小厂商没有能力对在 CentOS 基础上构建的企业版（初创公司定制版）进行持续投入，只能选择转向其他社区，这种商业支持能力的缺失是很多开源软件的软肋，也是其赢得广大市场的障碍。

6. 软件生命周期支持弱，寿命短

越是更新速度快的开源软件，其有效的生命周期就越短。比如 Linux 操作系统，RHEL 的生命周期在红帽的支持下可以到 10 ~ 13 年，但是大部分初创公司的 OS 寿命只有短短的 2 ~ 3 年；近年大热的服务网格产品 ISTIO 的版本发布周期是月或双周，无服务器框架 Knative 的发布周期就更短了，为周或天。在企业用户眼里，这根本就是无法跟进的更新迭代速度，但是恰恰这些开源产品代表了技术的发展方向，企业又不得不提前投入。

7. 技术人才匮乏，忠诚度低

开源软件产品很多都采用社区支持模式，某些大牛一旦技术出众就成为企业争抢对象，其收入和忠诚度就会受到影响，我们经常看到有些企业辛辛苦苦培养起来的云团队整体跳槽的现象，一旦出现这种情况，企业技术管理就会出现断层，技术发展就会出现停滞，给业务发展带来巨大的影响。

8. 定制化和持续更新的矛盾

由于开源社区代码完全开放，很多企业用户可以免费拿到开源软件的源代码，部分实力较强的企业用户在这些代码的基础上进行大规模的改造，不仅增加了很多界面和管理能力，还对底层代码进行更新，比如 Docker 的部分代码，但是很快企业就发现，由于不了解社区的更新反馈机制，修改的代码不能整合到社区软件中去，只能在社区发布新版之后，重新来一轮整合，这样做费时费力而且容易出错，因此企业要么不敢更新社区软件，要么不能跟踪使用最新版的社区软件。

企业用户在开源软件的使用方面还有诸多的挑战，这些挑战跨越技术、管理和运营的方方面面。

4.2.4　开源软件的管理需要拥抱创新、防范风险

开源软件已经成为企业应用环境不可或缺的一部分，不是可选项，而是企业技术创新的重要抓手。作为企业 IT 的管理者，我们应该着重思考的是：如何在享受来自社区的技术创新的同时，对开源软件进行有效的管理和控制，化解这些挑战，防范其中的风险。

我们知道，企业关注和使用开源看重的是技术专业、更新升级快，而这对于追求"稳定、可靠"的企业级应用架构而言，带来了很大的挑战，所以企业级开源需要在这两者之间求得平衡；作为企业管理者，我们要对企业内部的开源软件进行有效的治理，让企业既能享受到来自开源社区的新技术，又能有效防范和规避其中的技术和法律风险。

开源软件治理的核心目标是：拥抱技术创新，有效防范风险。

在开源治理这个主题上，国家部委、信通院相继出台了《开源生态白皮书（2020 年）》《开源软件治理能力成熟度模型》《开源项目选型参考框架》等相关指南和规范文件，可见企业内对开源软件进行有效的管理 / 治理已经成为企业界的共识，由此，业界普遍认为企业用户的工作重点应当放在如何有效进行开源软件的治理。

红帽作为开源领域最早、最大的开源软件厂商，早在 2019 年初就开始在国内客户中开展开源治理的相关实践活动，更是帮助部分客户顺利通过了信通院的开源治理成熟度认证。接下来我们结合红帽的实际操作经验，介绍开源软件治理如何开始、如何组织、如何进行，及其在提升企业开源软件的管理能力和水平发挥了哪些作用。

4.3　企业如何有效管理开源软件

对于如何进行有效的开源软件的管理（开源治理），一直存在很多的争议。很多社区专家和技术大咖通过微博和论坛介绍开源社区的管理和运行模式，国家部委和行业协会聚焦于"企业用好和管好开源软件"的目的陆续出台了一些开源软件管理规范，那么到底哪个方向是企业应该着重关注的开源治理的方向呢？

我们认为，企业不是社区，企业使用开源软件的目的是借助开源软件技术实现更好的业务和技术发展，创造更好的经济效益，因此，企业端所讲的开源治理，应当聚焦于"用好和管好开源软件"，而不是参与开源社区的运作。

因此，下面总结了开源软件使用过程中的 4 个维度、1 个核心、6 大关键任务。

❑ PPTC：开源软件治理需要从流程（Progress）、人员和组织（People）、技术（Technology）、文化（Culture）这 4 个维度出发，制订一套适合开源软件的管理流程，建立配套开放的组织，跟踪和利用专业的技术工具，打造开放的文化 4 个维度入手，才能对开源软件进行长期有效的管理，并形成旺盛的生命力。

❑ 1 个核心：开源软件治理工作必须有明确的出发点，这个出发点就是开源软件评估模型。科学合理的开源软件评估模型不仅可以帮助我们对开源软件进行有效的分类，

还可以帮助我们对同类型的开源软件进行对比分析，让企业迅速了解其技术、管理、使用、风险上的差异，确定各自的优势和弱项，从而为开源治理团队进行科学决策提供有效的依据。

- ❑ **6 大关键任务**：开源治理涉及的工作非常繁杂，不仅需要从传统软件管理方面入手，还要在几个关键环节结合开源软件特点进行重点区分，这 6 个关键任务是：
  - ■ 开源技术准入和评估鼓励；
  - ■ 开源软件使用（部署和升级）管理；
  - ■ 开源软件技术库建设；
  - ■ 开源软件管理制度；
  - ■ 开源软件组织（委员会和实验室）；
  - ■ 开源软件管理平台。

完成好这 6 大关键任务，就实现了开源软件治理的关键环节，能够为开源软件治理提供完备的过程保障。

4.4 开源软件治理框架的 4 个维度：PPTC

我们知道，由于开源软件的技术特性很强，因此开源软件的治理工作是一个技术性很强的工作，但它同时也是一个管理工作，是先进技术的管理；我们知道，有效的管理至少需要从三个维度入手，即人和组织（People）、流程（Progress）、技术（Technology），而开源软件是在开源社区的开源文化中孕育成长的，所以对于开源软件的治理需要增加一个维度——文化（Culture）。

如图 4-4 所示，建立或调整适应开源软件管理的流程、优化组织结构打造更加贴合于开源软件的管理模式，合理引入和有序管理与之相配套的工具、平台，改变过往相对封闭的工作模式和文化，让我们的企业中已有和将有的开源软件得到有效的管理、适当合并与规范，打造创新文化。下面对 People（人员）、Progress（流程）、Technology（技术）、Culture（文化）四个维度分别进行探讨。

4.4.1 开源软件治理框架 People——建立团队和开源治理组织

所有的管理都离不开人，所以对于开源治理而言，选择合适的人、构建开放的开源治理团队是非常关键的工作。

那么对企业而言，选择什么样的人？去哪里才能找到适合的人？如何才能构建开放的管理团队呢？

由于全球开源社区的多样性和开源软件自身特点，在企业里我们很难找到对多个领域、多个门类的开源软件都比较熟悉同时具备相当技术经验的专家和复合型人才，因此综合顶层设计、架构、设计、使用和运维多个团队的相关管理和技术专家，组建开放的管理团队就变得非常重要，也是最能够综合地反映企业对开源软件的管理和使用需求的组织方式。

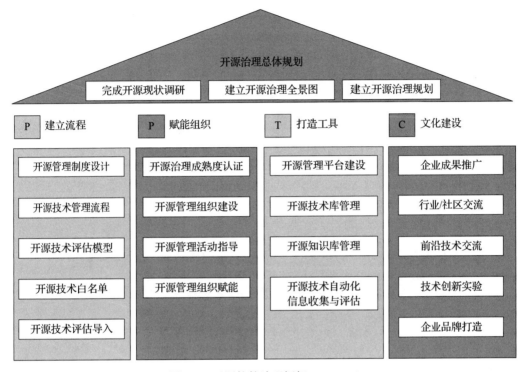

图 4-4　开源软件治理框架——PPTC

如图 4-5 所示，开放的管理模式需要从以下多个方面进行构建。

❑ 建立开源治理委员会，依托高层管理者为企业开源治理工作把控方向；吸纳企业内部开源治理项目组 / 社区主管等进入开源治理委员会，整体掌控企业内部开源治理的方向。

❑ 按照开源软件所涉及的领域划分，建立企业内部开源治理项目组 / 社区，指定对应领域的专家 / 软件运维 / 使用负责人担任主管，同时吸纳企业内部技术管理团队（运维）、应用团队（使用者）、开发者代表、测试团队进入对应领域的项目组。

❑ 广泛集合技术爱好者的力量，吸纳外部开源社区、外部开源企业技术专家，形成企业内部开放的、多样化的开源软件管理组织。

开源软件经过多年的发展，很多开源软件的生产过程也有架构设计、开发、测试、发布等众多环节、众多角色的参与，这一开源软件治理框架，与开源社区的软件生产模式一致。

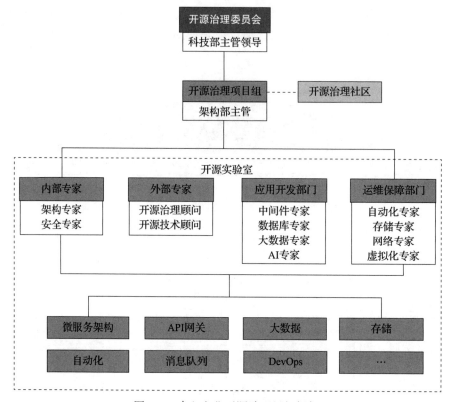

图 4-5　建立企业开源治理组织框架

对于开源治理项目组，我们建议至少从三个方向进行分工。

❑ **管理规划设计角色**。每一个开源治理项目组都需要对本领域的开源软件进行总体策略设计和规划，按照开源软件管理成熟度模型对本领域的开源软件管理能力进行评估、提出指导和改进意见，并监督执行。

❑ **活动执行控制角色**。管理对应领域内的所有开源软件相关组织级活动，包括但不限于：调研、评审、模型审议、事件处理会议、技术分享会议等。

❑ **技术能力发展角色**。依托架构、运维、开发、测试团队，为本领域的入库开源建立最佳实践库，从软件基线、部署架构、运维操作、使用方法、验证和归档等领域为开源软件设定标准，发展技术团队，保障企业内开源软件有效、合理的使用。

4.4.2　开源软件治理框架 Progress——建立流程

开源治理 / 开源软件管理的关键流程可以有很多，我们的经验和建议是围绕**开源软件生命周期**进行设计，通常包括**技术预研、软件准入、规范设定、运行管理、运维保障、升级更新、退出管理、问题管理**等；但是作为企业，我们究竟从哪里入手才能真正管理 / 治理好开源软件呢？

我们注意到，大多数的企业在意识到需要统一对开源软件进行管理/治理的时候，通常内部已经大量使用了各式各样的开源软件，这些软件引入的过程比较随意，管理的方式也比较简单，基本处于"能用就行、有人用没人管"的状态。如果突然将几十上百种开源软件全管控住，势必会引发 IT 技术的倒退，带来的负面影响是很大的，所以我们一定要找准突破口。以红帽这些年开源软件的开发和管理经验来看，如下两点非常关键。

❑ **从现在开始**。从现在开始已经在用的开源软件可以继续使用，不影响现有的工作。

❑ **从准入开始**。从准入开始，新的开源软件必须把好准入过程，不能引入没有经过开源治理委员会评审通过的开源软件，从现在开始把好入口。

如图 4-6 所示，打造一套科学合理的开源软件管理过程的关键是要抓好开源技术预研、开源准入标准、开源使用规范、生产监控、运维保障、升级更新、退役和问题管理这 8 个方面。

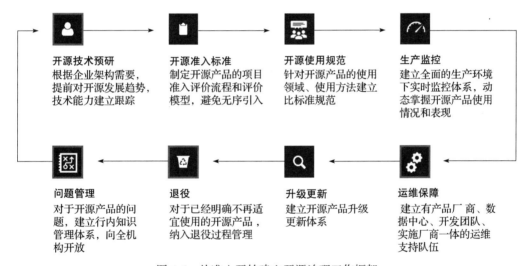

开源技术预研
根据企业架构需要，提前对开源发展趋势，技术能力建立跟踪

开源准入标准
制定开源产品的项目准入评价流程和评价模型，避免无序引入

开源使用规范
针对开源产品的使用领域、使用方法建立比标准规范

生产监控
建立全面的生产环境下实时监控体系，动态掌握开源产品使用情况和表现

问题管理
对于开源产品的问题，建立行内知识管理体系，向全机构开放

退役
对于已经明确不再适宜使用的开源产品，纳入退役过程管理

升级更新
建立开源产品升级更新体系

运维保障
建立有产品厂商、数据中心、开发团队、实施厂商一体的运维支持队伍

图 4-6 从准入开始建立开源治理工作框架

建立**评估模型**、**控制入口标准**，兼顾开源软件的技术领域特性和整体管理规范，让一切工作都可视化、规范化，最大限度地保障技术选型的科学性、适用性，降低出现技术路线选择失误带来的影响。

建立**开源软件准入流程**，使用团队在产生开源软件使用需求时，首先通过标准过程提出使用申请，由开源治理委员会分派至对应的开源治理小组，由企业内部开源管理小组（如果尚未建立对应的小组，就通过开源治理委员会及时组织建立），根据需要安排内部团队、外部企业进行调研，组织模型设计，进行 POC（内部/外部），形成 POC 报告和开源软件评估报告，提交到开源治理委员会进行集中审议和决定，最终以"开源软件评估报告"的形式进行工作确认，通过则将对应开源软件纳入开源技术库集中管理。

建立**开源技术预研流程**，对于企业即将采用的开源技术和产品，及时成立相应的工作

组 / 实验室，吸纳有专长、兴趣、需求的团队和员工，必要时吸纳外部资源，对开源技术进行技术研究和储备，满足对该领域技术的快速储备，提升技术实力，为后续的评估模型和标准建立提供人员和知识支持。

建立**开源技术使用规范**，由于开源技术的使用非常灵活，经常存在嵌套使用、临时使用或部分使用的情况，容易造成开源技术使用场景和方式的混乱，给系统升级和管理造成困扰，因此建立开源技术使用规范，对开源技术的使用场景和使用范围进行规范，能够有效提升管理力度和准确性，防范系统性风险。

将**开源软件及时纳入生产监控体系**，借助开源技术工作组 / 实验室以及内外部技术力量，及时研究和完善开源软件产品，尤其是平台级产品的生产监控工具和服务。建立对应的指标采集和评估标准，通过集中的生产监控体系保障开源软件的运行态安全。

提升**开源软件完善运维保障能力**，依托开源治理小组，借助企业内外部力量，培养企业内部运维管理能力。从工具、知识、技能方面着手，以小组为单位提升运维管理技能，降低对明星员工的依赖，以团队来保障开源软件运维。

建立**开源软件升级更新流程**，主流开源软件的特点就是升级更新速度快，加上企业内部之前开源软件无序引入，造成几十上百种开源软件共存的情况，给企业运维团队跟踪和更新这些软件造成极大的困扰，因此依托开源管理小组的技术爱好者、运维角色来建立开源软件升级更新流程，跟踪开源社区软件的最新变化，定期进行分析，及时做出更新升级计划方案非常重要。

建立和完善**开源软件退出机制**，如前所述，开源社区的软件更迭速度非常快，一年前还广受关注的软件，一年后就被冷落甚至消亡的情况屡见不鲜，而更多的软件是被其他更新、更专业的开源软件吸纳或替代，但是企业用户却不能简单地一删了事，必须有完善的可行的替代方案，因此企业对于这类开源软件需要建立退出机制，对软件退出造成的影响进行评估，设计和验证替代软件、替换策略以及退出方案，保障企业内部相关应用 / 平台的顺利迭代。

建立**开源软件问题管理机制**，开源软件由于全球化设计和开发，有很多新的功能被持续不断地引入，但是这些新的功能不可避免地会带入一些问题代码、漏洞，甚至带缺陷的功能，新的版本的发布通常会伴随着一系列的问题更新、安全漏洞补丁等，建立这类问题的跟踪和处理机制非常必要，开源软件管理小组需要完成设立角色、建立流程、设计方案和评估执行等一系列动作，才能有效地对开源软件的问题进行有效管理。

现实工作中，根据每个企业的实际操作需要，开源软件的管理流程可能有所区别，我们只是根据过往客户开源治理项目过程中的普遍性做法总结整理了上述典型关键流程，供大家参考。

4.4.3 开源软件治理框架 Technology——技术和工具

一套完整的开源软件治理框架需要科学的技术手段支撑，这就包含开源技术库、开源技术工具、开源技术管理平台三个部分。

如图 4-7 所示，开源技术库是基础、标准和最佳实践，开源技术工具是抓手，开源技术管理平台是核心，承载了开源技术管理的 PPTC，这三部分分别包含如下内容。

图 4-7　开源软件治理框架——Technology

建立**开源技术库**，为已经在用和即将使用的开源技术产品建立技术库 / 登记簿，根据实际情况将所有开源产品登记造册，初步落实管理责任，逐步完善相应的评估模型、最佳实践（包含但不限于软件基线、部署架构、运维操作、使用方法、验证和归档等领域为开源软件设定标准）。

发展和完善**开源技术工具**，针对开源技术分散和高复合的特点，及时引进社区和业界主流的代码扫描工具、协议扫描和分类工具、安全扫描和加固平台、开源软件配置漂移扫描工具、开源社区动态跟踪工具等其他开源组件管理工具，完善开源技术管理工具和手段，打造技术层面的支持，有效保障开源软件开发态、运行态的全面管理。

构建**开源技术管理平台**，通过专用的管理平台，实现开源技术组织管理（人员、分组、角色、权限），在有效的组织管理基础上，落实工作流程和职责划分，将开源技术库与对应的开源技术管理组织进行对接，实现归属化、专业化管理，通过开源技术库对开源技术的各主要操作环节（评估模型、入库、更新、事件管理、问题管理、使用规范、运维保障规范、监控管理、出库）等进行有效的规范和设计，形成一体化、标准化的工作台账，从而构建开源技术有序化的管理能力。

4.4.4　开源软件治理框架 Culture——文化建设

开源软件治理的核心在于控制风险，保持创新。

所以，我们构建开源治理框架时一定要兼顾到"持续不断的引进开源创新"，这就要从开源创新机制和开源创新能力两个方面构建开源文化。

开源创新机制：

❑ 通过问题管理和定期的开源技术评估会议，充分保障所使用的开源技术的成熟度和先进性；

❑ 建立合理的激励机制，将开源技术工作相关内容纳入 KPI/OKR 中，让开源技术管理和使用者有动力、有意愿把相关工作做好。

开源创新能力：

❑ 通过持续不断的内外部技术分享、学习和培训活动，在内部团队中普及开源知识，让大家感受到开源的力量，通过集体学习的方式快速提升技术能力，让开源文化生根发芽；

❑ 在企业内部积极发觉、发展开源爱好者，给予充分的工作自主性，培养大家向社区发问、贡献的能力，从而掌握更多主流的开源技术，发展回馈的回路；

❑ 合理分工，团队多数成员探索复杂开源技术的"基本面"，集中优势资源对复杂开源技术"难点"进行快速研究和探索，形成点面结合、深度发展的工作模式，充分掌握开源技术。

4.5 企业开源软件治理的 1 个核心：开源软件评估模型

4.5.1 为什么要建立开源软件评估模型

企业开源治理工作的最关键一环是"准入"，控制好准入关，就控制了开源软件的未来，而控制开源软件准入关的最核心工作就是"建立开源软件评估模型"。

我们要想对开源软件进行有效的管理，就需要根据开源软件的特性尽可能设计管理量化指标，对开源软件进行量化评估管理。

需要特殊关注的是，目前社区和企业中，很多协会、专家广泛的讨论焦点在于"开源项目成熟度"，但是以红帽联合企业客户 20 多年的开源软件的管理、开发和使用经验来看，企业关注的焦点更多的会放在"开源软件成熟度"这一角度。

并不是开源项目不重要，毕竟开源软件来自开源社区的项目，开源社区软件项目的成熟度对于开源软件的未来有非常大的影响，因此，我们的建议是将"开源软件项目"纳入"开源软件成熟度评估模型"进行一并考量。

在实践中我们发现，开源软件成熟度评估模型的设计是一个非常复杂而且专业的过程，不仅要参考社区和开源软件企业的发展情况，还需要兼顾企业 IT 团队、架构、基础设施实际现状，所以必须从以下 5 个方面进行综合考量和设计。

1. 可用性

从产品生命力、技术适用性、安全保障、本地化服务、商务友好性等角度进行分类细化，尽可能涵盖开源软件相关特性、企业自身需求和显示情况，制订多个维度、多个层次的评估指标，来综合评定开源软件的可用性。

2. 客观性

评估指标的设计需要有客观的评价标准，对于每一个指标和评价标准，需要详细说明评估依据和建议参考的信息来源。

3. 针对性

由于开源软件设计的领域非常广泛，开源软件相互嵌套开发，开源软件的使用场景不同企业有很大的差异，因此要针对专业的领域，如操作系统、中间件、存储、网络、容器、DevOps、自动化等，来设计有针对性的指标，满足差异化的管理要求，对于同一类的开源软件使用同一套评估指标和标准，满足所有软件在一个水平线上进行对比和选型。

4. 可执行

所有评估指标必须具备可执行性。所有外部数据的获取（如软件星级、开源比例证书）、POC 测试指标对比等，都有通用的手段可以实现和复现，以提高评估模型的准确性。

5. 有生命力

开源软件功能和配置变化快，版本更新速度快，因此开源软件评估模型必须定期更新，以适应开源软件管理的实际需要，从而保障开源软件评估工作的及时性和有效性。

4.5.2 从开源软件使用的 4 个场景出发构建开源软件评估模型

由于开源软件几乎涉及企业 IT 的所有场景，在不同场景下，开源软件发挥的作用不同。我们收集了来自社区和企业多方面的使用情况，发现开源软件的使用场景主要分为如下 4 个。

- ❑ **作为组件使用**：作为其他软件或平台的组成部分，可以是 jar、war 包，也可以是库，甚至是部分子系统。
- ❑ **作为框架使用**：作为应用或平台的开发工具、运行依赖等，支持二次开发和深度定制，如 ISTIO、Knative 等。
- ❑ **作为应用系统使用**：可以独立运行的满足特定功能需求的软件，如 Splunk、WAS、liberty、JBoss 等。
- ❑ **作为平台使用**：作为基础设施或者重要服务能够独立部署并支持其上承载的高度定制化或二次开发的服务。

建议根据具体使用场景的不同进行差异化管理，如表 4-1 所示。

表 4-1 开源软件应用的 4 个场景和管理重点

使用场景	代表软件	管理重点
作为组件使用	BeanUtil、Log4j、CLI、Collection、Lang、JCI、Compress、Jelly、Math、Logging、Pool、CSV 等	JDK 等基础环境允许的情况下，尽可能选择最新的版本
作为框架使用	Spring Cloud、Istio、Spring Boot、Dubbo、Flutter、Angular、Vue、Knative 等	框架是否完整，框架间是否能相互集成、相互整合，框架之间集成的限制条件、最佳实践
作为应用系统使用	Tomcat、JBoss、MySQL、MongoDB、Kafka、Spark、TensorFlow、TigerGraph、GraphLab 等	系统的成熟度和稳定性如何，是否可以适配各种环境、是否可以最大化满足企业内的各种应用
作为平台使用	Linux、OpenStack、Ceph、Kubernetes、Hadoop、Ansible、RHV、KVM、OpenShift	平台的开放性是否能满足企业二次开发要求；如何选择技术路线，构建满足企业自身发展的技术平台

所以充分理解开源软件应用的 4 个场景非常重要，同一开源软件在不同场景下，使用的方式可能完全不同，而且经常存在组合和重构的情况。在不同的应用层次上有不同的管理重点，比如作为框架的开源软件，更关键的是集成和版本匹配问题；作为平台的开源软件，技术路线的选择非常重要，技术路线的切换会带来巨大的工作量。了解整合 4 个场景的差

异，有助于设计出更加贴近实际需要的工作框架和模型。

4.5.3 开源软件成熟度模型的基本框架

开源软件的成熟度至少要从两个角度进行考量。

1. 开源软件技术成熟度

开源软件技术成熟度主要关注技术产品的功能先进性和是否符合企业实际需求；是否有较好的生命力，保证短期内不会被替换；企业内部是否有足够的技术团队支撑；是否能够提供足够丰富的文档和知识库。在开源软件使用过程中提供符合要求的技术保障能力，保证企业用好开源软件。

2. 开源软件管理成熟度

开源软件管理成熟度主要关注供应商 / 内外部服务的响应能力，开源软件是否有足够专业的主流供应商，该供应商是否有足够的社区贡献度和技术领导力，是否有足够的本地化技术支持能力，以满足企业对于服务的 SLA 要求。

常用的开源软件成熟度评估模型涉及的指标至少需要从技术和供应商能力两个维度进行评价，如表 4-2 和表 4-3 所示。

表 4-2　开源软件技术评价标准

开源软件技术评价	
需求满足度	软件对技术和业务需求的满足比例
技术先进性	是否符合技术发展趋势，在魔力象限的位置
开源许可证	许可证种类是否支持未来的商业决策
软件成熟度	用户规模，头部客户数量
商业支持	是否有商业支持版本，商业支持模式
社区活跃度	同类型技术领域的社区活跃度排名
软件生态	是否有足够多的重量级生态参与者参与该项目
运维能力	是否提供了足够的运维支撑功能

表 4-3　开源软件供应商能力评价标准

开源软件供应商能力评价	
社区贡献	在社区是否有影响力，是否参与了社区的关键工作组，是否有专家参与社区核心团队
服务内容	提供哪些类型的服务，是否能够覆盖企业生产需要
响应时间	是否能够满足生产问题响应的要求
产品周期	是否有明确和稳定的产品生命周期规划，是否有产品路线图
交付方法	是否有交付团队，还有哪些交付资源，如何确保交付版本的可用性
专业人员规模	是否有足够多的专业技术人员，如何证明其资质

如果按照两大类 14 项进行评估，很容易掉入复杂度陷阱。为了方便企业使用，我们进

行了归并，形成了 5 大维度、100 多项明细指标和对应的标准体系。

□ 产品生命力

□ 技术适用性

□ 安全保障

□ 本地化服务

□ 商务友好性

如图 4-8 所示，开源软件团队（实验室 / 办公室）的成员根据成熟度模型评估，结合 POC 的结果，对开源软件进行集中的对比和分析，通过开源软件的集中评审来实现开源软件管理过程中的重大决策，从而最大限度地保证决策的科学性和有效性。

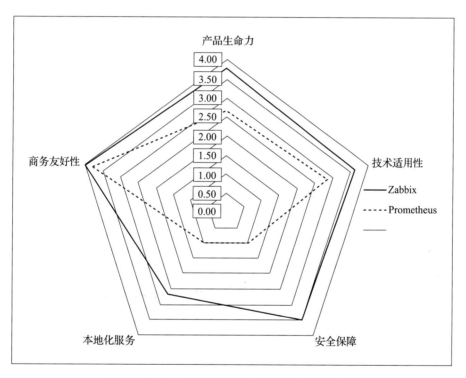

图 4-8　按照 5 个维度进行的开源技术成熟度评估

后续我们以示例的形式，向大家介绍标准的开源软件评估模型主题内容。

4.5.4　开源软件评估模型的设计

如前所述，我们制定"开源软件评估模型"需要至少从维度和评分标准两个方向入手。维度需要分为产品生命力、技术适用性、安全保障、本地化服务、商务友好性等第一级维度，在第一级维度之下，需要设计第二级维度来做更详细的区分，必要的话设计第三级维度。在保证评估模型完整性的同时，为兼顾评估模型易用性，不建议设计过多层级。同时我们要为每一个细分维度设计对应的评分标准，便于管理者和外部企业使用。

开源软件评估模型的维度设计（示例）

1. 产品生命力

   1.1　历史发展情况

   1.2　社区关注用户数

   1.3　Apache/CNCF/ 相关社区星级

   1.4　社区版本更新速度

   1.5　行业认可度

   近 3 年行业使用比例

2. 技术适用性

   2.1　通用技术特征

   是否社区主流技术（社区对于非主流技术抛弃速度非常快，不管是开发团队还是代码更新速度，非主流社区消亡速度极快）

   2.2　是否支持高可用配置

   2.3　是否支持高并发能力

   2.4　是否支持集群

   2.5　是否可以灵活扩展

   2.6　专业技术特征（以存储为例）

      2.6.1　最大集群容量（T、G…）

      2.6.2　支持接口类型（块、文件、对象）

      2.6.3　最大瞬时吞吐量 M/ 秒（…）

      2.6.4　是否采用 BlueStore（采用、部分采用、不采用）

      2.6.5　是否支持 S3 接口（支持、不支持、有条件支持）

      2.6.6　是否支持文件联盟（支持、不支持、有条件支持）

      2.6.7　……

   2.7　技术匹配能力

      2.7.1　支持混合云部署（支持、不支持、有条件支持）

      2.7.2　支持私有云部署（支持、不支持、有条件支持）

      2.7.3　支持离线部署（支持、不支持、有条件支持）

      2.7.4　支持离线更新（支持、不支持、有条件支持）

      2.7.5　支持与其他组件嵌套（支持、不支持、有条件支持）

      2.7.6　支持 Ansible（支持、不支持、有条件支持）

      2.7.7　支持 CLI 命令行（支持、不支持、有条件支持）

      2.7.8　……

3. 安全保障

  3.1　产品自身安全特性（以容器云 K8s 平台为例）

    3.1.1　支持 RBAC（支持、不支持、有条件支持）

    3.1.2　支持安全策略（支持、不支持、有条件支持）

    3.1.3　支持 DevSecOps（支持、不支持、有条件支持）

    3.1.4　支持镜像安全扫描（支持、不支持、有条件支持）

    3.1.5　支持 LDAP（支持、不支持、有条件支持）

    3.1.6　……

  3.2　企业安全特性集成

    3.2.1　支持 LDAP（支持、不支持、有条件支持）

    3.2.2　支持 SSO（支持、不支持、有条件支持）

    3.2.3　……

4. 本地化服务

  4.1　本地化设计能力

    4.1.1　具备本地架构设计团队（很好、一般、不具备）

    4.1.2　企业内部剧本架构设计能力（很好、一般、不具备）

  4.2　本地化服务交付能力

    4.2.1　有本地化部署交付企业 / 团队（团队规模 / 人数、团队所在地域等）

    4.2.2　本地化部署交付团队水平（架构师人数、工程师人数）

    4.2.3　本地化部署交付团队规模（人数）

    4.2.4　本企业内部具备部署交付能力（很强、一般具备、不具备）

    4.2.5　本企业内部部署交付员工数量（10+，5+，1～5，0）

  4.3　本地运维支持能力

    4.3.1　本地企业支持运维

    4.3.2　本地团队支持运维

    4.3.3　本企业内有运维团队

    4.3.4　……

  4.4　本地技术培训能力

    4.4.1　完善的培训体系

    4.4.2　完善的高中低技术培训课程

    4.4.3　支持本企业内部培训 – 传帮带

    4.4.4　……

5. 商务友好性

  5.1　授权模式：许可 / 订阅

  5.2　维护费用（高、中、低、无）

5.3　开源协议

5.4　专利或授权限制（有、无、有条件）

5.5　……

以上维度和指标示例只是红帽在具体的开源治理项目中一些通用指标的示例，在实际项目实施过程中，会根据软件特性、社区情况和企业自身的管理需要进行定制化扩充和细化，这里只简单描述初级评估指标。

4.5.5　开源软件评估模型的角色分工

我们看到，开源软件评估模型具备综合性、客观性、针对性和可执行性等多种特征，其评估指标涉及的领域非常多，所以对于评估指标的管理权限也需要分级分类，不同的角色能够管理的指标也不同，这样才能保证专业的人做专业的事，不会因为管理层级的约束导致专业声音被压制的情况发生。

开源软件评估模型的维度和角色需要进行一定程度的交叉设计，评估模型管控设计原则如下：

❑ 保证每一个维度都有对应的角色负责管理、维护。

❑ 保证每一个维度至少有 2 个以上的奇数个员工参与评分。

4.6　企业开源治理的 6 个关键任务

在开源软件治理框架 PPTC 的指导下，我们可以依托于团队、流程、技术来构建适合企业自身的开源文化。在这个过程中，有很多关键工作节点需要我们着重关注。

❑ 建立企业内统一的开源技术库：不允许使用不在技术库管辖范围内的开源软件，对技术库中软件建立最佳实践和使用规范，降低开源软件使用过程中差异，防止滥用、混用、误用，降低技术风险。

❑ 逐步完善开源软件管理制度：使技术团队在对开源软件的使用过程规范化、制度化，降低使用过程中的系统性风险，让一切使用过程都按照规范、流程进行，降低个人行为带来的风险。

❑ 建立和完善开源软件生命周期管理过程：对开源软件准入、使用、退出过程都透明化，防止不满足管理要求的版本和软件存在，借助开源管理小组的群体力量对社区中的开源软件生命周期进行跟踪，保证所用开源软件及时、有效的更新，减少漏洞造成的影响，保障技术先进性。

❑ 建立开源技术管理委员会：委员会领导请公司主要领导担任主席，统一领导开源软件实验室 / 小组的工作，让组织的开源策略能够快速落地，组织决策能够更快实施，保障开源治理工作的执行力和效果。

❑ 开源软件创新实验室：有条件的企业可以组织建立开源软件实验室，对前沿的开源软件进行研究和跟踪,在条件许可的情况下可以参与社区开发,把企业的需求和代码贡献反馈到社区中,形成取自社区、回馈社区的良性循环,与社区积极互动的同时,保障对开源技术的掌控能力。

❑ 及时建立开源软件管理平台:通过平台把流程、组织、开源技术库等内容进行沉淀,形成开源技术资产,并在此基础上搭建社区,促进开源文化生根发芽。

接下来分别对每一个关键任务的内容和方法进行探讨。

4.6.1 关键任务 1——开源技术库

根据以往的实践经验,在企业内部建立开源技术库至少包含以下步骤。

1)通过广泛深入的调研,迅速摸清开源软件当前的使用清单 / 台账,可选的手段有调研问卷和访谈记录。

2)通过快速的架构和代码扫描,对第一步的清单 / 台账进行校准,并在此基础上进行进一步的确认。

3)将经过校准的开源技术清单进行审议和归档,形成基础开源技术清单 / 台账。

只有开源技术清单还不够,还需要配合开源技术清单建立对应的软件基线,基线包含但不限于图 4-9 所示的内容。

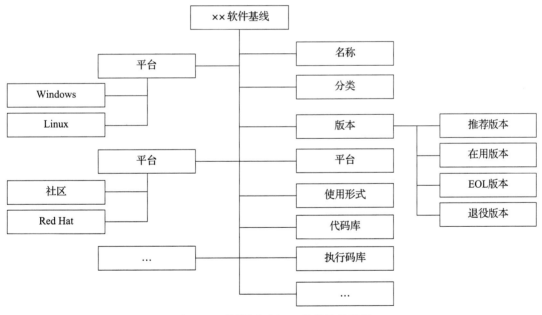

图 4-9 开源技术库——软件基线示例

如图 4-9 所示,开源技术库除了软件基线的关键信息之外,还需要对开源软件相关的所有技术资源进行统一集中的管理,包括:

❑ 开源技术清单基线;

❑ 开源技术配套资源：
  ■ 开源技术相关协议；
  ■ 评估过程和结果；
  ■ 开源软件标准配置；
  ■ 高可用配置；
  ■ 安全配置；
  ■ 高性能设计；
  ■ 架构设计；
  ■ 运维工具和知识。
  ■ 其他配套技术资源。

对于上述配套资源，根据台账建立集中的目录 / 存储，进行集中管理、备份，设定相应的访问权限，由对应的开源技术管理小组进行对口完善。

4.6.2 关键任务 2——开源软件管理制度

前面介绍开源治理框架 PPTC 时提到，开源技术的管理要构建开放的组织、配套的流程、针对性的技术和文化，但是只有这些还不够，为了能够让大家在一个规范下进行开放、高效的协作，还需要将相应的管理制度落实下来，让大家遵循相同的规则，避免互相推诿、多头管理的弊端。

首先，常见的开源软件管理制度包括但不限于：

❑ 开源软件整体管理规范；
❑ 开源软件安全使用规范；
❑ 开源软件部署规范；
❑ 开源软件技术库管理规范；
❑ 开源软件升级更新管理规范；
❑ 开源软件问题管理规范；
❑ 开源软件生产监控规范；
❑ 开源软件运维保障规范；
❑ 开源软件退出管理规范；
❑ 开源软件预研和准入规范；
❑ 其他配套管理规范。

其次，开源软件的管理制度需要从以下 4 个方向确定。

❑ 原则：确定开源管理的总体原则和方向。
❑ 范围：明确开源管理制度的覆盖范围，流程和实施细则。
❑ 角色和职责：运营和执行组织，角色和职责覆盖范围。
❑ 其他外延。

根据企业 IT 基础设施、团队规模以及管理模式不同，开源软件管理制度的原则、范围和角色职责定义差异也很大，建议企业管理者根据自身的实际需要进行设计。

4.6.3　关键任务 3——开源软件生命周期管理

企业在使用开源软件的过程中，需要从准入开始进行全流程管理，这个流程要贴合开源软件的生命周期进行设计。

一般来讲，企业内部使用开源软件的生命周期分为以下 3 个关键阶段。

- ❑ 软件准入
  - 技术预研
  - 软件准入
- ❑ 软件使用
  - 规范设定
  - 运行管理
  - 运维保障
  - 升级更新
  - 问题管理
- ❑ 退出管理
  - 功能替换
  - 软件退出
  - 应急处理

这 3 个阶段看起来与传统非开源软件没什么不同，但是我们要根据开源软件的特性对这些流程进行重新定义和裁剪。

4.6.4　关键任务 4——开源技术管理委员会

为加强企业开源技术的掌控能力，我们建议科技部门主管领导和主要技术管理者（如 CTO、CIO）牵头，成立企业开源技术管理委员会，推动和规范企业内部的开源技术管理工作，并在开源技术管理委员会的领导下，按照开源技术领域分类建立相应的开源软件创新实验室，具体负责对应门类开源技术的研究、实践和推广工作。

开源技术委员会的成员需要定期参加相关会议，对开源技术的使用情况进行审议，经过开源技术管理委员会审议通过的开源技术才可以在企业内部使用。

4.6.5　关键任务 5——开源软件创新实验室

对于有条件的企业，可以组建开源软件创新实验室，形成固定的团队，将开源软件管理和开源软件创新提升到组织层面，从而强化企业开源软件管理和创新的力度，我们认为如果开源创新实验室能够在如下几个层面发挥作用，将给企业带来更大的价值。

- ❑ **定位重点开源软件、平台的发展，深入研究最佳实践。** 例如，以 K8s/OpenShift 为代表的容器云技术、以 DevOps 为代表的工具链平台、以 Ansible 为代表的自动化平台、以 CEPH 为代表的分布式存储、以 3SCALE 为代表的开放 API 管理等。
- ❑ **定位开源知识和技能传递：** 为企业 IT 团队赋能。如请外部企业专家进行相关的技术分享，选派骨干员工参与开源企业培训和分享会，组织内外部团队进行技能传递。
- ❑ **构建开源软件管理平台：** 以平台化的方式对开源软件进行整体落地管理，通过开源软件管理平台实现周期性的优化和提升，保障企业开源治理水平与时俱进。
- ❑ **构建开源知识库：** 借助内外部的力量，快速积累开源软件最佳实践、技术方案、问题案例等，形成企业内公开的知识仓库，带领和支持内部团队形成学开源、用开源的文化。
- ❑ **引导技术团队回馈社区：** 有条件的企业可以组建开源软件开发团队，将企业需求及时反馈到社区中，借助全社区的力量完善开源软件功能，实现良性循环。
- ❑ **开源品牌形象塑造：** 通过综合运用内外部宣传渠道，宣传和普及开源文化，为企业塑造良好的开放、开源企业形象。

考虑到开源技术特性和机构管理的成本，开源创新实验室 / 办公室一般以虚拟机构为主，受开源技术委员会的领导。

从图 4-10 可以看出，开源软件创新实验室在企业内部可以发挥中枢作用，管理上可以为决策团队提供依据，执行上可以为团队提供技术支持，同时也可以及时引入外部技术力量补齐短板，并通过定期培训、知识传递来提升企业内整体开源技术实力，是企业开源化的关键组织，这也是各大金融机构内部纷纷建立开源软件创新实验室的关键考量。

开源软件创新实验室经理
带领执行开源工具技术的鉴别、监控、控制、维护、审计等工作

开源技术委员会
按照技术领域进行划分，组建属于企业自己的开源技术小组

开源社区
打造企业内部的小社区，为企业内部开源技术发展出谋划策

开源技术评估模型
负责维护和更新开源技术评估模型

开源技术导入流程
该准入流程的流程owner，对流程的管理、执行、输入/输出负有主要责任

开源技术库
维护开源技术的基础信息，成熟度能力评估结果，安装、配置、使用、维护等操作手册

图 4-10 开源技术委员会和开源软件创新实验室

4.6.6 关键任务 6——开源软件管理平台

借助企业开发团队的力量，结合开源软件的管理实践，有条件的企业可以构建开源软

件管理平台，及时将沉淀在部分管理者的文件库中的开源治理成果沉淀在管理平台上，包括开源软件的组织和角色、流程和规范，以及开源技术库和工具、开源技术知识等相关内容，形成企业战略资产，降低对明星员工的依赖，让开源治理工作更加长效和方便。

开源软件的基础功能包括但不限于：

- ❑ 开源技术分布统计报表及使用情况统计报表；
- ❑ 开源技术组织管理，人员和角色、开放的组织机构；
- ❑ 开源技术库管理，开源技术信息管理、开源技术协议管理；
- ❑ 开源技术使用情况管理；
- ❑ 开源技术使用层次和关系管理；
- ❑ 开源技术成熟度模型分类管理，相关评估项管理、评估模型管理；
- ❑ 开源技术问题跟踪；
- ❑ 开源成熟度模型管理；
- ❑ 开源技术评估入库流程；
- ❑ 开源知识库；
- ❑ 开源技术论坛；
- ❑ 其他开源技术管理内容。

4.7　开源软件治理实践经验总结

4.7.1　保险行业推进开源软件治理

1. 开源软件无序引入

保险行业企业非常重视科技投入，其内部开发团队众多，并且由于自身技术、团队人数和管理能力有限，企业大量使用外包公司的产品和团队，导致开源软件无序引入。这一现象造成了全行业的开源软件管理困扰，其中最典型的有：

- ❑ 多种同类型的开源软件并存，甚至是同一开源软件多个版本并存；
- ❑ 开源软件无序引入，合作伙伴根本不需要经过任何人同意就把规则引擎、流程引擎、消息处理等中间件随意集成、部署和使用，并且缺乏与运维团队的共同协调，知识转移也非常不充分，造成生产环境软件不能有效管理的局面；
- ❑ 开源软件使用混乱，合作伙伴经常为了完成某一单一功能而引入一款开源软件，并在使用完毕不进行有效清理，造成软件部署混乱，运维人员无从下手；
- ❑ 由于引入和使用的混乱，部分开源软件对应使用传染性协议，给其上开发和运行的生产应用带来法律风险。

2. 改变从准入和实验室开始，收紧开源软件的入口关

引入社区和红帽公司技术专家，对开源软件进行全面的调研和梳理，摸排开发、测试、

准生产、生产环境的开源软件部署和运行情况，对环境中的开源软件进行检查和确认，形成开源软件使用清单和调研报告，并在重点领域进行开源治理规划，关键内容包括：

- 从准入开始，收紧开源软件入口关；
- 在关键领域建立开源软件创新实验室，以实验室调研成果作为决策依据，让开源软件所有管理工作落地；
- 建立开源软件管理委员会（由公司科技主管领导和CIO、CTO组成），督促和指导开源软件创新实验室工作，保障开源软件的各项决策和制度落地。

许多保险企业成功建立了行之有效的开源软件治理体系，在流程、组织、技术和文化上更加开放，保障了开源软件在公司内部规范的使用，公司内部形成了敢用开源、会用开源、愿用开源的良好文化。

4.7.2 证券行业客户通过六大领域快速提升开源治理能力

证券行业是国家金融领域的重要组成部分，由于证券行业软件以行业软件为主，对开源软件的使用相对较少，但证券行业存在大量的业务数据交互场景，在这些场景中经常需要用到一些中间件产品，如消息处理中间件类、规则处理类、内存数据库等，这些都有开源软件的身影。

1. 证券行业不是 green house，同样面对开源治理难题

很多证券行业软件开发商在项目开发过程中同样存在大量、无序的包装和使用开源软件的情况，以存储为例，许多客户生产环境就存在 NAS（关键生产）、CEPH、GlusterFS（网络应用）、OpenNAS、FreeNAS（部分小型封闭应用环境）等，这些软件的技术栈差异很大，而且不同软件版本的更新迭代速度差异很大。

我们看到证券行业从规范六大领域（包括存储、消息中间件、自动化工具和产品、网络、IaaS & PaaS）开源软件的准入和使用为契机，对内部所有开源软件的使用和管理运维工作进行综合治理，并在此基础上构建开源软件治理体系。

2. 持续努力出成果

从行业特色出发，红帽开源专家在证券行业帮助多家企业在六大领域中分别构建专业的"开源软件评估模型"，建立虚拟的开源软件管理机构——开源创新实验室，并依托实验室和评估模型组织了开源软件管理评估会议，通过集体决策，建立完整的开源治理规范和实施纲要。

通过专业咨询服务，证券行业的许多客户梳理了开源软件的方法，建立了开源治理的标准工作模式和思路，并取得了很好的实践效果。

4.7.3 金融行业借助现有架构师团队快速落地开源治理

1. 商业银行软件治理体系和挑战

在软件管理领域，金融行业尤其是银行业一直以来走在前列，从 ISO 到 CMM 和 ITIL，

很多银行在内部建立了架构部门、运维部门等组织机构和团队，形成了一套行之有效的（传统闭源）软件管理模式，并借助专业咨询公司和行业的力量，建立了相配套的管理办法和体系。

进入开源时代以来，尤其是从 2010 年之后，开源社区快速发展壮大，**开源软件**取得了非常耀眼的成果，银行和大的金融机构早就注意到这一点，纷纷开始通过自研、引入的方式，大量使用开源软件产品，但无序而快速的引入过程很快给运维和开发团队带来了管理挑战。

- ❏ 一方面运维团队面对几百种开源软件、组件、平台和应用系统无从下手，受限于其团队的规模，不能很好地实现全面的管理；
- ❏ 另一方面开发团队一边受限于运维团队的使用限制，另一边需要应对业务快速发展，迫切要引入新的开源软件。

与此同时，困扰保险公司和证券行业的管理难题同样存在，ISV 在开发应用的同时，未经严格筛选和评测直接使用部分开源组件和产品，给管理和运维带来了严峻的挑战。

2. 依托专业的架构团队和内部社区，银行构建独特的开源管理体系

由于内部具有完善的架构团队、实验室，银行业通常采用依托重点平台和软件，通过现有体系完善开源软件管理体系的做法。主要包含如下内容。

- ❏ 依托于 PaaS 平台、实现几十种相关联的开源软件的集中管理和使用。通过采购国际主流社区的开源软件 OpenShift，实现了从 K8s、Docker/CRI-O、Prometheus、Elasticsearch、FluentD、Kibana、SDN、Ingress、eGress、Jenkins 等几十种开源软件的选型和使用。
- ❏ 依托于专家和外部架构师团队，实现从管理传统软件管理规范向开源 + 传统软件使用相兼容的管理规范过渡，调整现有管理体系中不适应开源软件特性的部分。
- ❏ 依托企业 CMDB 和软件库，实现企业级软件技术库。

基于自身强大的技术和架构师团队，依托于 PaaS、IaaS 和重点领域的项目和管理团队，许多银行在专业开源软件 / 非开源软件相结合的管理体系上走出了符合自身特色的开源软件治理道路，开源软件数量下降 50%，依托现有软件管理流程扩展出开源软件从准入到使用、配置、变更、下线等一系列生命周期管理过程，取得了不错的管理效果。

不难看到，覆盖了开发、测试、生产运维各个专业场景的专业而强大的自有技术团队非常关键，借助于规模庞大的科技团队，金融企业可以自主选择开源技术路线，并自行培养开源文化，从而形成独特的战斗力。

4.8　开源治理成熟度模型和认证

4.8.1　红帽的开源软件成熟度模型

如图 4-11 所示，红帽的开源软件成熟度模型从过程、团队、技术、文化四个领域对企

业的开源软件管理水平进行评估，具体指标这里不再赘述。大部分企业已处于第一阶段，即
初始状态，经过有针对性的辅导和提升，企业可以快速达到相对规范或者进阶阶段，部分客
户经过 2 ~ 3 期工程之后，可以形成不断优化的流程、主动性的团队和完善的技术体系，进
而以更加开放的文化持续不断地优化和提升开源软件管理能力。

	Level1：初始状态	Level2：规范	Level3：进阶	Level4：完善
Process 过程	**无序**：基本没有开源管理相关流程，规范；全靠自觉	**定义**：建立开源管理基本框架，建立开源导入流程，建立开源管理建设的三年规划	**优化**：完善开源管理流程；完成管理平台设计；建立开源管理总体规范	**推广**：管理平台开发上线，全公司推广使用；完善各个流程并规范化，进行全生命周期的精细化管理
People 团队	**散落**：各部门自行使用，没有专门的人员或者部分管理和跟进	**建立**：对开源管理团队进行设计规划，明确角色责任；组织会议，推进各项工作	**成长**：鼓励各部门参与现有工作；建立和完善开源组织（虚拟化），实现责任到人，共同成长	**专业**：完善组织，建立专业队伍和共建共享流程，大力提高开源使用，管理，共建的能力
Technology 技术	**随意**：不受约束，整体情况处于未知状态	**规范**：对开源使用情况进行全面摸底和分析；建立技术评估模型体系；对关键技术进行评估	**丰富**：丰富评估模型；建立白名单制度和白名单；建立开源实验室，促进技术赋能；建立开源全景图	**引领**：建立开源技术专题研究小组，促进技术战略升级，形成开源管理在系统建设的引领作用
Culture 文化	**模糊**：大家对开源没有一个清晰的认识，没有主动参与和管理的概念	**引导**：建立对开源的正确认识；引导大家参与开源共建的工作中来	**传播**：鼓励大家发挥所长，人人参与；组织专题分享，促进开源认知，传播开源体系文化	**发展**：在内部管好，用好开源工具的前提下，积极参与开源交流，分享，形成拥抱开源，回馈开源的融合文化

图 4-11　红帽开源软件成熟度模型

4.8.2　开源治理认证

2019 年以来，中国信息通信研究院首倡，人民银行和国家部委都对开源软件的管理 /
治理工作提出了相关要求和指示，红帽专家参与中国信通院标准制定了：

- 《开源生态白皮书（2020 年）》；
- 《开源软件治理能力成熟度模型》；
- 《开源项目选型参考框架》；
- 《开源治理工具能力要求　第 1 部分：开源组成及安全性分析》；
- 《开源治理能力评估方法　第 2 部分：面向开源用户》；
- 《信息安全技术开源软件安全使用规范》。

　　红帽由于在国内开源治理方面走得比较早，已经有多家开源治理咨询的实践经验。红帽作为第一批权威成员及唯一一家开源商业企业，加入了由中国信息通信研究院牵头的金融开源技术应用社区。红帽专家在社区分享大会多次分享自己的开放文化和开源管理的心得，也在多个热门技术话题上进行了分享和交流。

　　由于积极参与和贡献，红帽成为首批信通院授权的"可信开源治理评估伙伴"，可以帮助企业进行开源治理认证相关工作，基于此，红帽也指导部分客户通过了"增强级"的认证。

4.9　开源文化

　　得益于全球化的开发模式，开源社区成功带动了近 10 年以来 IT 技术的持续进步，企业管好开源、用好开源的任务不仅仅是做好开源软件的治理 / 管理工作，还需要在企业内部营造学开源、用开源、管开源的氛围，这需要借助一系列开源领域的主题活动来实现，具体做法包括但不限于以下几个方面。

- ❑ **开源技术成果推广**：基于企业内部已经成功采用的开源软件，选择有经验的团队 / 用户进行成果分享，以企业内部的语言、一致的工作方式 / 方法进行现身说法，让成功的经验得以流传，创造团队内部开源技术分享的氛围，促进更多的开源技术应用成果出现。

- ❑ **行业 / 社区技术交流 / 分享**：定期请行业内的领军人物到企业内部进行开源技术应用分享，让企业内部技术团队及时了解社区的未来发展方向和行业内的最佳实践经验，形成开放的交流氛围，促进技术团队及时更新开源知识和提升开源能力。

- ❑ **前沿技术交流**：定期请业内领先企业 / 爱好者到企业内交流，或者派遣技术骨干参与行业前沿技术交流会议，从多个渠道了解技术发展方向，增进开源技术的了解。

- ❑ **技术创新实验**：设立开源技术创新实验室，对于来自企业内部的业务创新和技术创新需求，及时引进社区最新技术成果，开展投产前的技术预研，提早探索前沿技术的应用场景，积累实践经验，形成技术创新驱动业务创新的良性机制，保障企业创新血液。

- ❑ **开源企业品牌塑造**：持续加大开源技术投入，通过开源技术提升企业创新能力，已经成为当今世界领先的企业领导者的共识，树立企业开源创新良好形象，不仅能够吸引更多的开源爱好者进入企业，丰富企业技术血液，还能够为企业品牌增加更多的开放色彩，提高企业知名度和影响力。

4.10　本章小结

　　如前所述，开源治理的核心目标是**拥抱技术创新，有效防范风险**。本章从开源软件的趋势和难点开始，逐步介绍了开源治理的整体框架（PPTC），着重探讨了如何建立开放的组织、流程、技术和文化来适应开源软件的技术和使用特性，我们也重点分享了开源软件治理的关键——"开源软件评估模型"，依托于该模型，我们可以把开源管理组织、流程、技术进行有效的链接，并以此构建开源技术库，从而实现相对稳定、全面的开源技术管理体系，并依托该体系完成开源软件成熟度评估（认证）。当完成了开源技术体系的构建后，相信企业内部一定已经具备了较为开放的开源文化土壤，并具备了向上游社区发展的文化基础。

管理不是目标，管理是通向有序的手段，再次重申，开源治理的目标是：**拥抱技术创新，有效防范风险**。

第 5 章 *Chapter 5*

企业容器化实践之旅

2020 年以来，以容器、DevOps、微服务为代表的云原生技术正在快速走向成熟，越来越多的企业开始不满足于仅仅把 Web 应用容器化，更多的关键应用、主机 / 核心系统开始走向容器化。随着企业内容器化应用数量的快速增长，容器数量正在快速地跨越 10 000 的门槛，部分企业内甚至出现了越过 100 000 的容器部署数量。在这种情况下，继续沿用原来项目制的、小规模部署模式下的平台建设和管理模式显然已经不能满足企业的需求，对于云平台的建设者而言，搭建平台、运维平台、为开发团队提供技术支持等繁重而重复的工作消耗了大量的精力，无暇顾及增强平台能力、跟踪社区技术创新这些更具有挑战性、前瞻性的工作，这恰恰背离了企业采用开源软件的初衷（拥抱和享用来自社区的技术创新成果），那么在这个过程中，有哪些具体的做法和思路能够帮助企业解决应用上云，缓解云平台快速扩张过程中的技术和管理压力，让企业应用和团队的容器化之路走得更平稳呢？

本章将从来自全球开源社区的最大的开源企业——红帽的开发和建设经验出发，结合企业客户云平台建设过程中的实际需要，从数据中心的最初需求出发，解决开发、运维、安全和新技术 4 个关键领域的需求，从实际场景出发，设计容器化数据中心构建和管理的方案，相信这些实际的经验能够帮助企业容器化之路走得更加顺畅。

5.1 企业容器化的方式和典型趋势

前面说到企业云原生应用和基础架构已经发展到以容器和 Kubernetes 为代表的容器时代，那么在容器时代，企业如何才能以合理的方式实现容器化运行，又如何让容器化应用适应快速膨胀的业务规模，从而实现更快的横向扩展呢？

我们对近几年企业应用的容器化过程进行了调研，发现不同的企业根据自身需要，选择了三种差异较大的容器使用方式，分别是：

❏ 基于 Docker/Dockerfile 方式；

❏ 基于社区版 K8s 平台自研；

❏ 基于企业级容器平台 OpenShift。

这三种方式分别适应于不同的使用场景，接下来进行详细介绍。

5.1.1 企业运用容器技术的几种典型方式

1. 基于 Docker/Dockerfile 实现企业容器化

企业应用要使用容器技术，借助 Docker 相关技术很容易就能实现，事实上迄今为止仍然有相当一批企业技术团队在 Linux 平台上手工安装 Docker，并使用 Dockerfile 来编译、打包、运行容器化应用，这种方法非常直观、简单和有效，但是同时大家也注意到，Dockerfile 是一个复合度非常高的工作方式，编译、打包、发布各个环节都集合在一个配置文件中，这种方式带来了很多弊端，包括：

❏ 只有有限的开发人员有能力管理 Dockerfile，严重依赖个别人；

❏ 开发团队需要在各个环境频繁同步配置文件，工作量大；

❏ 运维团队不清楚 Dockerfile 的内容，几乎很难接手，甚至根本不愿接手；

❏ 当基础环境发生变化（增加服务器、内存或存储变化）的时候，需要手工修改 Dockerfile，灵活度很差；

❏ 异构的基础设施的迁移工作非常复杂，容器应用自动化调度非常困难；

❏ 监控和问题处理困难，严重依赖技术专家手工操作，工作量大，容易出错；

❏ 随着 Kubernetes 新版本 1.24+ 的发布，Docker 将逐渐被弃用。

从以上种种问题可以看出，手工编写 Dockerfile 的方式来运行和管理容器应用是非常困难的且有巨大的风险，因此这种方式只适合小规模应用（应用容器 pod 数量为 10 个），对于企业级应用部署，建议使用更加高效和稳定的平台化方式。

2. 基于社区版 K8s 平台自研

自从 2014 年 Google 公司将 Kubernetes 平台开源以来，在 CNCF、Google、红帽和全球开源爱好者的共同推动下，该平台已经成为最受关注和最具影响力的容器调度平台，根据 CNCF 在 2021 年的统计数据：Kubernetes 的使用量持续增长并达到历史最高水平，96% 的组织使用或评估该技术。Kubernetes 已被大型企业完全接受，甚至在非洲等新兴技术中心不断发展，73% 的受访者在生产中使用 Kubernetes。

正如前面所说，作为云原生调度平台的王者，以 Kubernetes 为代表的新一代融合架构已经度过高速发展期，进入普及推广阶段，并成功占领全球云原生技术领导地位。作为企业 IT 技术的决策者，选择全球主流的技术平台能够让企业具备多方面的优势。

技术优势

跟上全球技术创新的步伐，全球科技发展规律一再证明，广受关注的主流技术吸引了将拥有最大范围的爱好者、最有发展潜力的技术，而被主流社区所抛弃的技术将由于技术人员的匮乏而失去生命力，从而被社会淘汰。

此外，让企业信息技术具备持续的发展潜力，在全球主流技术基础上构建的企业平台和应用在向社区最新版本的技术和平台迁移时，将具备更大的自由度和更低的成本（技术投入），这对于企业而言具有非常重要的意义。

避免厂商锁定

由于使用的是来自社区的 Kubernetes 软件，这些软件在 CNCF、Apache 等社区中都可以自由下载，厂商可以贡献代码，但是软件属于社区，不归属于任何一个固定厂商，厂商也就无权阻止用户自由下载和使用。

开发团队热衷于自建

采用社区版开源软件自建容器平台，能够允许开发和运维团队自主完成所有开源组件的选型、测试、部署、集成和管理工作，这对于个人经验的积累和能力的提升具有非常明显的作用，所以很多开发团队热衷于部分或全部使用社区版开源软件。

生态优势

围绕着 Kubernetes 技术，Google、红帽、IBM 等主流厂商正在根据企业用户的需求不断完善 5G、边缘计算、底层 OS、存储、CNV、中间件等组件和配套产品，这为满足企业客户实际开发、运维和管理的场景化需求提供了技术保障。

人才优势

由于主流技术的爱好者众多，企业在寻找和培养技术团队方面将拥有更大的选择权和决策空间，从而避免被某些人、某项技术、某项小团队锁定。

完全基于社区版的 Kubernetes 建设企业云原生容器平台拥有众多的优势，但是近些年随着企业内社区软件使用的范围越来越宽泛，运行规模越来越大，我们也注意到其中有一些不如人意的地方，接下来对此进行探讨。

社区版 Kubernetes 更新速度快，频繁升级给企业带来大量的重复劳作

从 Google 宣布 Kubernetes 开源开始，Kubernetes 就维持了每 3 个月发布一个新版本的更新频率，迄今为止已经更新到 1.25 版本，每一次新版本的发布都伴随着一些新技术、新组件、新功能的加入，同时也可能伴随着一些组件的更新、替换甚至退出 / 关闭。

开源软件的研发、发布也有相对固定的周期设置，为了适应这个周期，企业客户在下载和更新 Kubernetes 的时候需要花费大量的时间来确定被更新的组件是否会对现有系统、应用产生影响，会有哪些影响，以及如何化解或者进行变更。

组件众多，复杂度高，一个人很难全部掌握

Kubernetes 作为一个容器云平台的核心组件，不是孤立存在的，还需要与其他很多开源软件一起搭配才能完成复杂的工作。

　　如图 5-1 所示，Kubernetes 作为一个高度符合的容器调度平台，其内部针对不同的技术领域和场景划分了诸多的工作组，而这些工作组又分别选择不同的组件来进行针对性的开发和配置，主要包含如下组件。

❑ RHEL 等（Linux 操作系统相对于基于虚拟机和公有云虚拟机的容器云平台）；

❑ Kubernetes 等；

❑ 日志组件 Elasticsearch、FluentD、Kibana 等；

❑ 监控 Prometheus、Grafana 等；

❑ 网络 OVS、OVN、Multus 等；

❑ 存储 Ceph、ODF、ODS 等；

❑ CI/CD：jenkins、Tekton 等；

❑ 开发框架：Spring、vert.x、Node.js、ISTIO、Knative 等；

❑ 运行时：Docker、CRI-O（Podman、Builda、Skopeo）等；

❑ 中间件：AMQ、Camel、Fuse、Kafka、Drools、DecisionManager、PAM、Activity 等；

❑ 数据库：MySQL、Redis、DataGrid 等；

❑ 其他用到的组件。

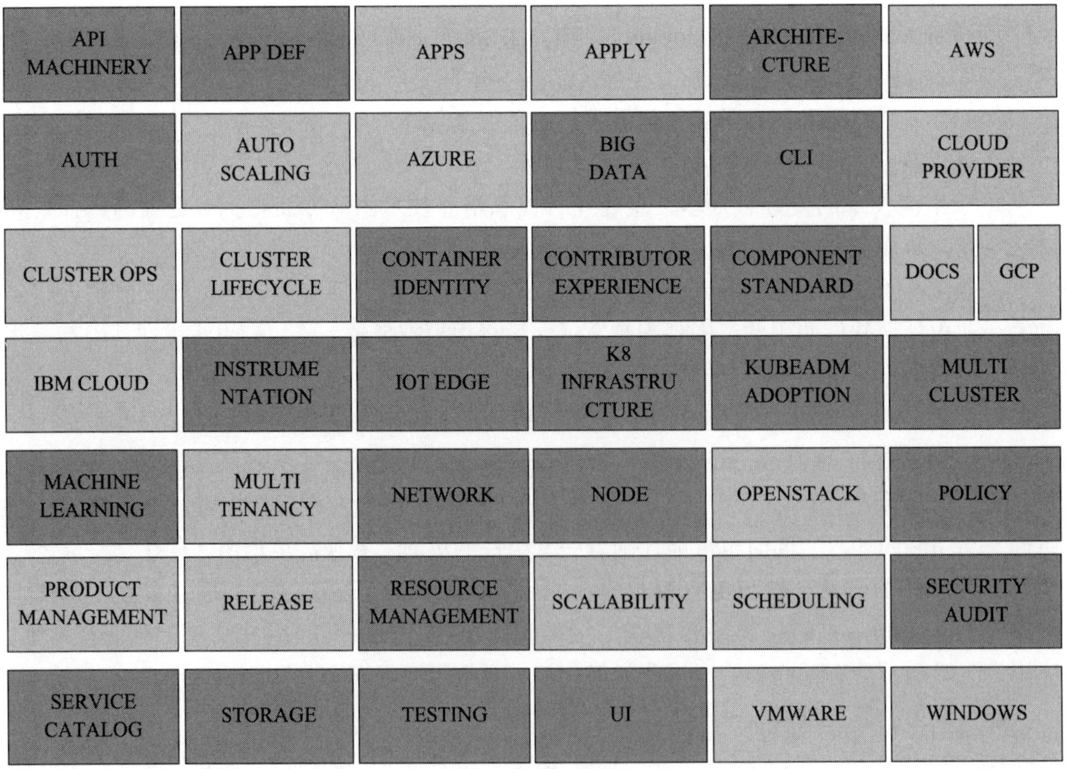

API MACHINERY	APP DEF	APPS	APPLY	ARCHITE-CTURE	AWS	
AUTH	AUTO SCALING	AZURE	BIG DATA	CLI	CLOUD PROVIDER	
CLUSTER OPS	CLUSTER LIFECYCLE	CONTAINER IDENTITY	CONTRIBUTOR EXPERIENCE	COMPONENT STANDARD	DOCS	GCP
IBM CLOUD	INSTRUMENTATION	IOT EDGE	K8 INFRASTRUCTURE	KUBEADM ADOPTION	MULTI CLUSTER	
MACHINE LEARNING	MULTI TENANCY	NETWORK	NODE	OPENSTACK	POLICY	
PRODUCT MANAGEMENT	RELEASE	RESOURCE MANAGEMENT	SCALABILITY	SCHEDULING	SECURITY AUDIT	
SERVICE CATALOG	STORAGE	TESTING	UI	VMWARE	WINDOWS	

图 5-1　Kubernetes 内部按照技术领域和场景划分了 43 个工作组

Google（灰色）和 RedHat（黑色）分别在不同的领域进行了管理、设计和开发人员的投入，因此，能够在整体方向上对平台的未来发展进行指导，但是作为企业用户，不可能也没必要对如此多的组件进行专门的投入。

我们看到，这些组件在社区中都是并行开发、测试和发布的，它们彼此之间互相独立又互相联系，比如，Kubernetes 1.22 建议搭配 Prometheus 2.29.2，在小版本相差不大的情况下，平台可以正常工作，但是当版本出现较大的偏差的时候，就会引发一系列的问题，轻则报错，严重的时候会导致系统宕机，应用服务中断。

Google 和 RedHat 作为 Kubernetes 社区的主导公司，能够投入众多的研发团队进行底层软件的长期研发工作，但是作为企业客户，我们不可能也不需要像 Google 和 RedHat 一样进行这部分投入，我们应该将更多的经历聚焦到与业务直接相关的领域，从而直接为企业创造业务价值。

社区版开源软件技术支持力度弱，新版本问题多

社区版开源软件发布前会经历一个 Code Fraze 期，在此之前，各组件的开发者可以提交新功能的代码，在 Code Fraze 期，社区原则上只接收代码修正，但是这并不意味着所有的代码都经过了严格的功能测试、集成测试和回归测试，也就是说，社区正式发布的 Kubernetes 软件版本不是完全**没有问题**和**安全可用**的。这就是新版本发布之后，短期内会发布一些软件补丁的原因。而企业客户的平台和应用一旦部署，就不可能频繁进行大规模的更新和升级，这就给企业客户带来了很大的困扰。

社区版开源软件运维的成本高

企业直接使用社区版开源软件虽然省去了软件订阅/许可的费用，但是很多企业发现能够有效地维护社区版开源软件的技术人才是非常难找的，也是非常昂贵和难"挽留"的。一个 Kubernetes 专业工程师的薪水通常是普通 Linux 工程师薪水的 3 倍甚至更多，而且随着工作年限和经验的增长，离职的概率也会成倍增加，企业招募、培养、维护专业工程师团队的成本居高不下。

另外，使用社区版 Kubernetes 自建的平台常常严重依赖于某几个/些明星员工，这些人一旦离职，必然会造成技术断档，导致企业投入付诸东流。

3. 基于企业级容器平台 OpenShift

为了应对以上自建 Kubernetes 容器平台过程中所面临的种种难题，红帽（RedHat）领导社区对 Kubernetes 平台进行持续的优化和完善的同时，利用自身多年在开源社区中发展开源软件的经验，推出了更加适用于企业客户的 OpenShift 平台，其直接包含了社区的 Kubernetes，还为企业客户提供了许多额外附加的能力和服务，包括：

❏ 以订阅形式为企业客户提供深度技术支持，红帽公司从 Kubernetes 开源之初就深度参与，并在众多模块和组件中掌握核心技术，能够为企业客户提供代码级技术支持；

❏ 利用红帽在各个社区的投入，实现 Kubernetes 和 Prometheus、ETCD、jenkins、EFK

等软件 / 组件的动态集成，降低故障率，提升平台稳定性；
- 为 Kubernetes 引入自动安装、升级技术，解决企业客户平台管理和运维困扰；
- 引入 Operator 技术，实现容器平台、组件、应用的自安装、管理和监控，降低运维团队工作量；
- 引入 AMQ、Apache Camel、Tekton 等开源中间件，帮助企业开发团队提升开发效率和软件发布速度；
- 及时到位的文档和现场技术专家服务，为企业客户解除现实操作困扰，降低 TCO。

对于企业用户而言，通过企业版开源软件 OpenShift 来构建属于自己的云原生容器平台是一个不错的选择。

关于如何管理和使用 OpenShift 平台，请参考相关专业技术书籍的介绍。

5.1.2 社区容器云平台发展的路径和未来方向

容器云平台作为一个新生事物，从进入企业到大规模推广需要经历一个过程，那么企业容器化过程除了要关注应用场景之外，还必须注意到，容器云平台作为一个开源社区里广受关注的明星产品 / 平台，其自身也是在不断发展变化的。

这些年在容器技术的带动下，PaaS 平台获得了长足的发展，具体表现如下。
- 容器技术在诞生到 2018 年之前处于技术爬坡阶段，众多的容器运行时和调度引擎同台竞争，但在 Kubernetes（以下简称为 K8s）于 2014 年开源之后，Google、Red Hat 等众多厂商迅速投入 K8s 的怀抱，整合容器云平台社区呈现 K8s 一统天下的趋势。
- 2018 年之前，容器云平台在以 Red Hat、Google、Docker 等众多头部厂商的支持下获得了长足的发展，Prometheus、EFK 等技术快速进入成熟阶段，OpenShift 3.0 的发布标志着以 K8s 为代表的 PaaS 平台步入成熟。
- 2019—2020 年，企业客户开始关注 PaaS 平台的发展，逐步进入小规模部署阶段，与此同时，为了满足更大规模地应用上云（PaaS）和构建更加丰富的容器化应用运行环境，走在前列的厂商开始从中间件、开发框架、云自动化层面着手丰富云（PaaS）上的服务能力。
- 进入 2021 年，容器云平台 PaaS 进入第三个发展阶段，随着规模化的容器云平台和应用的出现（10w+ pod），云原生和云安全、新的云技术开始步入云社区的视野，Docker 转闭源的影响开始显现，替代品如 CRI-O 黄金组合（Podman、Buildah、Skopeo）成熟并进入生产环境、CNCF 社区广受关注，ISTIO、Knative、StackRox 等新技术逐渐涌现。

如图 5-2 所示，不难看出，社区正在把新技术持续不断地引入以 K8s 为主体的 PaaS 平台之上，在未来很长一段时间内，容器平台依然处在一个快速发展的周期中。

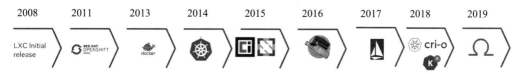

图 5-2　社区领导下的容器云技术快速发展

5.1.3　企业容器化发展方向

前面介绍过，在容器时代，来自社区的开源技术正在引领着全球数据中心的算力进行大规模的虚拟化和整合，可以说，容器因为其小型化、节省资源、容易调度等优点，已经代替虚拟机成为新一代的企业"算力"的最小单位，我们看到在企业内部，不管是互联网企业还是传统大企业，都在形成一股基于容器技术重构算力的浪潮，这其中包含如下几个显著的方向。

1. 全数据中心 GPU 资源池

随着硬件性能的不断提升，GPU 已经逐渐成为一种可以自由调度的资源，但是由于 GPU 资源的稀缺性和高昂的价格，借助容器技术和容器平台，尤其是 OpenShift 中的 CPU 管理器和标签 + 亲和 / 反亲和等配置技术，企业开发团队可以很容易地在应用程序中申请使用 GPU 资源，平台管理者也可以很容易地借助平台能力实现 GPU 池管理能力。简单来说，就是可以让用到 GPU 的应用运行在配置了 GPU 的计算节点上，从而大大提升 GPU 的使用率。

2. 裸金属部署代替 VM 部署

企业为了增强灵活性，最初的容器云平台（OpenShift 集群）大多部署在虚拟机上，不论是 VMware 还是 KVM 或 OpenStack，都存在基础设施资源的虚拟化，在初期阶段，尤其是当集群规模有限的时候，这种资源的浪费还不明显，但是当集群规模快速扩张甚至突破 1000 个节点的时候，平均每个节点的 OS 花费在 VM 上的 CPU 和内存总量将突破 1000VCore 和 2000GB，这个规模相当可观，随着时间的推移，尤其是以 OpenShift 为代表的 Kubernetes 企业级平台的稳定性得到持续的验证，越来越多的企业开始尝试直接将 OpenShift 部署在裸金属服务器上，借助 RHEL CoreOS 技术（社区中对应 KubeOS），可以实现计算节点的快速部署、纳管、调度、升级和卸载等全生命周期管理，从而降低不必要的投入（VM 层软件的采购），提升资源的利用率，获得更高的投资回报。

3. 边缘云一体化

很多大型企业由于其业务多样性，拥有多种类型的分子公司和业务运行环境，尤其是在大型园区、港口和基地的建设、管理方面，常常需要对园区的本地化的设备、平台进行直接的管理以增强业务响应速度，但是受限于很多园区 / 厂区的实际环境不可能配备大规模的计算资源和人才，因此构建数据中心云端、园区 / 厂区边端一致、一体的应用运行环境，在边缘云对园区的 IOT 设备进行集中管理和控制，在中心云端进行大规模的数据处理、分析和集中响应已经变得越来越迫切，借助来自社区的容器云平台，很多领先的企业已经在进行这方面的尝试。

5.1.4　小结

前面介绍了企业容器化工作中容器云平台的三种建设方式，不同的建设方式在技术、管理上都有很大的差异，我们也对这三种方式的优缺点进行了分析，简单总结如表 5-1 所示。

表 5-1　企业容器云平台建设方式对比

对比项	企业容器云平台建设方式		
	Docker/Dockerfile	社区版 Kubernetes	企业级 OpenShift/xKs
管理手段	大部分都是手工	很多手工操作，取决于工具选择	很多自动化，较少手工操作
个人依赖	很高	高	很低
技术风险	高（Docker 被启用）	不确定（依赖于客户使用的运行时）	较低（企业会尽可能选择主流的运行时）
基础设施依赖	高	一般	低
应用迁移复杂度	高	一般（满足 OCI 标准情况下）	低（更多工具、服务，满足 OCI 标准情况下）
监控水平	很差	可用 API 有限	较全面 API 和数据过滤
补丁更新	依赖手工处理	社区更新少，缺乏指导	更新及时，有指导服务
平台升级	升级 = 重装	升级 = 重装	平滑迁移
技术专家数量	少	一般	较多
社区生态	无 / 越来越差	有，但需要自己动手选配	部分厂商体系化支持较好
外部技术服务	无	社区大牛难找 + 昂贵 + 无质量保障，看运气	部分厂商支持体系较完备
技术锁定	有	或有（依赖组件选择）	100% 开源的企业产品如 OpenShift：无部分基于社区版开发的 xKs 版本存在技术锁定
整体工作量	大	大	小
整体拥有成本	采购 =0 运维成本高（人力）	采购 =0 运维成本高（人力）	采购订阅服务 运维成本低（人力）

除表 5-1 列出的因素之外，影响构建一套企业级容器云平台以实现容器化的因素还有很多，这里只对比较重要的部分进行了对比，读者可以根据各自企业的实际情况进行综合评比，从而做出科学合理的决策。

5.2　企业容器化之旅

5.2.1　企业容器化的建设和发展阶段

企业容器化平台的构建是一个复杂的过程。作为全球最大的开源企业，OpenShift 平台拥有全球众多的企业级 Kubernetes 用户群体和部署规模，大部分企业用户在应用容器化和构建容器平台的过程中呈现了相似的规律，我们对这些规律进行了总结和提炼。

如图 5-3 所示，企业普遍将容器和容器平台的建设和发展分为 4 个主要阶段。

第一阶段	第二阶段	第三阶段	第四阶段
平台搭建	**应用架构完善及微服务支撑**	**混合云架构支撑**	**能力输出及业务持续创新**
PaaS平台部署和搭建 平台高可用体系搭建 PaaS平台升级 CICD流水线构建及集成 PaaS平台监控体系建设 PaaS平台日志体系建设 团队运维体系建设	第三方应用组件部署支持 （Kafka, Redis…） 微服务, 无服务器架构搭建及支持 多网络CNI接入支持运维 团队能力提升–培训和赋能	支持私有云和公有云的混合部署 自动化安装及扩展 应用上云和下云的无缝迁移 统一存储供应和管理 基于平台的服务提供 内部定制化应用市场	应用能力输出 平台能力输出 资源能力输出 金融业务代运营
大规模部署的稳定性、平台的支持能力		平台的创新能力、技术领导力	

图 5-3　容器和容器平台建设和发展的 4 个主要阶段

第一阶段：平台搭建阶段

❑ 阶段特征：平台技术经验积累，容器云平台作为一个新鲜事物，企业内部缺乏建设和运维的经验，IT 部门会谨慎借鉴头部厂商的经验，选择一些适合的应用进行小范围的尝试。

❑ 企业关注点：项目级试点、团队搭建、积累经验。

第二阶段：应用架构完善及微服务支撑阶段

❑ 阶段特征：具备一定建设和运维经验的企业意识到容器技术带来的一系列价值，比如快速扩容、高可用、分布式和容错等，开始关注更多的应用容器化（这个阶段有时也称为更多应用上云），这时就会普遍地开始关注多应用之间的关系，关注应用微服务划分和系统架构合理化，以期最大化地发挥容器技术的价值，企业也会更加关注培训和赋能。

❑ 企业关注点：应用上云路径简化、DevOps、应用组件和微服务架构（Kafka、Redis、AMQ 等）、关键应用上云。

第三阶段：混合云架构支撑阶段

❑ 阶段特征：当有一定规模的应用上云尤其是部分关键应用上云之后，企业内部业务部门开始关注到容器技术的好处，开始更加关注混合云基础设施，尤其是互联网业务应用上云，这类应用的特点是混合云部署，即应用一次开发，镜像同时部署和运行在外部的一个以上的公有云上、内部的私有云上，并且实现一定程度的负载均衡能力。

❑ 企业关注点：云原生、对应用屏蔽混合云基础设施的差异，实现一套应用差异化部署；应用和组件的快速部署 Operator、单一平台的跨混合云快速部署等。

第四阶段：能力输出及业务持续创新阶段

❑ 阶段特征：很多大企业尤其是规模性企业在云平台建设和运行进入相对成熟阶段之

后，会具备一定规模的基础设施和技术团队，科技部门开始积极匹配业务发展的需要，对合作伙伴和外部客户进行科技输出，以科技公司为平台对外进行能力输出。

❑ 企业关注点：多租户管理、平台从运维深化到运营、深度的 SaaS/PaaS 服务能力建设。

以上 4 个阶段不存在明显的分界线，更多的是前后交错，但总体路径基本一致。

5.2.2　企业容器化数据中心的建设

说到构建企业级容器云平台，需要解决的挑战和问题很多，尤其是要从云原生的三大核心要素来分析和解决问题，从容器规模扩张的原始需求出发，分析问题和寻求解决方案。

下面来看看云原生的三大核心。

❑ 通过 DevOps 加速开发到生产的交付；

❑ 应用以微服务的形式开发、部署和扩展；

❑ 容器化一切可以容器化的。

云原生的三个核心要素代表了企业云原生平台和应用的关键发展方向，同时也是衡量企业容器化水平的重要指标。从容器化的角度看，企业应用过渡到容器技术需要经过研究、小范围应用、大范围应用、全面规模化运行等阶段；从微服务的角度看，需要经历单一应用试点、小范围推广、大范围应用、全面实施阶段；DevOps 过程不仅包含上面的阶段，还要叠加技术 / 工具持续集成和平台化的内容。同时我们看到，这些内容都不是相互独立、各自发展的，而是在时间和空间上存在互相交织的、共同进步的，从而呈现出阶段性的云原生发展路线。

如图 5-4 所示，从云原生三要素出发，根据容器化程度和规模、微服务的架构合理性、DevOps 过程的自动化程度，我们把数据中心容器云化的水平分成了 4 个阶段。

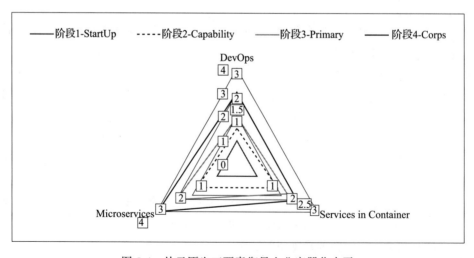

图 5-4　从云原生三要素衡量企业容器化水平

　　如图 5-5 所示，从近 10 年以来企业内部容器云建设的发展路径，我们看到，企业数据中心容器化大致有以下 4 个发展阶段（根据发展路径和技术能力的不同，各阶段可能会有交叠）。

阶段4
Corps

数据中心整体容器化

整个数据中心容器化运行，容器化一切（计算、存储、网络、应用……）

阶段3
Primary

集群级容器云编排

基于Git/GitOps/ArgoCD进行容器集群级编排，实现应用和平台的快速构建和迁移、多平台、基础能力可快速复制

阶段2
Capability

容器云平台

All in Container、基础设施服务容器化、构建容器平台并小规模推广

阶段1
StartUp

应用容器化

培养习惯，积累经验
用最小的成本、最快的速度迁移到容器云平台

图 5-5　企业数据中心容器化的 4 个发展阶段

　　阶段 1：应用容器化阶段（StartUp）。

　　❑ 主要特点：以应用上云、容器替代 / 部分 VM 环境为代表，小规模上云实验。

　　❑ 工作重点：项目为主。

阶段 2：容器云平台建设阶段（Capability）。

❑ 主要特点：All in Container、基础设施服务容器化、构建容器平台并小规模推广。

❑ 工作重点：企业级容器云平台构建，统一管理和运维。

阶段 3：集群级容器云编排阶段（Primary）。

❑ 主要特点：基于 Git/GitOps/ArgoCD 进行容器集群级编排，实现应用和平台的快速构建和迁移、多平台、基础能力可快速复制。

❑ 工作重点：一体化的容器云平台。

阶段 4：数据中心整体容器化运行阶段（Corps）。

❑ 主要特点：整个数据中心容器化运行，容器化一切（计算、存储、网络、应用……）。

❑ 工作重点：一体化管理和安全、开放架构、混合云。

国内大部分企业尤其是金融行业企业处于阶段 1 ～ 2，部分头部企业处于阶段 2 ～ 3，随着时间的推移，我们相信越来越多的企业将会进入阶段 3 ～ 4。

当企业级容器云平台发展到阶段 3 和阶段 4 的时候，大部分企业尤其是金融企业纷纷设立了科技公司，它们将本身的云能力对内、外部客户进行输出，以外需带动平台发展，取得了不错的效果。

5.2.3 企业容器化和社区平台发展的关系

企业数据中心容器化的 4 个阶段（图 5-5）以及容器和容器平台建设发展的 4 个阶段（图 5-3）形成互相对应的关系，这也恰好对应了 Gartner 的社区容器云平台作为一项新生技术应用发展和推广过程曲线。

由此可以看出，全球容器技术本身的发展和推广已经进入大规模应用和推广阶段，而在这个阶段，社区和企业的关注重点都将放在应对企业数据中心整体（大规模）容器化的过程管理、技术挑战和高可用保障上。

关于这部分内容，目前社区和网络上已经有一些技术方案，但缺乏深入探讨，本章将结合红帽的经验、社区技术发展方向、企业实际需求进行分析和探讨，希望能够给读者提供参考。

5.2.4 构建稳定的容器云建设团队

1. 构建跨领域的复合型团队

由于容器技术和容器云平台具备高度的复杂性和相关性，对于基础设施资源的需求也非常多样，相对而言，传统企业按照 OS、存储、网络、安全等专业技术领域划分管理团队的方式在一定程度上制约了云平台的快速扩容，处理跨团队协调工作占用了云管理者的大量时间，跨团队协调也让云平台的建设者非常头疼。

我们结合过往客户云平台的建设经验，建议企业建立跨领域、复合型的云平台建设团队，具体做法包括但不限于：

❑ 成立独立的云平台建设部门，独立于开发和运维，独立负责云平台建设；

- 云平台建设部门统管 Bare Metal、IaaS、PaaS、私有云和公有云，实现基础设施一体化管理和供应；
- 云平台建设部门设立计算（服务器）、存储、网络、安全等管理岗，可以专职也可以请企业相关部门的员工兼任，以加强专业性和资源协调能力；
- 云平台建设部门建立与其他专业管理部门的协调联络机制，定期和相关部门协调沟通，保障工作的有效推进；
- 云平台建设部门设立专门的开发团队，负责平台服务能力建设、混合云 DevOps 平台开发等，持续不断地完善平台能力；
- 云平台建设部门设立专门的平台运维团队，让专业的人干专业的事，减少知识传递的损耗，提升管理水平；
- 其他与云平台建设部门相配套的管理团队和措施。

2. 通过多角度、层次化的培训，增强整体技术示例，降低对明星员工的依赖

由于容器技术和容器云平台属于热门社区技术，因此掌握相关技能的人才在市场上非常抢手，我们经常看到企业的云平台技术团队集体出走的情况，造成人才断档，给云平台管理者带来很大的挑战。为了解决这个问题，我们建议云平台管理者按照岗位职责划分、设定能力要求地图，积极引入外部专业培训机构课程、开源企业的技术分享会和行业大会，实现全员基本知识技能培训和技术/管理专家培训，引导团队持续学习，培养不同领域、不同层次的专业人才，防止关键岗位人才断档的情况出现。

5.3　企业容器化之新的挑战

企业容器化之旅是一个大的话题，它既包含容器技术进入企业的应用开发、运维、安全等技术管理体系，也包含企业数据中心对内、对外的服务能力发展，同时也离不开企业IT 团队能力发展和管理体系建设。随着时间的推移，企业容器使用水平、范围都呈现快速增长的态势，但是这个过程是不连续的，正如图 5-5 所示，在阶段 1 和阶段 2，企业在引入容器技术和容器平台的初期，规模和使用范围有限，只需要依赖基本的技术路线和少量人员即可实现技术创新，但是到了阶段 3 和阶段 4，企业内应用容器数量快速增长，大量的基础设施开始以容器的方式提供，企业将面临管理、技术两方面的挑战，既要解决容器规模快速增长的问题，也要平衡应用服务的稳定性要求。认真分析这些挑战的来源对于我们找到应对策略和设计适合的解决方案具有非常重要的意义。

5.3.1　企业容器规模化扩张之路是不连续的

我们看到，随着 Docker 和 K8s 技术逐渐步入成熟，很多头部企业纷纷在 2017—2018 年开启了应用容器化的试点工程，这个过程大约持续了 2 年左右。其间作为新技术的尝试，大家关注的焦点是：以 K8s 为基础打造一个可用的容器云平台，让小部分的应用可以容器化

运行在该平台之上。大部分企业的 K8s 集群数量和规模都比较有限，通常不超过 10 个，全企业容器数量也不超过 1000 个。

进入 2019—2020 年，部分企业在积累了一定的建设经验之后，应业务的发展需要，开始构建更多的集群，让越来越多的应用迁移到云上，50 ~ 100 个计算节点的中大规模的集群开始出现，由于业务条块管理的需要，企业内集群数量快速增长，部分头部企业的容器数量接近 10 000。

2021 年之后，很多头部企业开始大规模推广应用上云，尤其是很多金融客户的核心应用系统从大型主机系统直接下移到云平台（而抛弃最初计划的 x86/VM 架构）之上，这让部分客户的容器云平台数量和规模都出现了爆发式增长，容器数量超过 30 000 甚至数量 100 000 以上的情况并不鲜见。

如图 5-6 所示，企业应用容器化规模在快速增长，伴随着企业容器规模化扩张过程和容器运行规模的快速增长，很多头部企业开始意识到，在 Bare Metal/VM 时代形成的传统的矩阵式管理模式并不能很好地适应容器云平台建设和管理的需要，在不同的阶段，企业 IT 管理者的关注点必然从单一技术探索转换到**多平台、大平台、企业级**和全面运行保障上来，这包括：

- ❑ 容器云平台的建设跨越开发、测试、安全、网络、运维、基础设施等众多的部门，实现一个需求总是需要协调众多的资源；
- ❑ 容器云平台总是在持续发展变化的，需要长期的持续投入，这一点与传统商业软件有很大的不同，只版本升级一项就非常消耗人力；
- ❑ 运营管理容器云平台需要的技术人员的数量和能力有很大的差异，传统的 OS 管理模式留不住人才，灵活度也不够；
- ❑ 容器云平台内部有大量的组件，复杂度远超 Linux，组件更新和搭配错误很可能造成大面积的平台级故障，需要更多地从系统化视角持续优化。

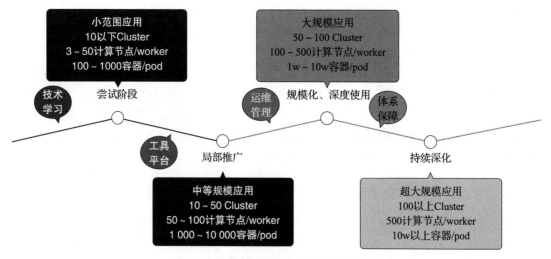

图 5-6　企业应用容器化规模在快速增长

企业管理者只有及时采取措施，在不同的技术、管理、运营、人才等关键领域提前发力，才能在各个阶段变成现实之前做好准备，避免陷入捉襟见肘的境地。

5.3.2　企业容器规模化扩张面临的管理挑战

1. 容器和容器云平台建设不是一个部门的事

当企业内部的 K8s 容器云平台处于试点阶段的时候，企业内部参与者有限，通常只有 5 个项目组参与，其他部门只是观察和有限参与，遇到冲突时也能够适当让步，但容器云平台经过 1 ~ 2 年的建设后开始步入相对稳定期，准备进入规模化推广的阶段时，安全和网络、项目管理、架构、基础设施、运维管理等部门将会要求云平台及其上应用与原有的管理模式融合，这将极大地减缓云平台建设的步伐，让企业内云平台建设者们举步维艰。

如图 5-7 所示，在 DevOps 领域，考虑到容器云平台的建设和发展通常都与企业内的 DevOps 平台同步，这就要求在 DevOps 过程中照顾到更多部门的管理需求，管理和协调的工作剧增，云平台建设者很容易陷入大量的事务性工作中不能自拔，从而造成云平台发展滞后于社区技术的演变速度。在 Security 领域，容器化不意味着安全，最初的安全只涉及运行态，随着黑客和安全攻击手段的快速提升，安全需要依托于 DevOps，实现从开发、测试、准生产、生产环境的全链条保障，同时还要保障 DevOps 过程中所有环节的安全可靠。

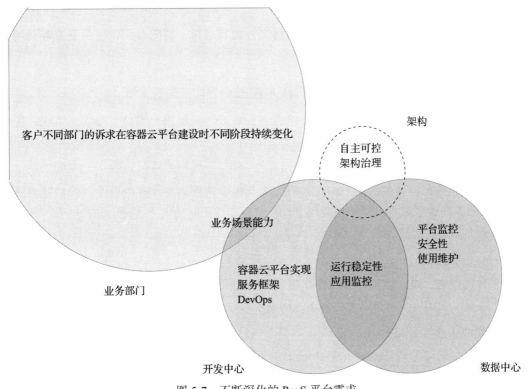

图 5-7　不断深化的 PaaS 平台需求

从根本上来讲，管理部门对容器云 PaaS 平台提出管理要求的出发点是希望容器云平台更好用、更安全、更稳定，但是我们同时也注意到，单纯从问题提出的层次出发通常都不能制订出最优的解决方案，解决问题的最好办法是从更高维度 / 层次出发，从最初的需求出发。

因此，管理方面的挑战，尤其是跨职能部门的管理规范实施，关系到容器平台能否长期发挥技术推动力，关系到平台的稳定、安全，并且随着时间的推移，其影响的广度和深度必将越来越大。

2. 新一代的技术需要与之相配套的组织和管理模式

当越来越多的企业应用完成容器化改造，从传统主机或 VM 环境切换到容器平台上时，企业容器平台建设部门经常发现，这一过程依然需要经历资源申请、网络开通、存储到位、基础设施安装和平台部署的一系列阶段，即便是简单的扩容依然需要经历相同的周期，这一过程往往非常耗时，对于项目团队而言并没有起到特别的加速作用，这就意味着现有的源于主机和 VM 时代的企业级 IT 资源供给模式会越来越不能满足容器技术和容器平台的使用需求。需要从管理模式上进行创新，才能真正最大限度地发挥容器技术和平台的价值。

我们后面会提到，社区和互联网企业依托自身需求发展出跨越职能的混合云管理模式，解决资源供给、分配、使用到回收的全周期资源管理模式，降低跨部门沟通损耗，是一个非常不错的解决方案。

因此，利用跨职能的混合云管理模式解决管理和组织上的配套创新也是企业容器规模化道路上的一个重要挑战。

5.3.3 企业容器规模化扩张面临的技术挑战

在企业容器云正式进入规模化运行之前，企业必须要解决一致性、操作、集成、优化和技术创新、安全管理六个方面的挑战。

1. 一致性挑战

企业受业务稳定性要求的影响，不可能大规模、频繁地更换基础设施，大量遗留的平台 / 软件的不同版本需要不同的技能和工具，这给运维团队的人才技能、知识储备、管理复杂度带来多方面的挑战。

2. 运维操作挑战

平台规模大、复杂度高，手工操作出错概率很大，对平台的运维团队和建设团队技能要求非常高，企业培养和获取专业人才的压力较大。

3. 集成挑战

容器平台绝对不是 Kubernetes+Docker 就够了，还需要十多个甚至更多的开源组件，众多组件集成和选配难，经验和测试难。

4. 持续优化挑战

应用需求快速演变，业务微服务拆分不彻底，业务部门和开发团队持续的快速更新和上线的压力传递到运维团队，造成工作量居高不下，人员疲惫，拖慢了平台技术升级速度。

5. 技术创新挑战

来自社区的开源框架、组件版本更新迅速，某些社区技术更新快——3 ～ 4 个月一个版本，部分组件每周 / 天更新，技术和平台需要不断升级和优化，非常容易出现版本搭配错误，造成基础平台长期不稳定运行，技术团队疲于应付，给技术和管理团队带来系统性风险。

6. 安全管理挑战

容器化不是安全盲区，需要从全产业链和运行态全方位持续优化。以上列出了迄今为止比较常见的典型挑战，我们相信，随着时间的推移和社区技术的快速演进，更多的难题或挑战将会持续出现。

5.3.4　企业容器规模化扩张与整体高可用性挑战

服务能力的提升和资源回收能否平滑有序地进行、服务重启过程是否足够迅速从而对业务无影响，是最关键的指标。

系统越大、越复杂，其可靠性就越低，在兼顾企业应用容器数量激增、容器平台多样化的同时，如何保证应用服务的稳定、可靠就变得非常困难，典型场景如：

❑ 秒杀、促销场景等突发原因需要进行服务能力短期内的大幅提升和释放；

❑ 当应用进行更新或者系统升级导致服务重启（在 VM 时代，应用服务重启是重大事件，是传统运维团队竭力避免的情况，但在容器时代，容器是否重启、节点是否重启甚至平台是否重启如果真的可以做到"**让业务无感**"，那么"**重启**"就是运维部门自己的事，与业务服务无关，只有这样才算真正做到"高可用和不间断服务"）。

所以，真正的高可用、高可靠性绝对不是简单的 100% 可用或者 SLA 等于多少个 9，而关乎**能否快速自由伸缩、能否快速无感恢复**。

如图 5-8 所示，我们的应用具备第二层次的高可用能力的典型特征有：

❑ 当某一容器出现故障的时候，平台可以自动启动新的容器进行流量迁移和服务接管；

❑ 当某一节点出现宕机等不可预测的故障时，平台自动调用备用资源重建节点和服务；

❑ 当某一集群出现大范围故障时，中心管理集群自动根据定义启用备用资源建立新的节点、集群，接管流量，保证服务不中断。

更多能够自动恢复的场景请参考混沌工程部分的描述。

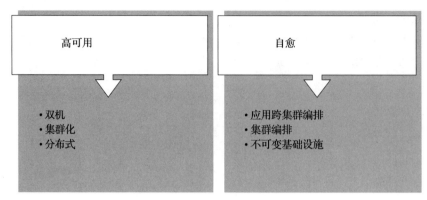

图 5-8　高可用能力的两个层次

5.4　企业容器化之应对策略

在 Bare Metal 和 VM 时代，企业非常关注开发和运维体验，而进入容器云时代，企业对于开发者支持、运维服务的关注度依旧，但随着技术越来越精专，在保证选用社区最先进技术的同时，保持技术生态完整性可以使问题解决得更彻底，方案更加完备，随着开发的全球化，企业对于安全管理和运行能力的要求也越来越高，避免出现系统性的安全问题已经成为安全管理团队的重点，安全已经提升到了新的高度。

Mainframe/VM 时代传统的管理模式和手段迫切需要进行革新以适应云原生时代的技术特点，但这里说的革新，并不意味着完全替换，传统管理模式的理念还是可以借鉴的。建议从以下几个方面考虑问题。

如图 5-9 所示，我们需要分别从开发友好性、运维能力升级、全方位安全、活跃技术生态 4 个领域进行讨论，这 4 个领域涵盖了当前企业 IT 技术发展的开发、运维、安全、技术生态 4 个方面。

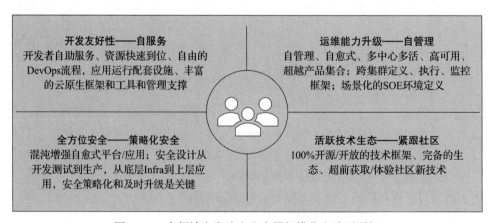

图 5-9　4 大领域出发让企业容器规模化之路更顺畅

5.4.1　开发友好性——自服务

我们先说面向开发者的有效性，开发者最关心的是如何能够更加简便、快捷地进行业务应用开发，如何能够快速得到开发所需要的资源，如何能够尽可能快速地将应用发布给最终用户，当开发者需要开始工作的时候，能否最大限度地减少与运维、安全、基础设施部门的沟通成本（自服务），把更多的精力放在开发中。开发友好性详细而言包含以下几个部分。

1）如何减少开发人员自主、自助能力，消除开发与运维之间的无效沟通，当开发人员需要服务或资源的时候，可以自助完成申请到开通的全过程，让开发团队能够按照自己的想法进行开发，减少无效的等待时间。

2）如何让应用开发到交付的过程更快、更自由，以便开发人员在提交代码和配置之后，让 DevOps 平台实现自动获取资源、自动平衡过程，让最终的应用部署过程自助实现跨云混合部署（裸机 / 私有云 / 公有云 / 混合云 /……），让应用可以在真正跨越基础设施的限制自由部署。

3）丰富的应用的容器化运行依赖，包括 JDK、开发 SDK、应用服务器（如 Tomcat、EAP、Liberty），中间件组件和产品（如内存数据库 Redis/DataGrid、消息处理 MQ/AMQ/Kafka、API 处理 Apache Camel/Fuse、3Scale/API Gateway、规则引擎和流程引擎等），以及容器化存储等，这些运行依赖在容器化环境中需要按照科学的架构进行集中 / 分散地部署和服务提供，以满足差异化的应用运行需求。

4）面向云原生应用的开发框架和应用构建模式，比如以 ISTIO 为代表的服务网格、以 Knative 为代表的无服务器开发框架，以及以 Event 为代表的事件驱动的应用构建和运行模式等，云平台需要为云上应用提供主流的开发框架和应用开发运行模式，让应用创新的过程中能够更好地应用来自社区的技术创新。

5）面向云原生的应用运行工具和技术，比如以 Podman/Skopeo/Builda 为代表的 CRI-O、新一代的 Java 的虚拟技术——Quarkus、以云原生方式部署和运行的规则和流程引擎——Cogito、完全云原生方式构建 pipeline 的 Tekton 等，这些新生的技术都可以使未来应用更好地适应云原生的技术环境。

社区中关于云原生的开发人员能力支持还在持续不断地涌现，企业的容器化过程应该是一个开放的持续演进的过程，各种各样的新的开发技术、框架、工具和方法需要平台建设者持续不断地引入，以解决开发过程中的困扰，让云上应用运行得更好、规模更大，从而创造更多的经济效益。

5.4.2　运维能力升级——自管理

前面讲过，云技术规模化扩张之路是不连续的，当应用容器数量不多（小于 1000 pod）、容器云平台数量有限（小于 10）的时候，手工、命令行的运维管理模式是能够满足要求的。而企业级的容器云平台运维不能仅满足于手工的方式。放眼全局，企业中的应用数量、集群数量、部署的差异性、更新变化的幅度是非常大的，这就需要我们的平台具备很好的弹性和适应能力。这就需要我们从基础做起，一步一步地构建"自管理"的云原生容器平台和应用。

如图 5-10 所示，平台 / 集群运维能力升级需要从以下 5 个层面持续升级和提升。

1. 超越产品集合的平台建设

容器云平台经过多年的发展已经不是以前 Linux+K8s+Spring 等简单的产品组合的平台了，企业级容器云平台需要从总体上做到企业级的监控、日志等管理，实现总体超越局部之和的效果，运维团队管理的目标是整个平台，而不是彼此分离的开源组件和组件集合。

图 5-10　平台 / 集群运维能力升级

2. 平台 / 集群级的 SOE

企业级容器云平台需要适应各种复杂的业务场景，从秒杀平台、规则和流程引擎、消息处理、内存数据库到区块链、IoT、AI 和 ML 等，面对如此多样化的需求，高度差异化的运行环境将耗费大量的时间和金钱，因为维护起来难度很大，培训和支持工作也变得更加困难，因此云平台需要设定标准化的版本，通过设定基线来降低版本差异性，即实现集群级的 SOE。基于集群级的 SOE，可以提高整个 IT 环境的一致性，并为未来的成功部署（包括云、内部部署、容器和边缘）做好准备。集群级的 SOE 允许组织为其工作负载选择最佳占用空间，同时充分利用其现有的 IT 投资。集群级的 SOE 将底层硬件的复杂性抽象化，并确保跨基础架构提供一致和持续的支持，无论工作负载现在或将来在何处运行。

3. 平台 / 集群快速部署

满足基础设施供应到平台完成部署的全程自动化快速部署要求，不让平台成为应用扩张的瓶颈；通过集群级的 SOE，可以引入关键的自动化流程的能力，与手动编写脚本相比，自动化日常任务可将效率提高 96%。

4. 高可用和自愈

当平台局部、一个或多个平台出现故障的时候，我们的数据中心能够自动把业务流量切换到当前可用的平台 / 应用上去，保障业务的连续性，而且在业务服务高可用的基础上，能够主动发现和启动服务能力恢复。如平台局部故障——平台内部自恢复，平台级故障——

构建新的平台＋应用，通过快速修复让数据中心更加有生命力。

5. 多中心多活

金融行业的平台和应用为了满足业务的高可用性，通常采用两地三中心的方式，但考虑到业务数据的状态切换，传统的两地三中心中的备份中心多为冷备，不能有效保障其业务响应及时性，而容器化应用的无状态特性恰巧可以屏蔽切换过程中的业务状态数据丢失带来的影响，从而实现多中心多活的应用部署。

当我们超越产品集合，将平台作为整体来看待时，我们可以拥有全局的视角，当整个数据中心主要的运维对象变成容器云平台而不是单个的容器化应用时，我们就可以着手设计适合容器化数据中心的运维管理模式。

如果不能实现平台/集群级的 SOE，那么运维人员将会面对中心内多个不同架构的Kubernetes 产品，差异巨大的运行环境和基础设施和资源配置对于运维管理技能、知识体系和管理效能都是非常大的挑战。

总之，容器化的数据中心需要依托于容器平台/集群构建与之相配套的运维管理能力。

5.4.3　全方位安全——策略化安全

企业级的容器云平台由于部署规模和场景的差异，又是全新的技术，传统的安全管理技术和措施都不能很好地应用，安全管理难度较大。经过多年的发展，企业级容器云平台的安全技术已经相当的完备和成熟。在纵向的运行态上，实现从底层 OS 到组件、平台到应用的逐层运行安全；在横向的供应链上，包括平台和应用的开发、测试、部署全过程实现全方位的安全。

1. 跨越单一集群的用户管理策略

企业级容器云平台由于其规模化、分布式部署的特点，很容易形成孤岛，在企业内所有的容器云平台之上构建完善而统一的用户管理策略是规范化管理的基础。

2. 规范化的企业级标准镜像保障纵向运行态安全

企业的容器化应用由底层 OS 镜像、组件和运行依赖镜像、应用镜像一层一层地打包而来。要保障平台应用的运行安全，首先就要把好入口关，实现企业内部所有的镜像必须使用经过认证的企业级的安全镜像，不允许项目组随意引入外部社区镜像（可能包含恶意、未经认证的代码或组件），保障平台和其上运行的镜像的纯净度。

3. 标准化的开发、测试、部署供应链，保障横向安全

企业级应用在开发、测试过程中需要经过版本管理、编译、打包、部署一系列的过程，通常要用到 DevOps 工具链，这里基础镜像和代码需要与一系列的开源组件和流程进行交互，保障 DevOps 平台和 DevOps 过程的安全非常重要。

要保障 DevOps 平台和过程的安全，需要至少从以下几个方面考虑。

❑ DevOps 平台安全性：用户、网络和组件安全，详情请参考第 6 章云原生安全部分。

❑ DevOps 平台和过程容器化运行：基于容器平台构建的 DevOps 过程能够最大化地利用闲置资源，让容器平台接管 DevOps 过程中资源和负载的调度过程，避免 VM 环境下的局部资源不足导致过程锁死情况的发生。

❑ DevOps 过程和成果混合云：DevOps 过程中的各个环节所涉及的资源如果能够实现基于混合云环境运行，那么企业应用发布将不会受限于私有云、公有云厂商，而且当一家供应商出现"大面积故障"的时候，企业随时可以切换到其他没有故障的资源上，最大限度地减少对业务的影响。

4. 统一的安全策略

建立安全策略，统一管理容器在开发、测试和运行态的过程和行为，进行全面定期扫描，形成安全报告，从而实现全面、一致、不断优化和提升的容器云安全管理能力。

典型的安全策略有：

❑ 容器镜像来源安全，如所有镜像必须来源于制定的镜像仓库。

❑ 镜像部署审批安全，如所有的镜像部署。

❑ 镜像扫描周期策略，如超 X 天未进行镜像安全扫描。

❑ 关键 CVE 漏洞，如采用了具有 XXXCVE 漏洞的镜像。

❑ API TLS 服务，如未使用 API TLS 服务的调用。

❑ 用户身份安全，如使用了 root 用户的非法操作。

❑ OS 安全，如使用了不安全的 OS 镜像。

❑ 网络安全，如不合法的网络区域。

❑ 代码安全，如代码中夹带不合法链接。

❑ K8s 版本，如采用了过期的 K8s 版本。

❑ 日志安全，如审计日志字段缺失。

5.4.4 活跃技术生态——紧跟社区

开源社区已经成为全球技术创新的发动机，所有的技术领域、技术场景里都有开源技术的身影，所以技术创新就一定要用好来自社区的技术和服务。

容器云平台作为一个开源技术的最大载体，是开源技术的最佳运行平台，它把主流的开源技术引入容器平台，为开发和运维提供最大限度的支撑，是新技术探索者的使命，也是必须完成的任务。这就需要我们：

❑ 在技术选型阶段，尽可能选择 100% 开源 / 开放的技术框架、产品和平台，构建企业技术持续跟随社区演进的基础环境；

❑ 在技术应用中，参考社区发展趋势，构建完备的技术生态，还原社区创新技术 / 产品的理念和场景，用专业的技术做专业的事；

❑ 积极引入社区主流企业、技术专家，借用技术先行者的视角，超前获取 / 体验社区新技术和知识，为企业保持技术先进性提供知识保障。

在具体的技术和产品方面，以 CNCF 为主的容器云社区正在催生越来越多的更具活力和使用价值的项目，比如：

❑ 以 ISTIO 为代表的服务网格；
❑ 以 Knative 为代表的 Serverless；
❑ 以 Quarkus 为代表的新一代 Java VM；
❑ 以 Cogito 为代表的流程和规则引擎；
❑ 以 Tekton 为基础的 pipeline。

同时越来越多的 AI/ML 算法、容器化分布式存储（Ceph on Container）等持续被引入容器云平台，让容器云平台具备了诞生更多类型的云原生应用的土壤。企业级容器云平台为了适应业务高速变化和发展的需要，必须保持足够的**开放性**和**活跃度**，持续不断地引入新的技术和框架，让企业内的云原生应用能够更好地享受到来自社区的创新力。

5.5　企业容器化之解决方案

5.5.1　从原始需求构建容器云平台——围绕服务进行设计

企业构建云数据中心的时候，不论是立足私有云、共有云还是混合云，其最终目标都是尽量保持应用服务的稳定性，不论应用服务运行在什么样的资源之上，云平台经过这些年的发展已经很好地实现了资源的抽象化、定义化，所有的资源都可以按照存储、网络、计算三大类进行划分。那么构建云原生数据中心的过程在某种意义上说，就是在这三大类资源的基础上，通过定义各种资源关系的组合确定一致的管理和使用策略，并在此基础上构建应用服务的过程。

如图 5-11 所示，我们设计容器云数据中心就是要运用云原生技术，准确地定义计算资源、存储资源、网络资源，并在此基础上结合科学的关系、规范的策略，构建应用服务。

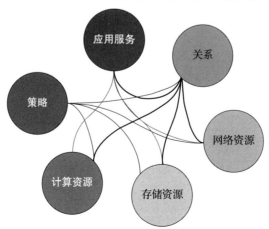

图 5-11　所有应用服务都是在计算、存储、网络 + 关系和策略的定义之上构建而成的

从容器云数据中心的最初需求出发，我们的主要工作任务就变成了如下的任务描述：

❑ 运用云原生技术准确定义计算、存储、网络资源；

❑ 运用云原生技术正确建立资源之间的关系；

❑ 运用云原生技术规范设置资源的管理和使用策略；

❑ 运用云原生技术构建应用服务。

在这个指导任务之下，构建企业级容器云平台时就更加能够聚焦于需求的本质，更加容易发挥资源和工具的优势，让工作更直接有效。

5.5.2　企业容器化运行管理框架

既然构建企业级容器云平台的核心任务是定义资源、关系、策略和构建服务，那么我们就先来设计一个容器云平台的定义框架。

一个自管理的企业级容器云平台，需要一个定义中心。通过明确的定义，保障中心内的资源都被合理地管理、使用和分配。

一个自管理的企业级容器云平台，需要一个执行框架。通过自动化的执行机制，保障中心内所有的应用服务、资源、关系都能够按照设定进行运转，当出现问题的时候也能够按照合理的规则和路径进行恢复。

一个自管理的企业级容器云平台，需要一个监管中心。通过集中的监控、数据手机和分析工具 / 平台，结合策略化的监督扫描手段，实现企业级容器云平台可见、可用、可调。

如图 5-12 所示，在企业级容器云平台框架中，我们可以选择 OpenShift（K8s）作为运行平面的主要承载平台，选择 GitHub 作为定义中心，选择 Ansible/ArgoCD/Kustomize 等组合作为运行管理框架的执行工具，红帽的 Advanced Cluster Management 作为集中管理和监控平台，最终的完全开源的软件定义的云原生企业级容器云平台如图 5-13 所示

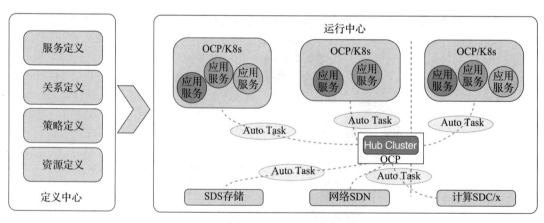

图 5-12　企业级容器云平台框架

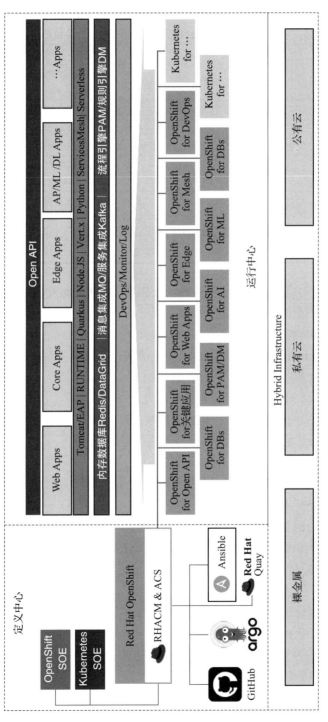

图 5-13　企业级容器云平台整体框架

企业级容器云平台框架中用到的主要工具和产品如表 5-2 所示。

表 5-2　企业级容器云平台框架中用到的主要工具和产品

工具和产品	原始能力及特性	用　　途
GitHub	云原生定义管理	以 YAML 其他形式存放服务定义 / 应用定义 / 集群定义 / 部署定义、相关配置文件、密钥、证书等
OpenShift	容器云平台、K8s 企业版	承载应用、自管理集群内资源
Ansible	自动化工具平台	根据 GitHub 定义触发相应脚本 / 任务，完成集群 / 应用 / 服务 / 组件 /……的部署，信息收集、故障处理等
Advance Cluster Management	多集群管理平台，支持混合云部署	集群 + 应用的集中监控、容器云整体运行状态收集和管理、安全策略定义和执行扫描
ArgoCD	云原生（K8s）的持续部署工具	根据 GitHub 定义，驱动 Ansible/Jenkins/OpenShift 实现应用服务的高可用部署 GitOps
Kustomize	云原生的应用编排工具（模板 + 定制）	根据 GitHub 定义，生成跨异构集群的应用部署定义

利用表 5-2 中的开源组件，借助云原生的企业级容器云平台运行管理框架，我们可以实现基于定义的容器化数据中心运行管理，可以实现的功能包括：

❑ OpenShift（K8s）集群自动化部署；

❑ 应用在多个 OpenShift（K8s）集群中自动化部署；

❑ 根据场景分类定制场景化的集群环境（组件 / 运行依赖）；

❑ 通过定制化 MachineSet 实现自动化扩容能力；

❑ 通过混沌工程 +OpenShift 集群，构建集群级的自愈能力；

❑ 云原生技术场景适配——服务网格云、无服务器云等；

❑ 其他配套功能。

5.5.3　企业容器化运行管理框架未来全景概览

根据这样一套运行框架搭建的企业级容器云平台，可以实现在一个定义中心和一个驱动框架的管理下，多个异构的 K8s 容器云平台动态的分布。

如图 5-14 所示，我们在此基础上构建企业级容器化数据中心，该中心将具备如下特点和能力：

❑ 通过定义中心操作和管理所有的企业内部 K8s 容器云平台；

❑ 通过统一的自动化机制实现定义中心到运行中心的部署；

❑ 集中的多集群监控管理能力，包括统一的监控平台、日志收集和处理中心，跨集群统一的安全策略管理、用户管理能力；

❑ 所有平台的部署自动化，数据中心编排的单位是 K8s 集群（包含 OpenShift 和其他 K8s 集群）；

❑ 所有的应用都可以跨多个集群部署，其平衡 / 再平衡过程是"自动的"；

❑ 可以有两个或者多个定义中心（根据网络 / 业务隔离政策）；

❑ 所有集群 / 应用服务跨私有云、公有云、混合云自动调度；

❑ 计算、存储、网络……所有资源池化，以 Cluster Resource 形式统一调度使用。

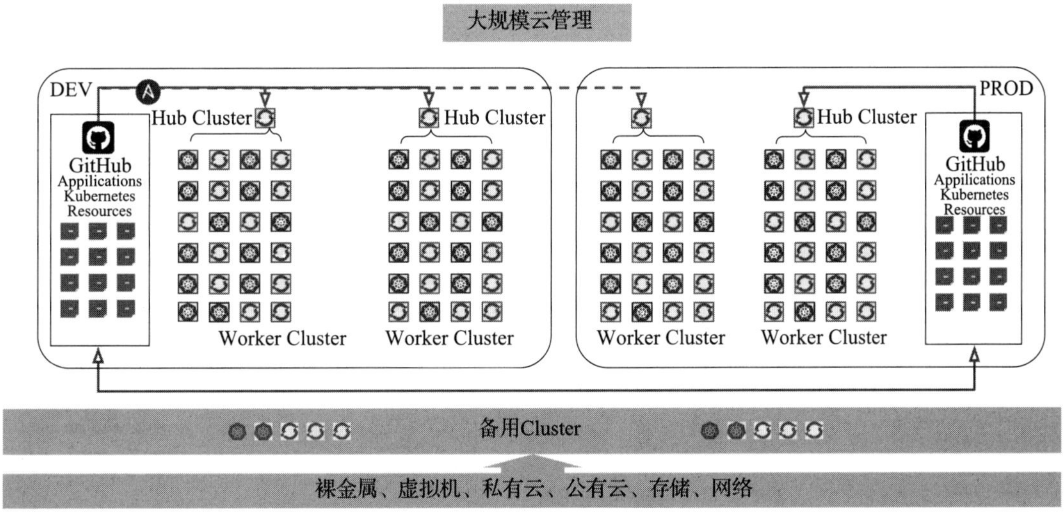

图 5-14　企业级容器云平台未来全景概览

为了构建规模化企业级容器云平台，我们需要从开发、运维、安全和技术生态四个方向一步一步构建框架，构建和完善平台的能力。

5.5.4　构建企业级容器云平台的 5 大场景

在企业级容器云平台的建设过程中，为了更好地应对 4 大领域的需求，我们针对开发、运维、生态和安全进行整体服务能力构建，能够起到以点带面的效果。

1. 场景 A——标准化的企业级容器云平台（SOE）

企业内部的应用运行环境根据具体的使用场景的不同，差异非常大，很多应用在部署的过程中对基础设施和服务有定制化的要求，典型的有对 Linux 的架构和版本的限定、对规则和流程服务的要求、对数据库类型 / 版本的要求等，按照这些具体的场景进行运行环境标准化设计，规范企业内部平台的部署模式和配置差异，能够在很大程度上降低运维工作的复杂度，也能够让安全团队更加专注。

过往我们的企业在 Linux 操作系统和中间件方面周期性地制定标准化运行环境 SOE，

可以将这方面的优秀成果扩展到云原生容器平台，同时可以借助容器云平台的 Operator 技术，实现中间件、运行时等关键依赖的 SOE，进而实现云原生应用和基础设施的 SOE。

企业内部比较常见的云原生运行 SOE 环境如表 5-3 所示。

表 5-3　企业级容器云平台运行环境

序号	SOE 环境类型	环境特点	关键差异
1	开发测试云	快速部署、多租户	仅开发使用的验证性组件、快速消亡
2	DevOps 云	快速伸缩、混合多云	仅为了快速完成某些固定环节的工作任务，实现一定范围内的资源共享
3	规则引擎云	聚焦规则处理	集中部署的大平台满足全局，就近部署的小服务满足个性处理
4	流程引擎云	聚焦自动化流程处理，流程驱动，复杂流程流转	集中部署的大平台满足全局，就近部署的小服务满足个性处理
5	服务集成云	大规模服务处理、内外部访问权限	云上云下访问控制，负载均衡、权限、安全控制
6	消息集成云	MQ/AMQ/Kafka 众多消息处理组件，集中/非集中处理需求	流式/非流式模式、云上云下互通，就近访问、结合分布式存储
7	分布式存储云	容器化/非容器化、CEPH/NAS、Block、文件 FS、Object 对象	文件、块、对象和对象联盟，满足混合云部署和使用
8	API 网关云	内部网关、外部网关，流量控制，自带负载均衡	运行与策略分离、安全控制、微服务治理
9	内存数据库	Redis/ 红帽 DataGrid 等	集中内存数据库、本地内存数据库并存，缓存与存储管理
10	分布式 HotDB 云	MySQL/PostgreSQL/MariaDB 等	数据持久化要求高
11	IoT 云	EclipseIoT	众多的容器化 IoT 组件/框架集成，快速组件更新
12	AI/ML 云	Spark	AI/ML 算法的容器化、结合存储就近使用

从表 5-3 可以看出，基线来源于管理需求，以满足具体需求为目标。企业内的需求多种多样，并按照时间的推移层出不穷，相互叠加，云原生容器平台的建设者只要合理规划和定期更新 SOE 基线，就可以对于降低运营压力、提升响应速度起到事半功倍的效果。

2. 场景 B——快速扩容企业级容器云平台

现实生产环境中，经常遇到节假日或者重大活动期间应用基础设施和服务资源不足的情况，采购基础设施周期长，用后也要长期闲置，所以，充分利用 K8s 社区容器技术的最新实践经验，构建标准化的节点 + 集群两级扩容能力就变得非常重要。

来自社区的水平扩容（scale out）技术有两种典型的技术实现方式，借助自动化工具扩容节点和机遇定义扩容节点。

方式一：自动化安装脚本和工具

借助 OpenShift 的安装节点和 Ansible 脚本快速部署新的节点，并加入集群，OpenShift 有很好的快速安装和扩容脚本，可以用 3 步完成节点扩容能力，这 3 步包括：

❑ 基于标准镜像 CoreOS 自动完成节点 OS 安装；

❑ 节点容器平台组件部署和启动；

❑ 节点加入集群。

方式二：容器化 MachineSet 定义技术（目前以 AWS 公有云环境为主）

通过 OpenShift 的 MachineSet 功能，这种模式需要将 VM 的管理用户开放给 OpenShift。

❑ 定义 MachineSet 模板，实现基础设施资源标准化；

❑ 开通底层 KVM/VMware 平台的管理权限，让 OpenShift master 可以自动申请、建立虚拟机；

❑ 新建立的虚拟机根据 MachineSet 设置自动安装和加入指定集群。

以上两种方式的扩容过程请大家参考相关技术文档。不论是通过脚本自动化扩容节点，还是通过 MachineSet 扩展集群节点，都可以实现 OpenShift 集群的快速扩张，从而为企业算力资源快速增长提供平台级支撑。

3. 场景 C1——通过 GitOps 构建企业级容器云平台快速部署能力

当企业内部的容器化应用数量达到 1000 以上时，随之而来的网络隔离、安全、用户管理等需求就会互相叠加，其复杂度迅速升高。一般来说一个 OpenShift（K8s）容器集群是不能够同时满足开发测试、生产的需求的，这时继续依赖最初的手工部署 + 运维管理的模式是不行的，需要设计一个包括集群**定义**、**部署**、**管理**的框架，根据企业的需求，快速复制集群。

根据开源社区的最新成果，我们注意到 GitOps 的框架恰好能够快速实现这一需求。这个框架用到的开源技术组件有 GitHub、Helm/Quay、ACM、Ansible、Kustomize 等工具，总体过程大致如下。

1）通过 YAML 文件定义集群资源、镜像源、集群、管理策略、部署策略等，通过 Kustomize 进行集中管理和打包，并提交到 Git 上，这些定义至少包括：

❑ 可用的计算资源；

❑ 可用的存储资源；

❑ 可用的网络资源；

❑ OpenShift（K8s）集群；

❑ 集群分布关系；

❑ 集群部署规则；

❑ 集群镜像源；

❑ 集群安全规则（逐步完善）；

❑ 其他规则。

2）运用 GitHub + ACM + Helm/Quay + Ansible 实现集群的部署，简要步骤如下：

①从 GitHub 提取 Cluster 定义、相关资源定义、镜像地址；

② ACM 从 Heml/Quay 获取集群对应版本镜像，并生成 playbook 调用 Ansible 完成资源获取、集群部署；

③ Ansible 利用 playbook/CLI 将创建完的集群纳管到 ACM。

利用 GitHub + ACM + Ansible + OpenShift 框架实现快速集群部署，可以在平台、运维、安全领域获得非常多的额外收益，具体包括：

- ❑ 平台领域
  - 跨多个私有云和公共云集中创建、更新和删除 Kubernetes 集群
  - 在全域中搜索、查找和修改任何 Kubernetes 资源
  - 快速解决整个联盟域中的问题
- ❑ 运维领域
  - 轻松大规模部署应用程序
  - 从多个来源部署应用程序
  - 快速可视化跨集群以及跨集群的应用程序关系
  - 跨多个私有云和公共云集中创建、更新和删除 Kubernetes 集群
  - 在整个域中搜索、查找和修改任何 Kubernetes 资源
  - 快速解决整个联盟域中的问题
- ❑ 安全领域
  - 集中制定和实施有关安全性、应用程序和基础架构的策略
  - 快速可视化对应用程序和集群配置的详细审核
  - 内置 CIS 合规政策和审核检查
  - 根据你定义的标准，立即了解你的合规状况

一个合理的高效的云原生容器平台 / 集群定义框架绝对不是一堆 YAML 的组合，而是通过一套一定的映射关系实现集群、资源、权限、监控和故障处理的有机结合的响应式机制，通过这套机制，我们可以保证中心内所有云平台部署、运行和管理的一致性和可靠性。借鉴时下流行的 SRE 理论，我们的集群的服务也可以并且能够实现自动化和高可用。

当基于 GitOps 构建企业级云原生容器平台的框架成熟以后，我们同样可以通过定义的方式实现 OpenShift 集群的自动化增加和管理，不需要再单独设计集群级扩容机制。

4. 场景 C2——通过 GitOps 构建企业级容器应用自动化部署能力

GitOps 不仅可以应用在集群层面，在应用部署和跨集群分布层面也可以起到非常不错的效果。

一般应用的镜像存放在 Helm、Quay、Habor 仓库中，为与集群安装源有所区分，建议将其放在 Quay、Habor 中；应用的部署过程将会用到 Argo CD、Red Hat OpenShift GitOps、Red Hat Advanced Cluster Manager、FluxCD、Ansible 等工具，简要过程如下：

1）在 GitOps 中定义基础设施。

2）在 GitOps 中定义应用。

3）运用 GitOps 部署应用。

①调用 Jenkins/Tekton 完成 CI 过程；

②应用部署过程：

❑ 在目标集群创建应用 CLI；

❑ 确定应用创建成功；

❑ 设计通用模板 YAML；

❑ 设计环境部署差异化规则 ArgoCD；

❑ 利用 ArgoCD 实现应用模板 + 规则到实际应用部署配置的转换。

③利用 ACM+Ansible 从应用镜像源获取镜像，调用应用部署命令，实现自动化的应用部署。

利用 GitOps 实现跨 OpenShift/K8s 集群部署应用在运维领域可以实现诸多的额外收益，具体包括：

❑ 避免重复定义和存储众多差异不大的 YAML 文件；

❑ 避免大量的复制粘贴 YAML 文件；

❑ 基于 YAML 增强定制性，适应环境差异；

❑ 支持多种工具，如 Kustomize/Helm 等；

❑ 支持所有 OpenShift/K8s 管理对象（Deployment、Service、Route、PersistentVolumeClaims、ConfigMaps、Secrets 等）；

❑ 支持证书 Credentials、密钥 Secrets 和加密密钥。

通过 GitOps，我们可以实现应用来源于哪里（定义）、部署到哪里（OpenShift/K8s）、消耗多少资源（Deployment、PersistentVolumeClaims、ConfigMaps、Secrets 等）、提供哪些服务（Service、Route）等。通过这种方式，当一个集群里的应用服务出现故障时，集群可以自行恢复，当整个集群出现故障时，中心集群（Hub Cluster）可以通过预先的定义在其他集群中重建该应用，并实现流量 / 负载划拨，从而实现跨集群的高可用应用服务。

5. 场景 O——全数据中心一致的企业级容器云安全

金融行业的安全管理要求是比较高的，为满足行业监管要求，很多金融企业的应用环境都分为开发测试和生产环境，并且两套环境之间存在物理隔离，因此从管理上也存在两套企业级容器云平台。

如图 5-15 所示，通过 Git+ 镜像仓库 +pipeline 的方式，我们可以实现安全策略配置、镜像、配置文件等的同步，从而达到全数据中心的安全一致性。

6. 场景 C3——云边端一体化平台

如图 5-16 所示，借助 OpenShift 的杰出能力，在边缘测可以实现 3 节点甚至是单节点的容器化平台部署形式，从而在园区、厂区等复杂的边缘环境中，有效降低对资源的依赖，让应用可以自由地在边缘运行、对边远的设备进行及时的响应和控制。

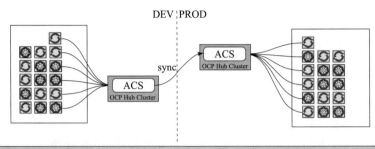

图 5-15 从 Hub Cluster 出发，统一管理全域 K8s/OCP Cluster，构建一致的 Dev/Prod 安全体验

云边端一体化还有如下好处。

❏ 云边集一致的架构。由于边缘云、中心云和终端采用一致的架构（OS、运行时、应用架构），最大化地降低了系统间的架构差异，使应用部署和运行模式一致，降低了人员和资源管理需求。

❏ 云边端端中管理。通过一致的架构设计，让中心云可以直接运维和管理边缘云、终端设备，最大化地实现自动化运维、智能运维，从而减少人为操作失误，实现规模效应。

❏ 云边算力调度。由于边缘和终端的资源有限，当需要对大量的边缘数据进行分析处理的时候，可以及时借助统一的存储和消息处理机制，以及云端强大的运算能力进行集中的分析，打造有效的决策模式和规则，及时推送到边缘侧的应用系统和设备中，打造云边协同工作的模式，加速企业算力转化为实际业务服务的过程。

7. 场景 C4——服务网格和网格联盟

大型企业往往拥有众多的分子公司，甚至是集团单位，这些独立的业务单元（分子公司、分子集团……）往往具有各自独立的 IT 开发和管理能力，在以 ISTIO 为代表的服务网格技术日益成熟的今天，构建全企业统一的服务网格平台实现集约化发展，同时让下属单位保留一定的管理和开发自由度的需求越来越迫切，借助 OpenShift 平台的服务网格（基于社区版 ISTIO）联盟的能力，大型企业可以轻松地在多个 OpenShift 平台上构建服务网格，基于多租户机制，建立服务网格联盟，从而实现集团层统一管理，下属单位又具有独立的管理权限，从而保障管理的一致性和使用的灵活度之间的平衡。

如图 5-17 所示，OpenShift 服务网格的 federation 技术可以实现在一个联盟内不同网格之间的服务共享与阻断，同时网格可以有集中的管理员和各自子网格的管理员。

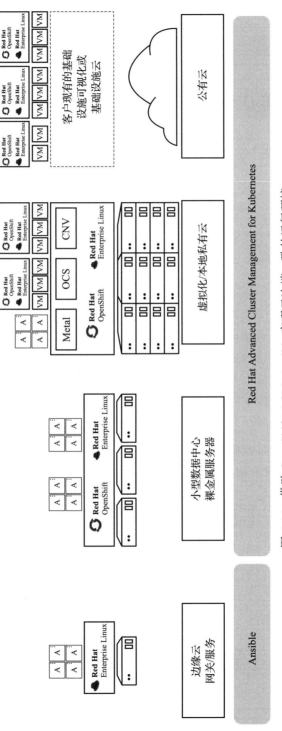

图 5-16　借助 OpenShift+ACM+Ansible 实现云边端一致的运行环境

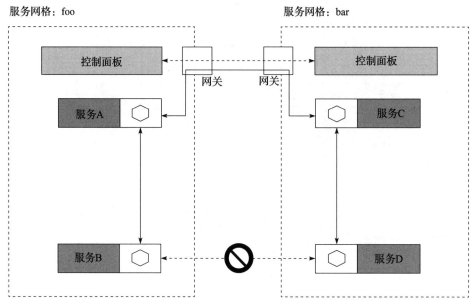

图 5-17　OpenShift 的服务网格 faderation 实现服务网格分级管理

　　考虑到很多企业的应用容器化和微服务改造需要一个过程，OpenShift Service Mesh 也提供了将容器化的微服务和传统虚拟机环境的微服务放在一个网格中进行集中管理和服务的能力。

　　如图 5-18 所示，OpenShift 集群通过控制面板（Control Plane）实现容器化的服务 A/B 和外部传统虚拟机环境的服务 C 纳入一个网格进行管理，实现流量分发、统一的安全管控、集中的可视化管理。

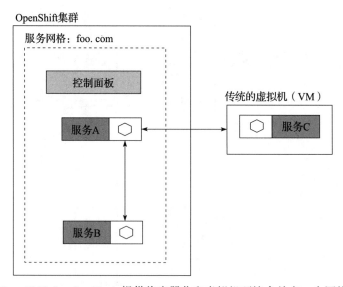

图 5-18　OpenShift Service Mesh 提供将容器化和虚拟机环境合并在一个网格中的能力

8. 场景 D1——基于容器化 CI/CD 过程实现混合云的开发和部署

说到 CI/CD 过程和容器，很多企业有一个误区，认为只要能够把应用代码打包并以镜像的方式放到容器平台上运行就可以了，CI/CD 过程是否以容器化的方式运行无关紧要。这是非常错误的，CI/CD 过程本身需要消耗大量的资源，而且由于 Jenkins 的大规模使用，导致资源长期被占用而不能被释放，这本身就是一种浪费。另外，独立的 CI/CD 过程对于混合云基础设施（跨本地私有云、一个以上公有云）上运行的应用而言，不能够提供很好的灵活性，因此，领先的企业纷纷开始使用容器化的 CI/CD 过程来提升效率和实现混合云部署。

如图 5-19 所示，对于混合云时代的 IT 企业而言，开发团队跨地域代码开发，在私有云、AWS、Azure、Ali Cloud 等多个不同的云环境同时部署运行环境以应对全球化的客户使用需求是非常常见的，通过一套容器化的基础设施环境来有效降低基础设施差异带来的影响非常关键，在开发测试阶段，借助 OpenShift 平台，企业云团队可以实现按照项目、租户（分子公司）的形式在共享的一套基础设施上进行开发，最多的时候效率可以达到：**200 个应用、30 个节点、10 000 个容器的使用规模。**

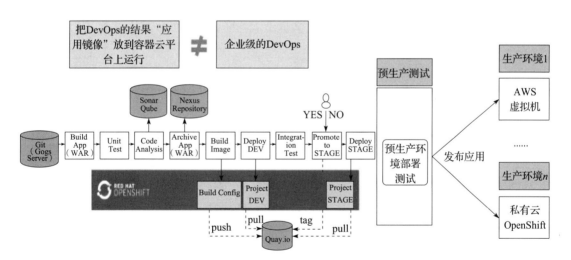

图 5-19　利用 OpenShift 自带的 Jenkins 实现容器化 CI/CD 过程和混合云部署

以上对比数据来自实际企业，并非容量测试结果。

但是构建企业级容器化 CI/CD 过程，也有以下几个基本原则。

❑ 流程独立：各个 Stage 独立伸缩。

❑ 标准化：尽可能标准化、一致的 CI/CD 过程。

❑ 过程自主：CI/CD 过程既可以在内部，也可以在外部。

❑ 运行自由：动态调整各个云上的 DevOps 负载比例。

❑ 镜像安全：基础镜像必须"可信赖"，过程可控。

一个容器化的 CI/CD 过程不仅能够节省资源，结合 GitOps 技术，还可以带来很高的部署和运行的灵活度，在企业实际运用过程中具有非常大的应用价值。

9. 场景 D2——源自社区 Operator 技术推动企业技术组件服务市场

对于企业级客户而言，安装一个容器云平台会一次性耗费许多时间（通常 2 个工程师、7 工作日，即 0.5 人月），运维一个容器云平台则需要消耗更多的人力投入（通常 3 个专职工程师，即 36 人月以上），同时要为开发团队安装众多的技术组件，这些组件需要与容器云平台进行集成适配（并不是所有组件的每一个版本都能够在任意版本的 K8s 上安装和平稳运行），开发团队也会对组件版本提出千差万别的需求，下面以 Kafka 为例进行介绍。

Kafka 社区同时发布的有效版本包括 3.3.x、3.2.2x、3.1.x 等不下 10 个版本，每个版本都有功能性的差异和安装部署上的区别（至少是参数的不同），这种情况下安装管理这些开源组件又需要更加专业的工程师，当工程师发生人员变动的时候，这些组件就会落入"无人能 / 敢照看"的境地，长此以往就会造成巨大的安全隐患。

为了解决这个难题，红帽和全球开源社区设计了 Operator 开发框架，将专业工程师部署对应版本开源组件的知识、能力和操作固化到代码中，运维人员安装开源组件之前需要先安装其对应的 Operator 程序，该程序会自动根据安装配置参数进行对应版本组件的安装和部署。

如图 5-20 所示，Operator 是一种完全开源的、打包 / 部署 / 管理 K8s 应用的自动化技术框架，凡是真人完成的重复性工作均可以利用 Operator 框架写成代码，对复杂任务进行固化复用。

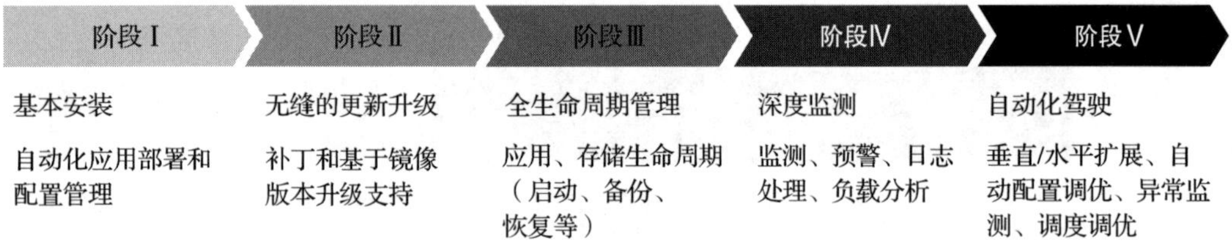

阶段 I	阶段 II	阶段 III	阶段 IV	阶段 V
基本安装	无缝的更新升级	全生命周期管理	深度监测	自动化驾驶
自动化应用部署和配置管理	补丁和基于镜像版本升级支持	应用、存储生命周期（启动、备份、恢复等）	监测、预警、日志处理、负载分析	垂直/水平扩展、自动配置调优、异常监测、调度调优

图 5-20　Operator 技术实现开源组件安装、升级、管理、监测和自动化驾驶

为了让企业能够更多地享受到 Operator 技术带来的好处，红帽还主导了 Operator SDK 的开发，让开发者可以将自己开发的应用 Operator 化，从而实现真正的自动化运维。

如图 5-21 所示，借助 Operator 开发框架，企业可以对自己内部的应用系统在合理化架构的基础上进行 Operator 化，让更多的业务能力实现复用，常见的有订单服务、用户管理服务、开户服务等。满足条件的企业还可以把这些 Operator 化的应用发布到红帽的 Operator Hub 上，供全球化的开发者使用，从而构建企业内外部应用市场。

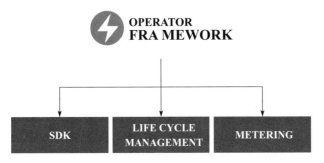

图 5-21　Operator SDK 开发框架

如图 5-22 所示，企业可以成为全球合作伙伴，与 IBM、Redis、F5、MangDB 等企业一起为全球企业和开发者贡献技术，实现技术回馈社区。

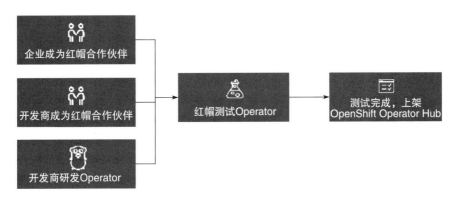

图 5-22　企业借助 Operator Hub 全球开发者实现应用市场

值得注意的是，Operator 技术已经由红帽贡献给全球开源社区，并成功成为众多容器云平台的标准技术，红帽全球 Operator Hub 社区的 Operator 已经突破 900 个。

10. 场景 S1——开放 API

OpenShift 服务网格（Service Mesh）本身带有控制面板（Control Plane）作为网格和网格内微服务管理的工具平台，开发团队在网格内新发布一个微服务时，如果想要让外部和内部的应用能够在第一时间知晓该服务并进行对接测试，除了在 Control Plane 进行配置之外，还需要在网管平台上进行发布，而 OpenShift Service Mesh 提供了 Adapter（基于开源组件 WebAssembly 开发），可以让开放 API 管理平台 3Scale 对网格内的服务进行直接管理，这样就可以大大缩短这个过程，从而加速业务创新的过程，以提升管理的效率。

通过 3Scale，还可以实现更多的 API 管理功能，如：

❑ 开发者访问控制；

❑ 流量限额控制；

❑ 微服务访问跟踪；

❑ 基于微服务级别的数据分析。

相对于服务网格的 Control Plane 上开发网格服务管理平台，OpenShift Services Mesh+3Scale 这种组合方案可以实现低耦合集成，专业化发展演进，从而避免故障迁移，增强整体系统的稳定性。

11. 场景 S2——AI 计算平台

领先的企业用户近些年在 AI 领域的投入非常巨大，花费在基础设施（GPU/ 服务器等）、AI/ML/DL/ 神经语言算法等领域的投资以百万计，AI 科学家和工程师只能够阶段性地利用其中部分计算能力，因此该领域的重复建设、低复用率和低利用率非常常见，行业急需专业的平台和算法支撑平台。

因此来自社区的企业从实际需要出发，整合算法、平台、工具和合作伙伴，为企业构建符合需要的 AI/ML 生态系统，包括红帽在内的多家社区厂商推出了 OpenDataHub 等多个 AI 计算平台，这些平台聚焦于以下关键领域。

1）**开放的架构**：提供经过验证、模块化、灵活的架构，为数据科学提供开放、可互操作且具有成本效益的架构。

2）**一致的体验**：在不同的使用场景下，需要用到的算法和工具有很大的差异，因此构建一套容器化基础平台能够弱化环境差异，实现一套平台承载多种 AI 应用。

3）**丰富的合作伙伴生态**：借助社区主流 Operator 技术可以很好地将各种 AI/DL/ 神经语言算法整合在一起，降低部署和管理的复杂度，从而实现尽可能多的合作伙伴技术综合运用的效果。

4）**Data Science-as-a-Services**：利用包括红帽在内的既有厂商的技术投资，不断整合新的项目和工具，实现 AI/DL/ML/ 神经语言算法的服务化供应，需要整合的软硬件资源包括但不限于：

❑ 硬件
- GPU
- CPU、内存

❑ 算法工具类
- Kubeflow
- Spark
- TensorFlow
- Jupyter
- PyTorch

❑ 基础设施类

- OpenShift Plus/Kubernetes
- Ceph 存储
- Kafka 流式数据处理
- Ansible
❑ 其他工具

5）**租户、项目、角色的差异化管理**：按照不同角色和权限为 AI 平台的使用者最大化地提供配套的工作环境，增强管理能力。

6）**全流程的工作台**：按照数据科学家的实际工作规程，串联工作目标设定、收集和准备数据、模型开发、模型部署、集成和接入、模型运行监控与管理等多个环节，最大化地降低数据科学家的等待时间，充分利用计算资源、人力资源的双重投入。

在社区的推动下，AI、ML、DL、神经语言模型等算法和工具不断涌现和进化，随着时间的推移，AI 平台将是一个非常广阔的应用领域，等待我们去发掘和实践。

5.5.5　规模化容器平台打开企业算力的关键

到此为止，相信读者很容易能够看出，我们设计了一个企业云原生容器平台规模化运行的基础框架。

如图 5-23 所示，随着时间的推移和技术的进一步成熟，数据中心在异构的基础设施上构建规模化、多种用途的 Kubernetes/OpenShift 集群和应用的情况需要一套完备的构建和管理方案，前述的众多场景设计为这个方案提供了一个高效的框架，该框架包括：

❑ 通过标准化 SOE（场景 A）来降低平台建设和管理的复杂度；
❑ 通过 Ansible/MachineSet/… （场景 B）实现节点级的集群扩容能力；
❑ 通过 GitOps（场景 C1 和 C2）来实现云原生容器平台 + 应用的规模化部署；
❑ 通过场景 C 来实现全数据中心一致的安全管理能力；
❑ 通过场景 D 来实现全企业开发、测试运维的一致化管理；
❑ 通过场景 S 实现多样化的算力支撑；
❑ 通过场景 O 来实现全数据中新一致的服务治理。

通过该框架，我们融入了应对规模化容器云平台建设过程中难题的方法、思路、场景和应对策略，相信大家可以看出，规模化容器云平台和应用的架构思路是非常关键的，单一的高度功能符合的容器云平台是不能够满足容器应用 / 平台规模化运行的需要的，我们需要让专业的产品解决专业的事，而不是创造一个"万能的轮子"。上述经验和建议是综合观察和研究社区技术发展方向的成果，是符合社区产品发展方向的，企业用户还是要结合自己的实际发展情况，制定切实适合自己的发展路径，积极探索和构建自己的云原生容器平台和应用。

目前很多头部企业的数据中心正在沿着类似的路径持续构建和更新新一代的容器化数据中心，相信在不久的将来这一切都将变成现实。

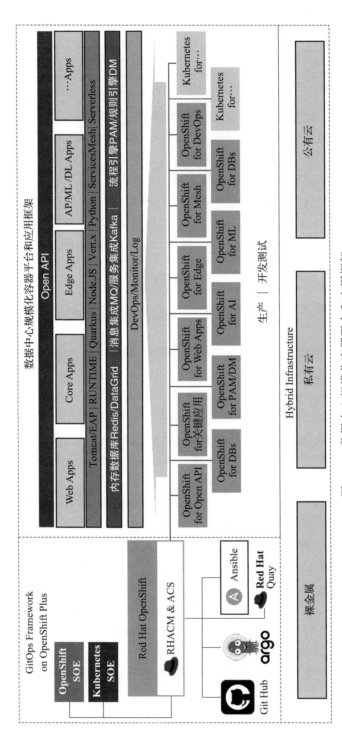

图 5-23　数据中心规模容器平台和应用框架

5.6 红帽关于企业容器化的实践经验总结

云原生容器平台从 2017 年开始陆续进入国内企业应用环境，到今天已经超过 5 个年头，可以说很多企业已经有了初步的知识和使用经验，但是由于其自身的复杂度远超过 Linux 系统，在具体落地的过程中如果能够参考一些先行者的经验依然具有非常积极的意义，因此我们选取了部分行业 / 项目经验，分享给大家作为参考。

5.6.1 保险行业选择 OpenShift 规避自研 Kubernetes 平台的投入陷阱

来自保险行业多个客户的统计数据显示：自研 K8s 平台和 OpenShift 平台在使用上的差别巨大。

部署和管理能力差异——3：1 和 1：7。部署一个小规模的 K8s 集群（5 个节点），普通客户需要 3 个工程师连续工作 7 天，部署完成之后，这个集群就不大可能进行大规模部署和升级；而且，即便是工程师团队根据经验建立了相应的版本基线，当新的 K8s/Kibana/ETCD/Jenkins 等关键组件更新版本之后，原有平台的集成测试、应用的集成测试、应用的迁移工作全部需要重新做一遍，集群的原地升级几乎是不可能完成的任务。相对于社区版 Kubernetes 自建云原生容器平台的 3 个专职工程师专注工作 7 天，客户选择如红帽企业级 OpenShift 平台，可以实现 1 天部署 1 个（V4）平台，同时 1 个专职工程师管理 7 个集群的效果。尤其是在 Kubernetes 补丁安装、版本升级方面，社区版通常给出的建议是重新安装，而 OpenShift 这样的平台只需要打一个补丁即可，为企业云平台运维团队带来了极大的便利。

此外，自研云平台还要面对额外的人才培养和留存挑战。

❑ **自研容器云平台的人才储备的难度较大**。自研平台需要企业 HR 部门寻找非常熟悉社区产品的技术专家，而这些人在市场上的薪资水平居高不下，而且越是技术能力强的人才，越是难挽留，跳槽比例也越高。

❑ **人员流失率居高不下**。由于容器技术人才的稀缺性，导致企业纷纷高薪挖人，2 倍甚至 3 倍的薪水经常在入行 1 ～ 3 年的技术人才身上兑现，这让企业构建稳定的人才梯队越来越难。

企业自研容器云平台建设难、管理难，这些问题积重难返，而选择社区主流的企业级产品，如在 OpenShift 等平台的基础上进行平台建设，可以大幅度削减重复性劳动，会起到事半功倍的效果。

从图 5-24 可以看出，OpenShift 平台能够大幅降低平台开发和运维团队的工作量，对比单个集群，搭建期 K8s 和 OpenShift 平台人力资源投入比约为 10：1，日常运维期的人力资源投入比约为 2：1，随着集群数量的增长，其差距将更加明显。

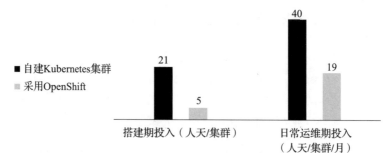

图 5-24 基于 Kubernetes 社区版自建和采用 OpenShift 的投入对比

5.6.2 国际大型金融集团更青睐 OpenShift 企业版

全球化的金融企业由于其全球化服务的特性，对于容器云平台的稳定性和性能的要求非常高，同时为了能够最大地发挥资源的价值、降低人员投入，很多企业都选择企业版的 OpenShift 平台作为云平台的核心，其中以 ING 为代表的全球化企业做了关于容器云工作量的统计，如图 5-25 所示。

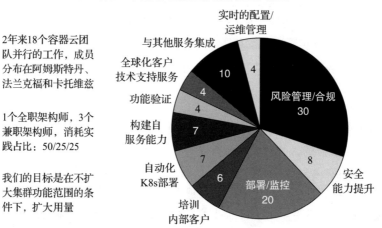

图 5-25 ING 云团队对工作量分布的统计显示，58% 的工作量集中在"底层平台"

从图 5-25 可以看出，国际金融企业云团队中，大量技术人员的工作时间都花在 K8s、Docker 和其他基础组件的安全加固和集成方面，而这些组件每发布一个新版本，加固和集成工作都要重做一遍，非常耗时。而作为金融业务供应商，国际金融集团认为自己的科技人员应该把工作重心放在更容易创造业务价值的方面，比如平台对上层应用的支撑中，类似中间件、应用运行依赖、DevOps 等。而那些与 K8s 平台相关的工作应该交由专业厂商去做，借助红帽的企业级产品，全球金融集团在如下方面可以取得较大的进步。

❑ 减少 K8s 周边众多配套组件的持续集成和安全加固的工作量。

❑ K8s 每 3 ~ 4 个月一次的版本升级工作，连带着周边的平台和应用升级工作实现外部消化，不再占用集群人力成本。

❑ 红帽在云平台方面提供了非常专业的支撑，OpenShift 平台在稳定性上又是所有企业级容器平台中最出色的，赢得了客户的充分信任。

❑ OpenShift 平台提供了非常开放、丰富的上层应用服务能力，为企业的金融业务创新提供了全面的支持能力。

通过 OpenShift，国际金融企业云成功地降低了基础设施的部署、运维管理的人力资源投入，把更多的人力和资金用到与业务目标关联度更高的领域。

5.6.3　国内银行借助 OpenShift 快速跨越上万容器

国内银行业某客户反馈如下："其他的 K8s 平台遇到 Kubernetes 更新的时候，针对我们已上线的平台和应用，给出的方案都是重新安装 K8s 平台和应用，但是红帽给出的解决方案是通过更新和 patch 补丁的方式即可完成升级，这一点极大地减轻了我们平台运维的工作量。"

从该客户的反馈可以看出，以红帽 OpenShift 平台为代表的企业级平台针对 K8s 原生技术做了很多增强，在企业客户所关注的"保持技术先进性和平台稳定性"之间求得了平衡，这为企业应用大规模上"容器 / 云"提供了保证。在 OpenShift 的基础上，金融行业客户普遍可以做到**三快一稳**，分别是：快速部署（2 个月）、快速集成（2 个月）、快速扩容（生产环境 3 年增加上万容器），稳定运行 3 年无重大故障。

国内的商业银行在容器领域起步较晚，但是速度很快，大部分客户从 2016—2017 年开始关注容器云平台技术和产品，组建技术容器云团队对 Kubernetes、Docker 进行尝试，一开始选取内部管理应用进行测试部署和运行，安排 1 年以上的技术储备期，2019 年初大部分银行通过公开招标引入红帽 OpenShift 容器云平台，通常不超过 2 个月即可上线运行，考虑到银行业的 IT 发展情况，上线期间需要完成对接 DevOps、统一日志、统一监控、统一身份认证管理等系统，在开发测试环境，OpenShift 平台创下了同时支持 200 个应用开发测试、DevOps 流水线运行，经过 1 ～ 2 年的发展，银行业客户普遍能够稳定达到 10 000pod 的运行规模（仅生产环境）。

我们注意到，其间红帽对于 Apache **幽灵猫漏洞、Jenkins 版本升级、OpenShift（含 K8s）版本升级**等的支持工作给银行业容器云团队提供了专业、快速的服务，保障了客户平台和应用的平稳运行。在生产环境中，OpenShift 平台很好地应对了不同类型的硬件故障，保障了业务的平稳运行。

红帽 OpenShift 平台的稳定性和专业的技术服务团队有力地保障了平台的稳定，给云平台管理运维团队提供了强大的信心，降低了团队的工作负担。我们看到，银行业平台技术团队 5 个人管理 40 个以上的 OpenShift 生产集群的情况并不鲜见。

5.6.4　大型生产企业基于 OpenShift 构建统一云平台

国内很多大型国有企业集团下属控股集团、实业公司、分公司、子公司众多，跨越金融、保险生产、商品流通等多个行业领域，业务范围广、跨度大，以及企业规模大（全国几十万人）的特点，如果分散建云，虽然能够贴近各分支机构之间的需求，但是从全集团角度来看，在基础设施上的投入浪费无疑是巨大的，因此，选择红帽 OpenShift 平台作为企业集团云平台的底座，由红帽来保障底层基础设施的稳定性和先进性，再由集团云团队在上层进行管理和计算功能的封装，实现一个入口全面管理，再结合各个分子公司具体需求定制云服务的方式更加合理和经济。

如图 5-26 所示，在云平台的建设过程中，企业集团云平台部门为了能够快速部署和回收云环境，基于 OpenShift 4.x 制定了专有的版本选择，并针对分子公司的计算场景进行了应用运行环境的定制化，并在此基础上构建了 Cluster 一级的统一快速部署框架，以满足分子公司快速部署云平台的需求。

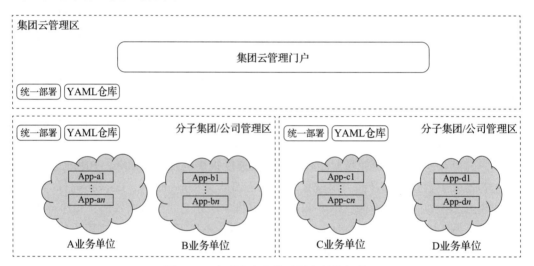

图 5-26 大型生产企业云平台整体架构

5.6.5 银行业正在积极尝试容器化数据中心

对于先进技术的探索，银行业一直走在前列，部分银行业客户在容器云平台团队建立之初，就确定了容器化数据中心的总体发展战略，具体体现在以下 3 个关键领域。

❑ 平台快速部署：为增强容器云平台的快速部署能力，采用 Operator 技术构建 OpenShift 平台快速部署能力，实现了增加节点、应用、集群的能力，部分云平台可以 1 天内完成 OpenShift 集群和关键应用上线。

❑ 平台自愈：为增强容器云平台稳定性，在 OpenShift 上利用社区工具和红帽服务构建混沌平台，定期对 OpenShift 及其上应用进行局部故障测试，增强故障恢复能力。

❑ 应用跨集群部署：为增强应用跨基础设施运营能力，基于 OpenShift 和相关组件，构建应用跨集群部署能力，实现基础设施、网络、存储及平台的联动。

具备快速部署、稳定运行、异构基础设施适应能力的容器化数据中心，就像插上了变形器的变形金刚，拥有了快速生长和变化的能力，可以极大地方便应用升级到云原生开发模式。

5.6.6　OpenShift 和 IPaaS 集成云平台

很多家电企业在新技术应用的领域一直走在前列，为更好地实现公司全球化发展战略，红帽辅助其中部分领先企业以 OpenShift 平台作为容器云平台的核心，构建新一代的企业级应用平台，尤其是借助 3Scale 构建了混合云的 Open API 管理平台，实现了全企业内外、跨私有云、多家公有云的混合云应用服务集成管理能力。

如图 5-27 和图 5-28 所示，集成云平台的架构关键在于：

❑ 采用 OpenShift 平台作为容器云平台，保障平台和应用稳定运行；

❑ 采用 FUSE 作为应用 API 服务的开发平台，实现应用服务配置化，实现服务集成；

❑ 采用 3Scale 作为开放 API 网管，简化管理，缩短 API 开发到交付的周期；

❑ 同时通过 3Scale 自带的 Portal 有效管理内外部客户访问，增强安全性。

图 5-27　通过使用 3Scale 平台，家电行业部分企业实现了从传统基础设施向集成平台的转变

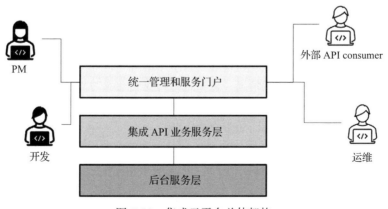

图 5-28　集成云平台总体架构

如图 5-29 和图 5-30 所示，运行在 OpenShift 之上的 3Scale 平台可以为集成管理团队提供完备的管理服务，为合作伙伴的开发团队提供自助的开发、测试、上线服务，是企业实现专业的开放 API 的管理平台。

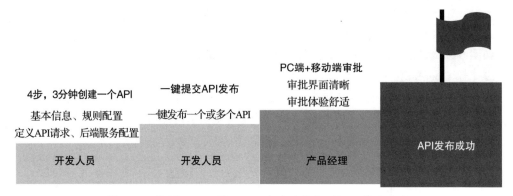

图 5-29　使用 3Scale 的 Portal 内建功能实现 API 快速发布

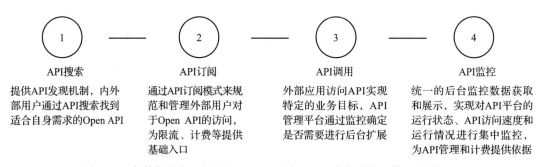

图 5-30　内外部客户 / 应用通过 3Scale 的 Portal 自主访问和管理开放 API

5.6.7　混合云的容器平台需要搭配跨职能混合云平台团队

很多金融行业的头部企业在云平台建设之初，就意识到云平台是未来科技推动金融发展的重要抓手，云平台尤其是容器云平台将成为新一代的基础设施。在平台搭建之初，就充分关注云平台快速扩张过程中经常遇到的资源不足的问题，此时平台建设团队需要向基础设施部门申请服务器、网络、存储等，而往往又受限于采购和资源分配的过程，资源供应周期经常掣肘业务发展，为了应对这种情况，很多金融行业企业及时地从基础设施部门，如服务器、网络、存储、安全、运维管理部门专门借调了骨干技术人员，将 IaaS 平台、PaaS 容器云平台合并，形成了一个跨职能部门的复合型团队。

如图 5-31 所示，普遍来看，跨职能部门的复合型云平台部门拥有基础设施的独立采购和管理权，当基础设施资源不足或即将不足时，可以及时进行补充，以满足云平台部门快速扩容的需求。

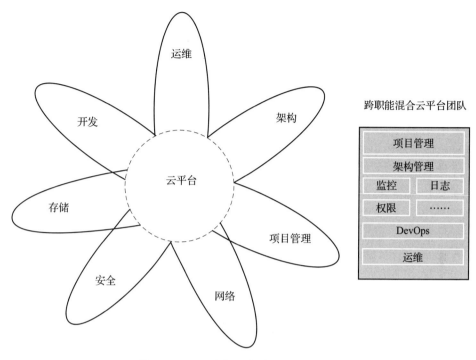

图 5-31　云平台部 – 复合型团队的构成

　　跨职能部门的复合型团队可以加速资源快速分配的过程，如服务器上架、网络 /IP 分派、端口和路由设置等工作都不需要跨部门协调，大大减少了沟通成本，为云平台高效能管理提供了很好的支持。

　　复合型团队可以很好地融合不同技术背景的专业技术意见，增强技术选型透明度和技术路线的准确性，让专家参与架构决策，帮助企业更好地践行松耦合的架构。

5.7　利用规模化企业级容器云平台管理框架提升数据中心整体效能

　　规模化企业级容器云平台管理框架设计的目标是解决当容器数量超过 10 000 时的工作难题，从企业 IT 的根本需求出发，聚焦于企业云原生开发的重点需求，即开发、运维、技术生态和安全需求，但这并不意味着只有当容器数量超过 10 000 的时候才能够 / 需要使用本框架，事实上，在一开始的时候，如果我们能够参考和遵循其中的理念和方法，在容器数量快速攀升的过程中将获得事半功倍的收益，这些收益包括但不限于：

　　❑ 加速开发部署过程。自助式调配使应用程序开发团队可以直接从目录中请求集群，从而消除了 Central IT 管理的瓶颈，这一过程将大大提高开发团队的效率，让开发、测试过程变得更加顺滑，从而缩短软件交付周期。

❑ 提高应用程序可用性。出于可用性、容量和安全性的考虑，合理设计部署规则可以允许在整个数据中心跨越多种异构的混合云基础设施自动化部署，这种能力大大增强了应用服务总体的稳定性和服务的可用性。

❑ 轻松合规。策略可以由安全团队编写并在每个群集中执行，从而使环境符合你的策略。通过合理地设置策略，企业云原生平台会借助规模化管理框架自动实现合理的平衡分布，而且能够轻松实现整体的一致性，从而全面提升合规性。

❑ 降低成本。运用企业容器化运行管理框架可以大大减少手动管理集群的机会，从而降低出错概率，最大限度地保障可靠性的同时降低人力投入。据观察，处于框架管理之下的数据中心，可以大大提升资源的利用率，实现效能提升和节能减排。

❑ 100% 开源。框架中所用到的所有平台 / 工具 / 组件全都是 100% 开源的产品，不存在技术锁定，高技能人员相对小众平台更容易获取，对于企业而言，企业容器化运行管理框架可以极大地保障平台和应用的自主可控性。

❑ 快速演进。由于框架中采用的产品都是开源产品，通过跟踪红帽和对应社区的技术演变路线，可以快速获取相关技术更新，及时实现技术升级换代，从而保持平台 / 框架的竞争力。

我们相信随着时间的推移，会有更多的新技术不断成熟，越来越多的企业数据中心会快速过渡到容器化时代，容器数量过 10 000 甚至 100 000 的数据中心将不断出现，未来数据中心必将是大规模容器化的数据中心。

5.8 本章小结

本章从企业应用容器化的几个关键阶段出发，结合容器技术的特点介绍了规模化容器平台的建设思路和方法，并从场景出发给出了比较切实的行动步骤。希望可以带领企业云平台建设者从不同的视角来看问题和探索解决方案，也欢迎大家积极探索，发展和创造出更有效的技术、框架甚至平台，让开源社区更精彩。

第 6 章 Chapter 6

企业云原生安全实践之旅

随着云原生技术的不断成熟，越来越多的企业开始将 Web 应用、关键应用、核心应用系统迁移到云原生尤其是容器云平台上运行（除非特指，本章涉及的云原生技术均以云原生的容器技术为主体），但是与传统主机 /VM 环境不同，云原生的应用有快速部署、快速扩容、跨异构的基础设施等鲜明的技术特性，继续采用传统的安全手段显然已经不能满足云原生平台及其上应用的安全管理需求。那么到底应该如何实现云原生平台上的安全？是否可以继续使用传统的信息安全技术？业界都有哪些技术和手段能够帮助企业提升云原生平台的安全性？

本章将重点介绍云原生环境的技术特点和相关标准，并从现有的云原生安全的 3 大构建思路出发，按照云原生安全的 14 个层级和安全左移等安全方案的思路，综合使用云原生的产品、技术、工具和手段，对云原生平台进行加固和管理，提升云平台及其上应用的安全水平。

6.1 从传统云安全到云原生安全

6.1.1 安全技术的发展历程

如图 6-1 所示，信息安全从战争时期开始发展，随着技术的不断进步，经过几十年的不断提升，经历过信息加密、网络安全、信息安全到云原生安全几个发展阶段，由于以 Kubernetes/OpenShift 为代表的容器技术开始大规模进入企业，并开始替代传统的主机 /VM 的运行环境，全世界的企业已经将"云原生安全"作为安全领域的工作重点。

在云原生技术诞生之前，企业安全技术主要包括：

❑ 硬件安全（加密卡、U 盾等）；

❑ 网络扫描（安全厂商专业设备）；

❏ 软件加固（操作系统、中间件等）；

❏ 应用开发管理（过程、代码扫描等）；

❏ 数据库安全（加密、安全架构等）。

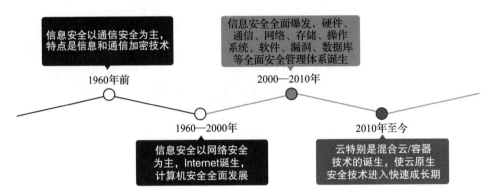

图 6-1　全球信息安全技术的发展历程

在云原生时代，传统安全技术依然存在并有效，由于云原生技术的快速发展，也诞生了一些与之配套的安全技术和方法。

如图 6-2 所示，云原生的安全技术在授权、保密计算、多云安全管理、网络、中间件（无服务器等）等领域都结合技术特点进行了针对性的安全设计，在不久的未来，容器平台和容器化应用将大规模出现，企业应尽早进行云原生安全技术的研究和应用。

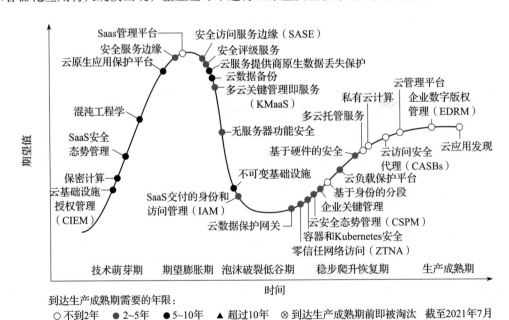

图 6-2　Garnter 的云原生安全技术成熟度曲线

6.1.2　云原生时代的企业信息安全

在云原生时代，云原生安全作为一个关键领域，已经成为企业信息安全不可忽视的一部分。

如图 6-3 所示，云原生安全是企业级 IT 安全的一部分，云原生的基础设施由于同时涵盖了裸金属服务器、私有云、公有云环境，借助网络和存储的虚拟化，为上层应用提供了高度整合、一致的云开发和运行环境，在这种情况下，传统分散的安全组件和产品依然是可用的，但在使用上和效果上有较大的局限性。在安全问题监测、分析和排查、风险处理方面很难实现快速一致的行动，所以需要选择更加"容器化"的安全产品作为云原生应用环境的安全工具。因此，云原生安全具有几个重要的特点。

图 6-3　云原生安全与传统基础设施安全的关系

1. 整体、全方位的安全

企业使用传统安全的外挂式安全设备、工具的时候，更多地关注于生产环境，开发测试环境的安全更多依赖于开发团队自身，开发和运维的衔接往往在代码 /Jar/War 包 /Lib 库 / 应用执行码级别，云原生安全由于其分层打包技术的特性，需要安全团队更加积极地介入开发阶段的基础镜像和过程安全（运行态向开发态辐射：安全左移），同时由于容器平台作为新一代的虚拟化技术实现了从基础设施到应用的统一管控，云原生的安全是要把平台和应用作为一个整体考虑安全，因此**关注整体、全方位的安全管理**是云原生时代安全管理的重要变化。

2. 内生性（基于 Kubernetes 原生）安全

由于云原生技术的复杂度很高，一个 Kubernetes/OpenShift 平台内部包含了大量的开源组件和产品，借助单一的外部工具很难保证平台和应用的安全，因此需要从内部出发，从 Kubernetes 出发解决容器技术的安全性，才能保证及时发现、及时响应、及时处理风险，也只有从 Kubernetes 出发才能最大限度地利用 Kubernetes 的能力，让安全预防、安全处理更加贴合技术应用场景本身。因此，云原生时代的安全技术需要从 Kubernetes 出发、从容器技术出发、从内部出发。

6.2　企业为什么要关注云原生安全

我们看到，容器技术给企业 IT 带来了很多积极的影响，这些影响覆盖了从架构、开发、测试、部署到运营的多个专业领域。容器平台改变了企业应用获取资源的方式，同时也改变了使用这些资源的方式。容器平台抹平了从传统资源供应到平台服务之间的鸿沟，让应用团队不再关心存储、网络、CPU、内存的供应，甚至不用关心中间件服务，只需要关心服务内容；开发团队在运用云原生技术进行开发的时候，可以自由选择 Spring 框架或者新一代的 Istio 和 Knative（OpenShift Service Mesh/Serverless）技术。基于容器化环境，开发者可以使用 DevOps 过程，快速进行敏捷开发，基于容器化的 CI/CD 过程快速迭代。容器技术可以让应用与基础设施解耦，实现一次开发到处运行，完成从静态部署模式到动态运行的转变，实现大规模的跨云部署和发布。

企业拥有了容器云平台，不仅意味着应用可以实现容器化运行，还意味着企业 IT 的运维管理模式已经开始向着运营转变，因为容器云平台本身就是一个需要持续建设和运营的平台，而且随着容器数量的快速增长，**单兵 + 手动的运维模式必然让位于自动化技术，传统的基于 VM 的运维管理稳态模式必然要向数据中心整体运营管理的敏态模式转变。**

以上这些积极的变化给企业的 IT 环境和 IT 管理带来了很大的便利，但同时我们注意到，容器化的运行环境也给企业安全带来了诸多的挑战。

6.2.1 企业使用云原生容器技术时面临的 12 个挑战

1. 容器快速增长，容器安全事件居高不下

根据 Prisma Cloud 的调查，近 3 年以来，围绕容器云技术的安全事件增长比例居高不下。

如图 6-4 所示，容器云相关安全事件因为新冠疫情短暂降低，但依然维持高位增长态势。这说明，随着容器云技术变得越来越成熟和复杂，以及容器云规模的不断扩大，容器云上的安全问题开始迅速地暴露，安全不是被隐藏了，而是在迅速积聚和爆发。

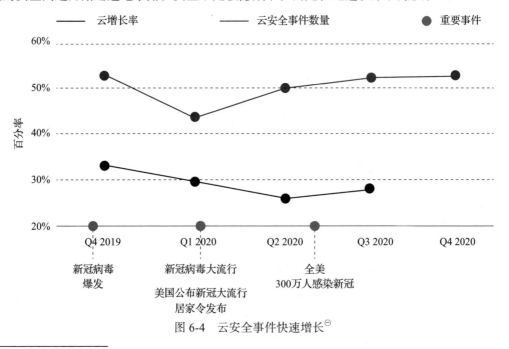

图 6-4 云安全事件快速增长[⊖]

⊖ https://www.paloaltonetworks.com/prisma/unit42-cloud-threat-research-1h21。

2. 容器安全严重事件越来越多

我们也看到，在国内的企业应用环境，容器云平台、容器应用持续地暴露了一些比较严重的安全问题，例如：

❑ 2018 年 11 月 26 日爆出严重安全漏洞 CVE-2018-1002105，此漏洞使恶意用户可以使用 Kubernetes API 服务器连接到后端服务器来发送任意请求，并通过 API 服务器的 TLS 凭证进行身份验证；

❑ 2019 年 2 月爆出严重的 runc 容器逃逸漏洞 CVE-2019-5736，此漏洞允许以 root 身份运行的容器以特权用户身份在主机上执行任意代码；

❑ 2020 年 7 月爆出高危组件漏洞 CVE-2020-8559kube-apiserver，攻击者可以通过截取某些发送至节点 kubelet 的升级请求，通过请求中原有的访问凭据转发请求至其他目标节点，攻击者可利用该漏洞提升权限；

❑ 2020 年 5 月的幽灵猫漏洞导致使用社区版本的 K8s 平台之上的应用必须大规模更新 TomCat 到特定版本，给企业 IT 团队带来了很大的运维负担；

❑ 2021 年 6 月爆出高危漏洞 CVE-2021-30465runC，攻击者通过创建恶意 Pod，利用"符号链接"以及"条件竞争"漏洞将宿主机目录挂载至容器中，最终可能导致容器逃逸问题。

3. 攻击更多来自内部

容器化运行环境具有多租户、虚拟化、弹性伸缩、云化、短生命周期等技术特点，容器化环境的安全攻击手段也与传统环境不同。

如图 6-5 所示，容器环境下，一个容器可能包含不止一个应用服务，容器依托于宿主机的 OS 运行，从同一个镜像可以启动许多个不同的容器应用实现集群化服务，可以通过多租户技术实现适当的资源隔离，通过调度平台实现弹性伸缩和生命周期管理等。

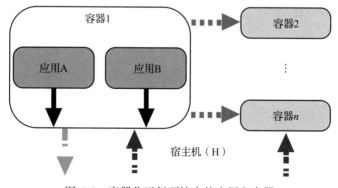

图 6-5　容器化运行环境中的应用和容器

典型的容器环境供给手段是借助容器技术本身的技术特点设计的，典型攻击方式有：

❑ 通过容器内应用攻击容器；

❑ 通过容器攻击其他容器；

❑ 通过容器攻击宿主机；

❑ 通过宿主机攻击容器。

而在容器环境中，容器镜像拥有较长的生命周期，而容器本身生命周期较短，这就给我们的企业安全团队带来了很大挑战。

4. 容器应用构建挑战

快速迭代的云原生应用和镜像生成加大了引入漏洞、bug、病毒、不安全 API、不安全 Secrets 的机会，社区内和众多镜像网站的免费镜像由于其基础代码 / 组件来源的不确定性、制作过程的不规范等因素，导致存在大量漏洞。

5. 运行动态性挑战

大量容器实例、较短的生命周期的动态部署模式，导致容器化应用的安全监控无法像传统主机 /VM 环境一样稳定进行。当出现入侵行为时，其行动具有很强的潜伏性，入侵程序可以在被攻克的容器节点上，躲在暗处不断监控和获取其上应用的信息。

6. 资源共享性挑战

容器技术共享主机内核，黑客可以利用一些系统漏洞或配置不当造成的系统缺陷，从容器环境中跳出而获得宿主机权限，导致宿主机管理权沦陷，进而出现安全逃逸，让黑客可以持续获得更多的权限、资源和数据。

7. 部署多样性挑战

容器由于天然的跨平台部署和运行能力，其部署方式依托于底层的基础设施可以出现很多种方式，不同的资源环境需要不同的工具和配置，管理和适配工作非常复杂，尤其是面对混合云部署的情况，数据、网络隔离等差异化非常大，问题也多种多样。

8. 更多的问题来自开发侧

研究人员发现，很多企业的开发者在容器环境中使用的基础镜像是随意在网上下载的，没有经过任何认证、安全扫描、加固的过程，这导致生产上运行了大量携带了漏洞、木马程序的不安全的应用镜像，这些镜像一旦被黑客利用，就会造成应用服务丢失、服务器劫持等情况，而以往生产环境的 OS、中间件都是在最终部署阶段才由专业团队完成，这种变化极大地增强了生产环境的不确定性。

以往安全部门的注意力大部分聚焦于生产环境，通过外部的扫描设备、安全工具和方法实现运行和开发测试环境的安全加固，基础操作系统运行依赖的选择由安全和运维部门决策，与开发部门无关。但容器化环境对操作系统进行了镜像化打包，这导致在开发阶段安全部门就必须介入，以确定未来生产阶段运行的镜像中的 OS 是满足安全管理规范的，同时安全部门还需要关注应用镜像的打包过程，以保证镜像的生成过程能够满足安全管理规范，并且没有带入不安全的代码包。

由图 5-1 可知，一个 Kubernetes 平台就有 43 个内部工作组，每个工作组会选择不同的开源组件、框架和产品，引入一个 Kubernetes 平台就相当于一次引入了很多个开源组件，针对这些开源组件 / 产品，安全部门需要关注的安全问题包括但不限于：

- ❑ 本身是否经过安全加固；
- ❑ 是否有专业厂商的认证和支持；
- ❑ 是否在出现漏洞的时候会产生大范围的安全挑战；
- ❑ 是否能够在全企业范围内实现一致的用户安全管理；
- ❑ 是否能够在全企业范围内实现跨平台的操作安全管理策略；
- ❑ 是否能够随着这些软件的更新和升级进行及时的安全策略更新。

9. 过程操作不当也会带来安全问题

随着越来越多的企业级开发过程依赖于 DevOps 工具链平台，对于 DevOps 平台的操作过程管理也会带来一定的安全隐患，比如：

- ❑ **违规为某些环节用户提升操作权限**：对于非特权容器（不需要以 root 用户身份运行），如果在 DevOps 过程中部分操作要求提升权限，则会带来不确定的安全风险。
- ❑ **对于特定的包进行二次覆盖**：对已经经过认证的某些标准组件的镜像进行二次覆盖被视为非常重要的风险。
- ❑ **应用打包携带了不安全的代码**：很多矿机都是在某些社区的标准镜像里以预埋代码的方式运行的。

所以，信息安全不仅要保证开发人员的代码是安全的，也要想办法保证打包和部署过程的安全性。

10. 容器安全技术没有得到充分和恰当的使用

根据权威机构的调查，开源软件社区已经提供了容器安全相关的技术，但是其使用情况仍然很不理想。

如图 6-6 所示，造成容器平台和应用安全问题的原因有很多，比较典型的原因有如下几个。

- ❑ **使用不安全的镜像**：很多企业开发、运维人员直接使用从社区下载的操作系统、中间件、开发框架等镜像，没有经过安全扫描和加固就直接用到平台和应用系统中，从而造成大量的平台和应用带病毒运行，这给黑客提供了大量的入侵机会，也给平台和应用运行带来了极大的风险，因此如何获取和从哪里获取经过认证的安全镜像成为容器安全的首要任务。
- ❑ **采用 root 身份运行应用容器**：由于 Docker 的设计，在平台安装和运行的时候需要以 root 身份运行一个 Daemon 进程，这种权限极高的进程的存在对于系统安全来说本身就是一个很大的挑战，因此在 OCI 的推动下，CRI-O 的 Podman 摒弃了这种不安全的实现，但是很多云团队却一直在沿用最初 Docker 的方式，这是非常不安全的。

- **不必要的操作系统软件包**：由于容器分层打包技术的贡献，容器应用自带运行依赖，对于容器云平台的 master 节点和 worker 节点而言，操作系统层无须安装过多的软件包，如果节点上安装了多余的软件包，不仅会拖慢系统运行速度，严重的还会造成系统风险。

- **错误的安全配置**：很多企业云团队按照传统 Linux 的安装标准安装和配置容器节点和应用，并允许普通用户和应用自由更改，造成安全配置错误和漂移，这也是非常严重的风险。

- **一再出现的安全事故**：很多客户在安全生产的过程中大量采用手工操作，经常导致错误重复出现却迟迟得不到系统化的修复，这给系统安全带来严重的风险。

- **构建容器镜像过程中的安全扫描**：容器构建过程中需要用很多的工具，比如 Jenkins、Maven 等，另外在构建的各个环节需要完成很多流水线工作，这些配套操作也经常设计用户和权限管理，如果操作不当也会引入不恰当的代码和配置，给系统安全带来风险。

传统 VM 领域的安全风险在容器化环境的系统和软件层面、平台配置层面、人为操作层面依然存在，并且由于容器环境的分布式、易消失特性，这些问题以更加隐蔽的形式再次出现，而且变得更难追踪和定位，这使安全挑战变得更加显著。

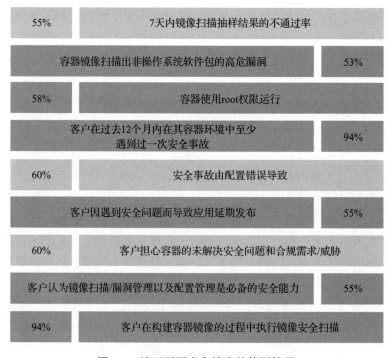

图 6-6　社区开源安全技术的使用情况

11. 容器的安全已经超越了安全部门内部

如前所述，容器、微服务、DevOps 三大技术的快速发展推动了云原生技术栈的形成，特别是 2020 年以后，基于容器的云原生技术的快速发展，使企业 IT 领域发生了十分显著的变化，可以说，企业 IT 正在快速步入"混合云时代"，具体体现在：

❑ 容器云平台 PaaS 已经成为企业数字化转型的基础设施；

❑ 基于服务网格技术构建的云原生开发平台、微服务治理平台已经成为企业构建云原生应用的基础；

❑ 传统的 DevOps 平台正在快速实现云化。

我们看到，技术的应用过程本身就是一个不断丰富和完善的过程。

如图 6-7 所示，容器云平台作为来自社区的最新技术更是这样。当容器技术最初进入企业的时候，作为新兴的技术创新，各相关部门给予了相当大的宽容度，随着企业对技术的掌握能力不断增强，尤其是来自社区的技术的迅速完善，企业外部行业协会和政府监管部门开始逐渐增加对容器云 PaaS 平台的安全防范要求，企业内安全管理组织也开始借助各种技术和手段增强容器云平台的安全防护能力。

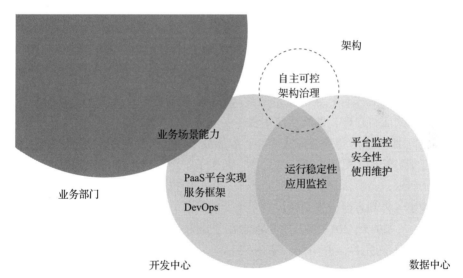

图 6-7　容器云平台是不断发展的，安全需求也是不断升级的

除了容器技术本身的不断发展之外，国家在容器云安全管理领域提出了更高的要求，企业安全管理团队需要走出去，与国家、行业、社区对接，借助内、外部的经验一起实现协同发展是非常重要的。

12. 分散的安全防御与全面的安全攻击

传统的安全解决方案应对问题的方式更多的是点状的，比如：通过漏洞扫描设备对安全漏洞进行扫描；通过镜像扫描工具对应用和 OS、组件的基础镜像进行扫描；通过日志扫描等规则式的行为审计软件加强用户安全管理和合规。但是在容器时代，安全问题通常是系统性的，安全风险和攻击带有很大的可复制性，企业迫切需要一个统一的管理中心对整个容器（容器云平台＋容器化的应用）的安全进行统一且集中的管理，这些企业需求至少包括：

❑ 集中的安全管理门户，解决安全态势可视化；

❑ 对容器平台和应用进行安全扫描，动态保障安全；

❑ 统一的安全管理和配置中心，实现全企业一致的安全管理策略；

❑ 为安全管理团队提供集中的安全策略管理入口；

❑ 集中管理开发、测试和运行态的平台和应用；

❑ 对接业界安全管理最佳实践，保持企业安全管理的先进性和及时性。

由此可见，分散的安全管理工具不能很好地保证平台整体的安全，容器时代的安全管理是一个整体，要从容器技术的特点出发来管理容器技术的安全，从内部出发保障容器技术安全，从社区出发解决来自社区的软件的安全。

6.2.2 企业云原生时代安全技术的快速发展

对于企业管理者而言，运用专业的容器化安全管理产品，构建**集中的容器安全管理中心**，快速构建适合容器技术的安全管理规范、策略，实现容器平台和应用的整体安全和一致性的时代已经到来。

1. 容器安全整体观

我们知道，容器是来自社区的技术创新，是新一代的虚拟化技术，其核心是基于 Linux 主机以进程的方式运行程序，那么从应用程序安全出发，可以构建第一代的容器安全，进入 2020 年，随着云原生技术越来越深入人心，容器技术的安全超越了单纯的进程／技术领域，走向开发、运维、管理等更深、更广的层面，诞生了安全左移，即 DevSecOps。

如图 6-8 所示，容器云安全的发展经历了从单纯的技术保障，到以安全左移为代表的安全基础设施构建，再到容器云安全建设三个主要的阶段。

❑ 第一阶段：2015—2019 年，核心理念在于作为一项新兴技术，容器和容器平台需要从技术上不断完善，并搭配一系列的工具、手段和标准安全规范实现技术层面的安全服务。当现有的技术发展相对成熟之后，社区从容器化基础设施构建的角度对安全进行重新定义，容器云安全进入第二阶段。

❑ 第二阶段：2019—2021 年，以安全左移为代表的容器云安全技术开始关注基础镜像、构建过程的安全，这一阶段更多地关注镜像的安全认证和容器云安全管理策略化，代表产品是 Stackrox（后被红帽收购，改名为 Advanced Cluster Security 并开源）。

❑ 第三阶段：2022 年至今，借助不断完善的 ACS 和 ACM+GitOps 管理框架，容器云安全在 DevSecOps 的基础上进入全方位安全的发展阶段，强调多平台、异构基础设施、平台与用户之间的安全联动，集中化的安全管理中心、一致化的安全策略体现了容器云平台作为一个整体的安全管理需求。

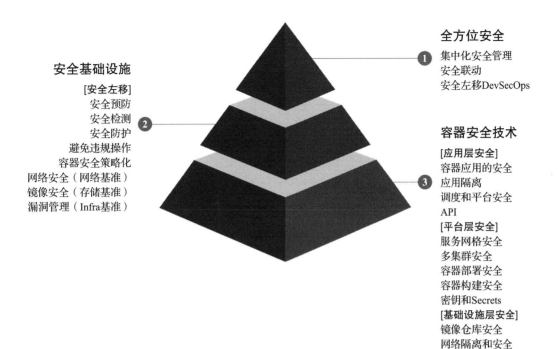

全方位安全
1 集中化安全管理
安全联动
安全左移DevSecOps

安全基础设施

[安全左移]
安全预防
安全检测
安全防护
避免违规操作
容器安全策略化
网络安全（网络基准）
镜像安全（存储基准）
漏洞管理（Infra基准）

容器安全技术

[应用层安全]
容器应用的安全
应用隔离
调度和平台安全
API
[平台层安全]
服务网格安全
多集群安全
容器部署安全
容器构建安全
密钥和Secrets
[基础设施层安全]
镜像仓库安全
网络隔离和安全
存储安全
宿主机安全

图 6-8　容器云安全的发展

　　时至今日，企业用户更加关注容器云安全管理体系的建设，因为容器云安全不仅涉及资源和平台，也与应用和外部服务息息相关，因此，构建一个涵盖开发、测试、生产环境，满足从底层基础设施、平台到上层应用和服务的全方位的云原生管理体系已经成为企业云管理者的工作重点。

　　如图 6-9 所示，云原生的安全管理体系需要覆盖企业云生产运行的各个阶段和层级，实现全方位的整体性管控，云原生安全不能完全依赖外挂设备，更要利用容器化的安全平台（如红帽 ACS，后续将专门介绍）实现容器的安全。

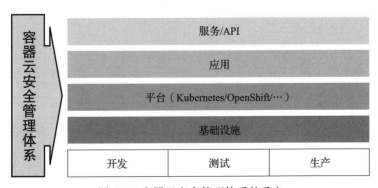

容器云安全管理体系

| 服务/API |
| 应用 |
| 平台（Kubernetes/OpenShift/…） |
| 基础设施 |

| 开发 | 测试 | 生产 |

图 6-9　容器云安全管理体系的重点

2. 容器云基础设施的安全

容器云时代的基础设施不仅仅包含硬件，更多的是关于云存储、网络、云计算（Server）、云数据库，以及以云服务形式提供的组件式服务（如日志服务、镜像服务、监控、CI/CD 服务等），由于这些云化的资源大都经过软件虚拟化后进行提供，因此它们的安全也是云原生安全中非常重要的一环。

构建基础设施安全的方法有很多种，其中比较重要和有效的有：

- **借助安全产品**。借助安全厂商的力量，构建对应的软件产品的安全漏洞更新、升级管理机制，定期扫描安全漏洞，实现安全的基础设施运行基础。
- **借助厂商支持**。容器云平台源自很多社区技术，其中很多技术由专业厂商的社区团队主导开发和升级，这种更新和升级工作并不受传统的安全厂商的管理，如果能够借助来自社区的专业厂商的力量，如红帽的 OpenShift 就打包了 K8s、CRI-O、EFK、Prometheus、OVS/OVN 等多项开源组件，在实现漏洞和安全补丁的支持方面将会取得很好的效果。
- **不可变基础设施**。第 3 章介绍过，不可变基础设施的构建思路非常适合云原生时代的企业容器云。企业容器云由于承载了企业的众多关键服务的运行，借助不可变基础设施的技术和工具（如 CoreOS 和 GitOps），可以实现基础设施、平台、应用服务灵活地应对故障、快速地自我修复的能力。

容器云基础设施的构建还有很多方法，如低代码平台等，读者可以针对性地进行相关研究和探索。

3. 容器云平台的安全

由于容器云平台的主流技术是 Kubernetes，因此容器云平台的安全首先要考虑的就是 Kubernetes 的安全。基于 Kubernetes 的安全技术，围绕 Kubernetes 所管理的资源、对象（资源的实体）进行全面的管理就可以在很大程度上增强容器云平台的安全性。

Kubernetes 的对象和资源包括：

- Master、Worker、ETCD 等；
- Pod、Services、PV、PVC、SVC、Secrets、Cretential、Statefulset、DaemonSet 等。

但是企业内部的容器云平台并不仅包含 Kubernetes，还包含容器运行时、监控、日志、存储和网络等，因此容器云平台的安全还要包括如下内容：

- Jekins、Tekton、Prometheus、EFK 等；
- ISTIO、Knative 等；
- BuildConfig、DeployConfig、template 等；
- Route、Pipeline、Event 等。

围绕容器云平台的技术发展从未停止，其对象和资源不断扩展，因此安全领域的加强需要用一些长效的方式来实现，Kubernetes/OpenShift 平台也提供了一些原生的机制进行安全加强，如策略化的安全管理机制就是非常重要的一环，这种灵活的安全管控方式作用于 Kubernetes 平台全局，既能保障开发和运行态的安全，又能为未来预留持续改进的空间，当前最先进的容器安全管理平台都采用了这一方式。

4. 容器云应用的安全

企业容器云的安全不仅包含容器云平台（Kubernetes/OpenShift）的安全，还包括运行于其上的开源组件和应用的安全。就像一艘全副武装的隐形军舰，如果装载的是不停暴露自己位置和弱点的货物（容器），那么其整体的安全性也将不复存在。因此，选择安全的开源组件、开发和运行框架，构建安全的应用依然是容器时代非常重要的安全手段。

安全的开源组件开发框架、以 ISTIO/Knative 为代表的服务网格和无服务器技术是当前容器时代的主流应用运行时组件，众多的企业都在此基础上构建新一代的服务网格平台和无服务器 /FaaS 平台。但是 ISTIO/Knative 技术作为最前沿的技术，仍然处于快速发展和不断完善的阶段，其更新频率以周 / 天为单位，经常是刚刚发布新版本，第二天就推出补丁程序，因此企业客户对于最新版开源社区的追求就会成为安全的一大挑战，因此选择适当的稳定版本对于容器平台、应用运行时和上层应用而言非常关键。

除此之外，对于 SQL 注入式攻击、代码注入式攻击等应用层面的攻击手段依然被广泛使用，因此传统的应用安全机制在容器时代依然重要，且由于容器的快速消亡、快速扩容特性，通过合理的服务间认证手段［如 ServicesAccount、SCC（Security Context Constraint）］加强安全管控是非常必要的，这也是满足合规性的重要方面。

5. 容器云安全左移

前面讲到，容器技术是一种应用分层打包的技术，除底层操作系统之外，应用几乎自带从 JDK 到运行时在内的所有运行依赖，所以如果在 CI 阶段引入了不安全的镜像或者在部署过程配置了错误的参数，就会给生产环境带来安全隐患，因此容器云的安全要从开发测试阶段开始。这就是安全左移的意义。

安全左移是指安全并不仅仅是生产环境的容器安全，真正的安全需要从开发测试阶段开始。
安全左移的含义至少包含 2 个层次。

- **静态安全**：开发测试阶段的安全的基础镜像，包含操作系统、运行时、中间件等基础镜像。
- **动态安全**：CI/CD 过程的安全，包含安全的用户权限管理、资源和应用 CI/CD 过程、应用安全配置等。

在安全左移理念之下，容器云平台的安全覆盖了比较完备的开发测试态和生产态，可以完备地实现容器云平台的静态和动态安全管理。

6. 容器云的安全 API

这里有两个 API——容器平台的 API 和应用的 API，因此对于这两种类型的 API 需要分开进行安全管理。

- **容器平台的 API**：社区版的 Kubernetes 本身带有 API，可以直接调用，但是社区版的这些 API 调用时是完全开放的 RESTful API，默认没有进行安全加密和身份识别或者仅仅使用了最简单的 Services Account，因此自建的容器云平台这部分的安全级别不高，相反 OpenShift 平台的 API 有符合 OAuth 2.0 的身份认证和加密措施，只要满足对应的标准就可以实现安全的调用。

❑ **应用的 API**：容器化的应用对外提供服务时如果将服务以 API 的形式暴露出来，那么不仅企业内部应用可以调用，外部应用也可以调用，就需要额外加强其安全性，因此采用专业的 Open API 管理平台来有针对性地进行安全加固和管理非常必要。在这方面，3Scale 产品具有非常好的安全优势。

容器平台的 API 和应用的 API 因为使用的场景和目标用户具有很大的差异，因此不建议企业使用同一个平台来管理，让专业的工具完成专业的任务更加重要，也更加安全。

7. 容器云安全策略管理

软件定义网络让网络虚拟化变成了现实，以 Kubernetes 为代表的容器技术又让软件定义存储、软件定义计算彻底改变了企业计算的格局，在此基础上构成了企业的软件定义基础设施（Software Define Infrastructure，SDI）。如第 5 章介绍的，随着容器云平台走向规模化，SDI 进一步深入，容器云管理的资源的规模和范围迅速扩大，安全风险造成的故障影响范围也就越来越大，越来越频繁，不断升级安全管理软件的传统方式有很大的局限性，也会影响平台的稳定性，因此迫切需要一种可以持续迭代更新 / 进化的安全管理手段，在不升级 / 少升级平台的情况下来不断提升容器云平台的安全能力，这种方式就是**策略化的安全管理**。后续会专门介绍这部分内容。

6.3　如何构建企业级云原生容器安全管理体系

6.3.1　容器安全的 3 种构建思路

为了应对容器化运行环境带来的巨大变化，借鉴在传统主机和 VM 安全领域积累的经验，传统安防行业的产品通常采用以下三种方法之一。

1. 基于主机或网络的解决方案将其保护扩展到容器

这一类安全工具侧重于通过对虚拟机（或其网络）的控制以及防火墙等功能来保护云环境，尤其是基于某些特定的用例出发，例如漏洞管理、入侵检测或 Web 应用程序防火墙。这些产品由于其无法关注到应用程序本身，无法在云原生应用程序的整个生命周期内提供完整的安全性，因此也不能处理容器化的动态、高度可扩展特性。

2. 解决方案侧重于保护容器环境

在整个容器生命周期中提供保护并具有以容器为中心的架构的解决方案。这一类聚焦于容器的安全工具仅将其功能集中在单个容器、容器运行时或引擎（例如 Docker/CRI-O）以及用于运行这些容器的构建（即容器镜像）的级别。这种方法的优点是更多聚焦于容器本身，但缺点是不提供 Kubernetes 本身级别的安全性。

3. 解决方案侧重于保护容器和 Kubernetes

聚焦于 Kubernetes 原生架构，超越以容器为中心的解决方案，提供专为 Kubernetes 环境构建的安全性，在整个云原生应用程序生命周期中提供保护，解决容器和 Kubernetes 的威胁因素。红帽云原生安全平台开创了这种 Kubernetes 原生方法。

Kubernetes 云原生安全超越了现有的工具 / 方法来保护容器云环境。Kubernetes 已经成为容器云平台调度方面的王者，是不二之选。那么就像 Linux 安全就一定要从 Linux 出发，容器云平台的安全就一定要从 Kubernetes 出发。任何脱离 Kubernetes 原生技术的解决方案必然不能很好地应对容器 Kubernetes 平台的安全需求。

6.3.2　Kubernetes 原生安全

云原生技术一直在发展，并将继续改变组织运行应用程序的方式，从而改变他们必须如何考虑安全性。云原生支持 DevSecOps 和其他协作实践的采用，并将我们的行业推向安全即代码的模式。云原生基础架构软件的核心是 Kubernetes，它是领先的容器编排系统，也是主流的编排系统。尽管还有很多方法可以保护容器环境，但 Kubernetes 原生安全提供了更深入的洞察、更快的分析和更简单的操作。

因此，在容器云时代，建议"采用云原生的方式（基于 Kubernetes 内生安全机制）解决容器云平台的安全问题"，这样我们将更加贴合于云平台的技术特点和优势。

6.3.3　云原生安全的 4C

根据 Kubernetes 社区的定义，Kubernetes 原生安全包含 4 个 C，如图 6-10 所示。

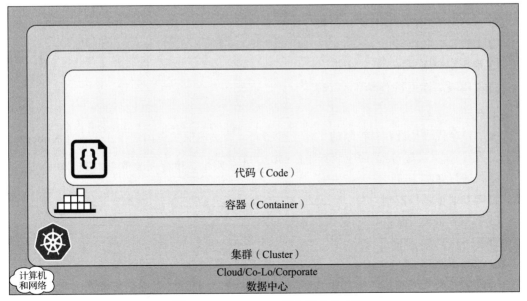

图 6-10　Kubernetes 原生安全的 4C

这 4 个 C 代表了容器从小到大的使用场景，分别是应用代码安全、容器安全、容器平台安全和容器化数据中心安全。在不同的场景下，安全具有不同的内涵和外延，概述如下。

1. Cloud/Co-Lo/Corporate 数据中心级安全

这一级别的安全也叫基础设施层安全。如果基础设施层易受攻击（或以易受攻击的方式配置），则无法保证构建在此基础上的组件是安全的。

基础设施层的安全至少包含如下内容：

❑ 对 API Server（控制平面）的安全访问；

❑ 对节点的安全访问；

❑ 对基础设施 API/ABI 的访问；

❑ 对 ETCD 的访问；

❑ 对 ETCD 的加密。

2. 集群级的安全

对于集群级的安全防护包括但不限于：RBAC 权限控制，认证、应用程序 Secret 管理（并在 ETCD 中加密），确保 Pod 符合定义的 Pod 安全标准，服务质量和集群资源管理，网络策略，用于 Kubernetes 入口的 TLS。集群级的安全关注的对象主要有：

❑ 可配置的集群组件；

❑ 在集群中运行的应用程序。

3. 容器级安全

容器级安全关注的是运行态的安全管理，目标是保障运行中的容器安全可靠、运行态的容器的权限合规、容器间的隔离有效等，容器级安全主要涉及如下 4 个方面：

❑ 容器漏洞扫描和操作系统依赖安全；

❑ 图像签名和执行；

❑ 禁止特权用户；

❑ 使用隔离性更强的容器运行时。

4. 代码级安全

应用程序代码是最容易控制的主要攻击面之一。虽然保护应用程序代码不在 Kubernetes 安全主题范围内，以下是保护应用程序代码的几个建议：

❑ 仅通过 TLS 访问；

❑ 限制通信端口范围；

❑ 第三方依赖安全；

❑ 静态代码分析；

❑ 动态探测攻击。

云原生安全模型的每一层都建立在下一个最外层之上。代码层受益于强大的基础（云、集群、容器）安全层。我们无法通过解决代码级别的安全性来防止基础层中的安全问题。

下面更多地从容器云平台的角度来介绍企业安全团队应该着重关注的内容。

6.3.4　Kubernetes 云原生安全的 6 个关键标准

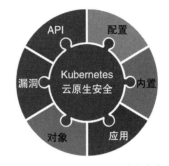

容器云安全的方案必须超越以容器为中心的方案，为企业级 Kubernetes 环境提供安全，在整个容器云应用的生命周期中提供保护，同时解决容器和 Kubernetes 的威胁。

如图 6-11 所示，Kubernetes 云原生安全的关键标准必须满足如下要求：

图 6-11　Kubernetes 云原生安全的 6 个关键标准

❏ 直接与 Kubernetes API 服务器集成，以了解 Kubernetes 工作负载和基础架构；

❏ 评估 Kubernetes 软件中的漏洞，及时发现和修复；

❏ 安全功能（包括策略管理）基于 Kubernetes 对象模型中的资源实现，包括部署、命名空间、服务、Pod 等；

❏ 分析来自 Kubernetes 特定工件（例如，工作负载清单）和配置的声明性数据；

❏ 使用内置的 Kubernetes 安全功能来处理强制执行，以实现更高的自动化、可扩展性和可靠性；

❏ 作为 Kubernetes 应用程序部署和运行，包括对云原生工具链中常用工具的集成和支持。

寻求保护其 Kubernetes 环境的组织应评估关键用例的安全需求并确定优先级，这些用例涵盖可见性、漏洞管理、网络分段、配置管理、合规性、威胁检测和事件响应。满足所有 6 个标准的 Kubernetes 原生安全平台可以全面满足这些和其他基于用例的安全需求。

6.3.5　容器技术安全

由于容器技术具有典型的分层特点，因此容器安全涉及相关的每个层级，包括（宿）主机、容器应用、微服务框架、镜像仓库、容器构建过程、容器部署过程、容器编排调度系统、网络隔离、存储、应用 API、多集群安全等，以下分别进行介绍。

1. 如何加强（宿）主机的安全

容器本质上是运行在宿主机上的一个进程，共享主机的硬件和 OS 资源，容器采用了打包和部署技术，要解决容器的安全就需要先保障 OS 的安全。运行团队需要安全的 OS 来承载容器运行，需要用安全的手段来限制容器使用，防止容器逃逸和保护容器之间的安全。

保护容器的技术与保护 Linux 的技术相同，包括 namespace、SELinux、CGroups 功能和安全计算模式 Seccomp 等。为了增强容器底层 OS 的安全性，CoreOS 作为为容器设计的精简版的操作系统，具有攻击面小、易调度、自动化安装和部署等适用于云原生技术的特性，具有非常广阔的应用场景；

2. 安全的操作系统 SELinux

容器技术最初是源于 Linux 的 LXC Initial 版本，后来演变为 namespace 并随着容器打包和调度技术发扬光大，但是容器本质上还是底层宿主操作系统之上的一个进程，共享底层 OS 的资源和安全配置，因此底层 OS 是否安全对于其上的容器来说非常重要。

如图 6-12 所示，从操作系统出发，我们可以为容器环境提供多个层次的安全保障，包括：

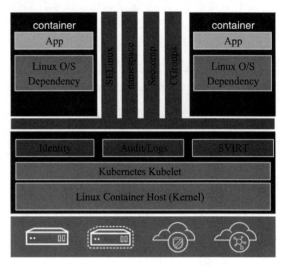

图 6-12　容器的安全依托于宿主机的安全

❑ RHEL 主机中的安全性适用于容器。在 Linux 上保护容器涉及多个安全级别和大量技术实现。SELinux、Linux 命名空间、Seccomp CGroups 功能和只读挂载是可用于保护在红帽企业级 Linux 上运行的容器的五种安全功能。

❑ RHEL 支持容器多租户。针对规模较大的客户，启用 OpenShift 多租户的设置能够很好地为各租户的特有应用进行有效的隔离，提升安全性。

❑ SELinux 和 Kernel namespace 是能够有效保护操作系统的两项关键技术。用好这两项技术，不仅可以保护主机，还可以保护容器。

❑ RHEL CoreOS 提供最小化的攻击面。通过采用 RHEL Atomic Host 来提供最小化的主机环境，针对容器化环境来减少攻击面。

容器继承了 RHEL 的安全性，所以综合使用多层次的安全技术，保障 Linux 的安全是非常必要的。

3. 如何加强容器应用的安全

容器安全离不开容器内部，现代化应用运行的时候离不开很多基础组件和依赖，如 Apache Web Server（Tomcat）、JBoss 企业级应用平台、Redis、JDK、Node.JS、MQ、Spring Boot/Cloud 等，这些组件和平台的容器化版本很容易从 Internet 上获得，但是企业客户尤其需要注意以下几点：

❑ 组件版本是否与底层操作系统匹配？
❑ 是否是安全的？
❑ 是否包含恶意代码？
❑ 组件是否有安全漏洞？
❑ 是否有相关技术支持？

4. 云原生微服务框架（服务网格）的安全

当前以 ISTIO 为代表的服务网格技术越来越受到开发团队的推崇，我们欣喜地看到，服务网格技术在一开始就着眼于框架层安全并给出了相应的安全管控手段。

借助 ISTIO 的网络访问控制，可以实现项目 namespace 级的虚拟网络隔离，即更加细粒度的网络访问控制。

如图 6-13 所示，借助 ISTIO 的访问控制能力，可以在如下几个领域入手：

❑ Ingress Gateway；

❑ Egress Gateway；

❑ 多租户网格；

❑ 服务网格联邦；

❑ 集成 OpenAPI 管理平台 / 工具实现外部访问安全控制，实现应用级安全；

❑ 实现平台管理员、网格管理员、服务管理员权限和职责分开（OpenShift Serverless）。

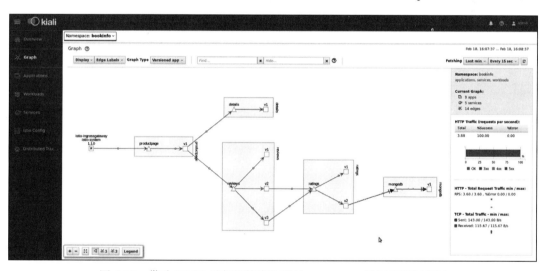

图 6-13　借助 ISTIO 进行细粒度的项目 namespace 级网络访问控制

如图 6-14 所示，随着 ISTIO 的快速演进，越来越多的安全访问控制功能可以帮助安全团队实现更加细粒度的访问控制，很多微服务治理项目都基于 ISTIO 的服务网格访问控制技术。

5. 充分利用应用 / 项目隔离 namespace（Project）

OpenShift（K8s）容器平台上提供的项目 namespace 级的隔离能够很好地提供相应的安全保障，所以安全管理工程师可以借助管理工具 console 对项目间的访问进行有效控制。

从图 6-15 可以看出，作为最常用的 namespace 级容器隔离，借助这一技术可以实现用户隔离和访问控制，但是如果仅仅依赖于这部分能力，那么对于资源的隔离和控制就需要单独实现，当前常见的安全控制设置包括：

❑ 基于 OpenShift SDN 网络访问控制（network security 等）；

❑ 用户身份验证手段和工具（SSO、LDAP 等）；
❑ 用户访问控制（RBAC、多租户等）；
❑ 其他。

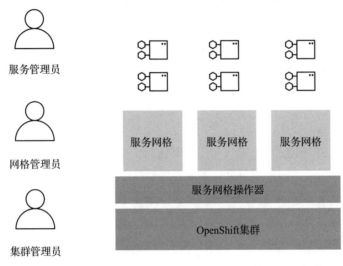

图 6-14　实现集群管理员、网格管理员、服务管理员三级管理

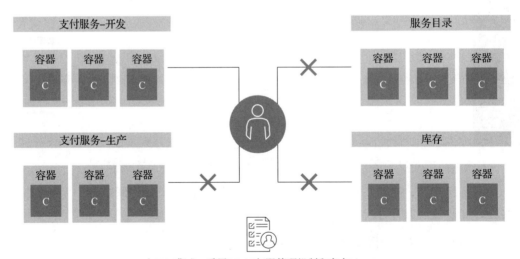

图 6-15　启用项目 namespace 级隔离实现应用容器间安全访问控制

红帽针对资源的隔离需求，如 CPU、MEM、存储和网络的总量控制，设计了资源配额和限额的模式，并且已经在 OpenShift 3.x 中贡献给了社区，现在很多 namespace 的资源隔离就使用了这部分技术。

资源配额（ResourceQuota）

由 ResourceQuota 对象定义的资源配额提供限制每个项目的总资源消耗的约束。它能按类型限制项目中可以创建的对象数量，以及该项目中资源可能消耗的计算资源和存储总量。

限额（LimitRange）

由 LimitRange 对象定义的限制范围限制项目中的资源消耗。在项目中，你可以为 pod、容器、映像、映像流或持久卷声明（PVC）设置特定的资源限制。

OpenShift 的 Project（namespace）结合资源配额和限额的支持，可以很好地实现资源的访问控制，从而保障应用之间合理的故障隔离和控制。

6. 密钥和 Secrets

项目 namespace 级的隔离一直以来是非常可靠和成熟的技术，在未来很长一段时间将一直是最重要的安全手段。

OpenShift（K8s）提供了 Secrets 机制来保存需要加密的信息，包括密码、重要配置文件、证书等。

Secrets 作为重要的安全控制技术，可以让容器平台把需要保护的内容进行加密保存，提升重点环节的安全性，虽然这会牺牲一定的响应速度，但对于安全需求较高的应用而言，也是一个不错的解决方案。

一个易于使用、默认安全的 Secrets 分发机制正是开发人员和操作人员一劳永逸地解决秘密管理问题所需要的。

7. 如何保障制品库、镜像仓库的安全

考虑到企业内部对于镜像使用的及时性需求，构建容器云平台时会建设一个企业内部的镜像仓库，可选的产品主要有 JFrog's Artifactory、Docker Trusted Registry、Red Hat Quay、Habor 等，但是仅仅搭建镜像仓库集中管理 DevOps 过程中所有的工件和最终镜像，并不能实现镜像的安全，还需要结合镜像的元数据、结合镜像仓库的功能对镜像 / 工件进行有效的管理，涉及的范围包括基础组件版本、镜像版本、镜像来源、发布日期、使用设施类型等，结合镜像扫描工具对镜像进行定期扫描，及时更新有漏洞和安全问题的基础镜像，才能有效保障基础镜像和应用镜像的静态安全。

8. 如何实现容器构建过程安全

相对于基础镜像管理，管理容器的构建过程对于保障容器安全同等重要。基于 DevOps 工具链来构建容器应用的过程涉及很多环节，如代码提交、编译、拉取基础镜像、打包等很多环节需要借助工具完成，这就需要对工具的使用过程进行有效的安全加固，避免在构建阶段引入不安全的行为、组件或工具，有统计表明，很多运行态的容器的不稳定因素（代码、基础镜像、不正确权限变更、非法工具等）都是在构建阶段引入的，因此保障从代码到镜像的 S2I 过程安全非常重要。这一阶段典型的手段和措施包括代码扫描工具、合法基础构建库、禁止手工 CI/CD、权限策略扫描和控制、静态应用程序安全测试（SAST）和动态应用

程序安全测试（DAST）工具，例如 HP Fortify 和 IBM AppScan。除此之外，云团队还需要为 CI/CD 过程制定基本的策略，包括：

❑ 运维团队负责提供基础镜像；

❑ MW、RUNTIME、数据库、MQ 等架构需要统一的管理和设计；

❑ 开发团队聚焦于应用层，即代码编写；

❑ 对构建和部署的定制化镜像和工件进行签名管理。

9. 如何保障容器部署过程的安全

除保证过程的安全之外，我们还应该构建自动化的处理过程。以典型的三层应用镜像为例，这三层分别是 OS 层、MW 层、App 层，当运行中的容器的 MW 层被发现有重要漏洞时，运维团队将新的 MW 层的基础镜像推送到构建仓库，OpenShift 发现该层镜像有了新的变化，将会自动触发对使用该基础镜像的容器的重新构建过程，在构建结束之后，自动将成品镜像推送到镜像仓库，并触发运行环境的滚动更新操作，确保运行中的镜像与最新的镜像一致，从而及时保证运行态安全。整个过程如图 6-13 所示。

如图 6-16 所示，OpenShift 的 S2I（Source To Image）技术可以实现从代码到部署的全过程自动化，这在很大程度上解除了开发团队在工具配置上的困扰，降低了人为干扰，加速了开发过程，也能够有效保障安全性。

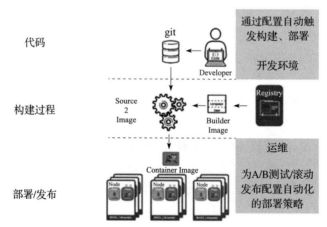

图 6-16 容器技术覆盖代码、构建、部署的过程（红帽 S2I 技术）

此外，运用 OpenShift 的 Security Context Constraint（SCC）技术（已经作为容器的标准技术贡献给 Kubernetes）可以定义一组条件，以保证只有在满足这些条件的情况下构建的镜像才可以被平台接受，可以有效增强运行态容器的安全性。

10. 如何让容器平台 / 编排调度系统更安全

容器编排调度系统关注的核心焦点在于合理化分配容器化应用的前端服务、后端服务、数据库，以及如何保障这些服务分配到适当的资源并保持合理的规模，所以针对容器的编排调度系统 Kubernetes（内建在 OpenShift 中），应当着重关注的几个问题是：

- ❑ 哪些应用应该分布到哪些主机；
- ❑ 哪些主机的容量更大；
- ❑ 哪些主机具有特殊资源；
- ❑ 哪些容器需要互相访问，它们如何发现彼此；
- ❑ 如何控制对共享资源（如网络 / 存储）的访问；
- ❑ 如何监控容器的运行状态；
- ❑ 什么条件下应当扩容，什么情况下应当缩容；
- ❑ 如何在满足安全要求的基础上为开发人员提供更多服务。

由于 Kubernetes 通过 Master 节点来对平台内部和外部提供 API 的方式来管理和调度容器，因此还需要从平台的层面进行安全策略设计，比如：

- ❑ 对于集群 API 和资源的访问，遵循 RBAC 的访问权限控制；
- ❑ 对于 API 的访问用户的认证，OpenShift（Kubernetes）支持 OAuth Server 集成，例如与 LDAP；
- ❑ 由于企业发展壮大的需要，构建一个支持做租户的平台能够很好地支持分子公司的需求；
- ❑ 对主服务器的所有访问都通过传输层安全性（TLS）。
- ❑ 项目配额用于限制可能造成的损害的范围；
- ❑ ETCD 不直接暴露给集群；
- ❑ 其他安全策略。

11. 网络隔离和网络安全

容器平台内部默认网络是没有限制的，但是现实中的企业应用经常存在访问隔离的需求，如对内服务的应用不能被外部应用访问、核心业务应用不能直接被面向互联网客户的应用访问，但受限于资源等限制，这些应用又被部署在一个集群中，OpenShift（Kubernetes）提供了一些标准的工具和方法来满足这个需求：

- ❑ namespace/project（项目）；
- ❑ OVS-multitenant（OVS 多租户）组件控制跨 namespace 访问；
- ❑ Ingress/Egress（支持内外部网络访问控制）；
- ❑ OVS-networkpolicy（网络策略组件）。

运用这些标准化的技术可以在网络资源、网络和用户访问控制等层面实现安全隔离。

12. 如何保证容器的基础设施存储安全

容器平台支持有状态应用和无状态应用，为了更好地支持应用数据持久化，OpenShift（Kubernetes）支持多种存储：NFS、AWS EBS、GCE Presistent Disk、GlusterFS、iSCSI、CEPH、Cinder 等，同时，平台通过 PV/PVC 的方式在存储和应用之间提供灵活性，对于不同的存储产品的安全加固，请参考相应的产品安全说明。

随着技术的进步，OpenShift 之上也逐渐开始提供容器化的存储，这部分存储本身除了遵循存储安全的要求之外，也要考虑"存储的容器"的安全，选择一个值得信任的基础镜像（如 RHEL-CoreOS），再结合其他手段和工具，能够在这方面提供 OS 层面的保证。

13. 容器 API 服务安全

应用安全涉及应用管理和 API 认证和授权。由于容器化应用基本都是微服务应用，大量的微服务在容器云平台上运行，导致微服务的 Endpoint 激增，服务之间的大量调用需要进行合理的规范和管理，尤其是服务调用的身份认证和授权管理，包括标准 API 密钥、应用程序身份 ID、密钥对以及 OAuth 2.0 等。选择类似于 3Scale 和 FUSE 等专业的 API 管理、开发工具实现 API 开发和管理的分离非常重要。

容器环境的安全不只包含 OS、存储、网络、用户等传统基础设施层面的安全，在应用安全层面，通过容器平台和应用程序 API 网关实现跨应用的服务访问控制，也是一个非常有效的应用及安全防护手段。

与 API 网关相关的安全防护技术主要包括如下内容。

（1）定义 API

使用标准（例如 OpenAPI 规范）可帮助我们正确定义 API 并从一开始就确保 API 安全。

（2）API 模拟和测试

API 模拟工具在实施之前模拟 API 行为，并针对可能导致安全漏洞的任何漏洞和边缘情况测试 API 流。模拟 API 将帮助我们快速构建产品原型并暴露一些安全风险，以便可以在开发的早期阶段进行修复。

（3）基于 API 的服务注册和发现

在大型开发组织中，通常会有多个团队参与构建 API，这可能会导致 API 的设计和开发方式不一致。这些疏忽可能会留下潜在的破坏性安全漏洞。服务注册表可作为单一事实来源促进整个组织内模式和 API 设计的一致重用。与其先构建应用程序并在事后为 API 提供合同，不如使用服务注册表来提前定义合同，以便其他开发团队确切地知道他们的应用程序应该如何与我们的应用程序连接。

（4）API 实现

由于必须解决各种安全问题，因此在 API 实施期间安全性同样重要。我们选择用于构建 API 的语言、运行时、框架、Web 服务器和其他工具也可能导致安全风险。为确保安全，我们必须选择能够为任何安全问题提供修复的开源社区或商业产品供应商良好支持的语言、框架和其他技术。红帽运行时可以帮助我们开发和管理云原生应用。该工具箱提供安全、经过市场验证的技术和生产就绪功能，包括应用程序运行时、数据缓存、数据消息传递和安全性。它还为高度分布式的云架构（如微服务）提供轻量级运行时和框架（如 Quarkus）。

（5）微服务和服务网格

API 是微服务架构中通信和数据传输的主要方法。更多的微服务和 API 会转化为更多的攻击点，这些问题都必须得到解决。服务网格是解决这个问题的有效方法。服务网格为所有微服务提供一层管理，提供控制和安全性。服务网格是一个透明的、专用的基础设施层，位于应用程序之外，旨在控制应用程序内的微服务如何相互共享数据。服务网格使开发人员能够向微服务引入附加的安全功能，包括服务身份、流量管理、双向 TLS（mTLS）、证书管理、审计和跟踪请求。红帽 OpenShift 服务网络基于开源 ISTIO 项目，提供了统一的方式来管理和保护基于微服务的应用程序，并为分布式应用程序提供开箱即用的安全性，包括透明的 mTLS 加密和细粒度的策略，以促进零信任网络安全。

（6）安全自动化的 API

与维护安全相关的手动任务的自动化消除了人为错误。通过自动化，我们可以使 API 安全成为贯穿 API 生命周期内置的、不可避免的功能。自动化确保关键的安全检查和测试始终自动执行，以揭示可能导致安全问题的任何缺陷或弱点。

（7）API 网关

API 网关位于客户端和后端服务集合之间，充当反向代理来接受所有 API 调用，聚合实现它们所需的各种服务并返回适当的结果。API 网关还可以提供安全功能，例如识别和身份验证、流量管理、速率限制和节流。API 网关还使我们能够针对传入的 API 请求执行安全策略，这些请求在保持 API 安全方面发挥着关键作用，例如 IP 过滤 / 检查、CORS 处理、URL 重写、TLS 证书验证、标头修改和 JWT 声明检查。API 网关平台的选择之一是 Red Hat 3Scale API，它包括一个 API 网关来保护我们的 API，Red Hat 3Scale API 管理任务包括：

❏ 解码过期的带时间戳的令牌；

❏ 检查客户身份是否有效；

❏ 使用公钥与签名。

（8）身份验证与授权

在生产中，另一个 API 安全要求是确保每个用户都被识别并有权与应用程序交互。身份验证和授权是实现此目标的两个主要解决方案。

身份验证识别请求者，并且只允许经过身份验证的最终用户访问应用程序。身份验证方法包括：

❏ API Key；

❏ API ID 和 Key；

❏ OAuth。

（9）速率限制

在生产中，过度使用 API 是潜在安全漏洞的指标。我们必须设置某些使用控制以确保 API 不会被滥用。"速率限制"是一种控制方法，限制发送到 API 的请求数量，这是防止某些安全问题［例如分布式拒绝服务（DDoS）攻击］的有效方法。DDoS 是一种使用机器人生成流量峰值以中断服务的攻击，而 API 的速率限制可以阻止这种类型的攻击，因为它限制了用户重复请求的频率。这是通过跟踪与请求相关联的 IP 地址，以及请求之间的时间和特定时间段内的请求数来实现的。

（10）API 监控

API 生命周期的每个阶段都存在风险，因此在整个开发过程中，安全性必须是一个持续的优先事项。红帽的产品组合提供了广泛的功能，可在流程的每个阶段可靠地保护我们的 API。

API 网关作为一个 API 管理平台，可以从应用安全的角度对容器云平台的安全进行补充，从而形成从 OS、OpenShift（K8s）平台、DevOps 工具平台到容器化应用的多层次一体化的安全平台。

14. 多容器集群安全

从 Kubernetes 1.13 开始引入的联邦集群以及从 ACM 2.0 开源开始，多集群管理就从 4 个主要领域给 Kubernetes 社区带来了能力上的提升，不同于聚焦于高可用、扩缩容、开发支持能力的单集群管理，多集群管理聚焦于：

❑ 跨集群的一致的多集群部署和管理能力（跨越不同基础设施 / 混合多云的部署 K8s 集群、全域检索和监控资源、跨域解决问题）；

❑ 全域一致的微服务治理、风险和合规管理能力（统一的策略、一致的配置管理、合规和审计）；

❑ 全域的应用生命周期管理能力（轻松部署大规模应用、多个源部署应用、全局应用管理拓扑）；

❑ 全域的监控和集中展示能力（满足开发、运维和全局管理视角的定制化监控管理能力）。

容器云平台的安全管理涉及的技术领域有很多，但总体上分布在上述领域之内。除容器安全问题本身之外，保障一个容器云平台安全稳定运行、及时跟上社区技术创新脚步的因素还有很多，包括是否具备足够数量经验丰富的技术团队、是否选择了基于社区主流技术的产品、是否拥有外部合格的供应商等，企业云平台部门的关键人物在于不影响平台功能的同时，提高运营效率和基础设施利用率。

6.3.6 安全左移

传统的开发模式下，安全部门只需要在最后的部署和发布阶段介入，通过设定从底层 OS 到顶层应用的安全基线，就可以保障测试、生产环境的运行态安全。而在容器环境下，操作系统和中间件等基础镜像在 CI/CD 阶段就开始打包到目标镜像中，这就要求安全部门在构建和部署各个环节提早进行介入，在源头和过程两个层面进行全方位的安全保障，这就诞生了 DevSecOps。

如图 6-17 所示，DevSecOps 是一个多环节、多角色参与的过程，安全是这个过程中每个人的责任，及早和全面介入 DevSecOps 各个环节的安全团队，能够大幅度降低组织面临的安全风险，这体现在：

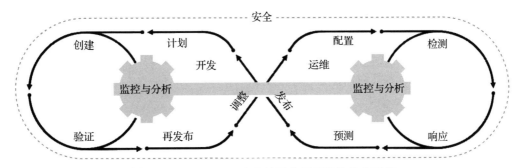

图 6-17　DevSecOps 安全涉及应用开发的各个环节

❏ 从构建应用程序到运行基础设施和应用组件，安全控制贯穿在整个应用的生命周期中，实现全供应链把控；
❏ 在软件开发的生命周期的早期阶段，基于 OS、组件、服务等的安全基线的安全控制能力能够降低返工的频率和企业软件开发的总体损耗。

开发、测试、运维工程师都是安全的参与者，都是安全"用户"，必须得到充分支持以保障集体决策的整体有效性。

DevSecOps 安全左移工作中，需要着重关注以下几个问题：
❏ 构建过程中，使用的基础镜像是否是可信赖的？
❏ 构建过程中，集成的工具、插件是否含有漏洞？
❏ 参与构建的二进制包、依赖是否是安全的？
❏ Java 代码、脚本中是否含有恶意代码？
❏ 有哪些违规、漏洞？

1. 容器漏洞管理

企业安全管理中很重要的一项基础数据是：及时可靠的漏洞数据库。安全厂商产品基于版本号进行安全漏洞扫描的策略，经常由于漏洞数据库不准确造成产品漏扫、风险误报，因此，在企业内部，经常需要借助产品厂商的力量矫正漏洞扫描结果。这就要求企业安全管理团队借助安全产品的功能，为重点产品建立常用安全漏洞库，并收集和管理如下数据：
❏ 漏洞分布；
❏ 最危险的镜像列表；
❏ 违规最多的策略（涉案最广）；
❏ 最近识别的漏洞；
❏ 最常见的漏洞；
❏ Kubernetes 和 ISTIO 漏洞。

企业毕竟不是安全厂商，拥有全部数据远没有拥有及时准确的阶段性数据更为有意义，因此我们建议定期进行关键数据更新，保持 1 ～ 3 年内的数据准确有效性。

2. 容器使用违规

企业所采用的安全产品应该涵盖违规管理视图，提供开箱即用的内置策略识别各种安全性发现，包括漏洞（CVE）、违反 DevOps 最佳实践、高风险的构建和部署实践以及可疑的运行时行为，这些数据和能力包括：

- ❑ 当启用的策略失败时，安全平台都应报告违规。
- ❑ 违规的优先级如何设定。
- ❑ 违规是否是强制自动修正。
- ❑ 违规所在的部署、集群、命名空间。
- ❑ 违规出现的时间。
- ❑ 违规所处的应用周期环节（构建、部署、运行）。
- ❑ 违规的具体详细细节（CVE 编号、容器中的违规进程）。

随着时间的推移，越来越多的违规将以更加隐蔽的方式出现，所以灵活的违规规则定义能够很好地支持风险行为的判定，也能够更好地保障平台的安全性，企业选择的安全软件不能简单套用 VM 时代的方式，需要与平台厂商深度结合才能有效地工作。

3. 容器安全策略

企业需要在容器云平台上实现的安全策略范围非常广泛，并且随着容器云平台功能和能力的不断加强，安全策略也在不断更新和变化中，目前应该着重关注如下几个方面：

- ❑ 异常活动；
- ❑ 加密货币开采；
- ❑ DevOps 最佳实践；
- ❑ Kubernetes；
- ❑ 网络工具；
- ❑ 包管理；
- ❑ 权限；
- ❑ 安全最佳实践；
- ❑ 系统修改；
- ❑ 漏洞管理。

容器平台的安全策略必须支持自定义规则，平台要能够根据用户自定的规则进行有效的筛选、判定和预警，所以企业所选用的安全产品必须提供与 K8s、底层 OS、工具链和运维管理等全领域配套的管理规则定义，以适应不断变化的安全策略管理需求。

4. 容器环境网络基准

由于现代应用开发的敏捷性非常高，应用的更新很可能带来网络访问流量方向的变化，在准确预测网络流量的基础上构建网络基准变得非常困难，但是随着微服务越来越多、分工越来越细，应用在上线一段时间以后，网络流量的走向将趋于稳定，因此，根据应用上线以后一段时间内的网络流量形成网络基准成为可能。

但是，绘制网络基准的工作中不可避免地需要设定如下策略：

❑ 如何创建默认的网络基准（多长时间内）？

❑ 在网络基准的初始化环节，安全平台该做哪些工作？

❑ 初始化阶段新出现的网络活动，应不应该触发违规行为？

❑ 基准初始化后阶段，新的网络流量出现后，如何标识这些流量？

❑ 基准初始化后阶段，新的网络流量出现后，是否触发违规行为？

❑ 是否应该打开基线违反警报？

绘制网络基准是一个动态的过程，每次重大的功能升级都可能变更网络基准，因此网络安全部门与应用开发部门联动以降低失误率，提升应用可用性，就变得非常重要。

6.3.7　安全代码化

1. 企业级镜像仓库

在企业级应用平台的基础上进行应用部署，需要一个稳定、安全的基础镜像仓库，这个镜像仓库需要具备以下功能。

❑ **集中的镜像安全扫描**：镜像仓库需要能够继承第三方的镜像扫描工具，如 sonarqube 等，给予经过认证的安全信息源（如 Red Hat）数据实现定期和 push 触发的镜像扫描。

❑ **镜像仓库继承用户身份验证和授权**：对镜像仓库的访问用户进行有效的身份识别和授权能够实现企业内镜像的高级访问控制，实现按照组织机构的设置合理区分用户身份，保障镜像的访问安全。

❑ **精细化镜像管理**：能够对镜像进行分层打标签和数字签名，对容器镜像仓库内的镜像进行合理化的标签管理是管理镜像的有效手段，可以保证镜像的出处、保障镜像打包过程的合法性，从而提升目标镜像的安全级别，OpenShift/Kubernetes 平台上可以借助 skopeo 进行镜像打标签和数字签名的操作，借助 skopeo 的策略配置，无须下载完整镜像就可以对所操作的镜像进行合规性检查，保障镜像本身的安全性。

❑ **镜像跨区域同步和分享**：借助安全的镜像分享工具 skopeo（CRI-O 容器运行时的一部分），企业客户可以轻松地实现容器镜像在企业内部的仓库之间共享。

2. CVE 集中管理

容器云平台和容器化应用都依赖于底层的操作系统和运行环境，对于这些基础设施层的 OS 和组件的 CVE 需要集中管控，借助可信的数据来源对内部 CVE 库进行定期的 CVE 漏洞信息更新和扫描，并及时借助 CVE 漏洞库扫描本地镜像，同时有 CVE 漏洞的应用镜像，及时触发自动打包和更新流程，减少带 CVE 漏洞的镜像运行事件，缩短攻击窗口，打造安全运行环境和应用。

针对自建的 Kubernetes 平台，建设团队需要根据用到的情况分别进行跟踪、集成和更新，而对于使用以 OpenShift 为代表的专业容器云平台的企业而言，只需要根据厂商提供的升级路径和策略进行测试和升级即可，这无疑在大大降低复杂度的同时提升了整体的安全性。

3. 容器策略强化

随着容器技术的不断发展，容器使用过程中的安全问题也在不断发生变化，容器安全平台需要根据技术的发展实现策略的自我更新和升级，容器安全策略应当在 CIS、NIST、PCI DSS 等标准要求的基础上进行持续不断的演进和提升。

4. 运行时防护

由于黑客的安全攻击通常会不断地重复相同的路径，因此容器安全平台需要具备一定的机器学习能力，对近期的用户安全领域的风险模式（尤其是对于容器权限变化、用户身份切换、运行 Shell 脚本等高风险行为）进行分析，找出其中的规律，并不断完善安全策略，提升平台的安全能力。

6.3.8 云原生安全策略化

云原生的安全策略覆盖了开发、测试和生产环境，同时也包含了从基础镜像、存储、数据、平台到应用的各个阶段，加上全球开源社区推动下的不断升级的云原生技术，这给云原生的安全带来了巨大的挑战。企业内部云平台、云应用的安全策略必须持续不断地升级和更新，企业云平台管理者需要从全球开发者认可的安全供应商和社区中获得最新的安全策略，才能保持自建平台的安全性，因此构建一套可靠的安全策略管理机制是云原生安全的关键任务。

安全策略是对资源的一种保护规则，网络安全策略就是对网络资源的保护规则，Kubernetes 的安全策略就是对 Kubernetes 管理的资源的保护规则。

Kubernetes 把所有的对象都抽象为资源，包括网络资源、存储资源、用户资源等。Kubernetes 的安全策略包含对特定资源的方位规则和匹配策略。安全策略可以叠加使用。

如图 6-18 所示，Kubernetes 的安全策略反映的是对 Kubernetes 平台内的所有资源，从宿主机到容器，从网络到存储，甚至所有的用户、凭据、数据等资源的配置、访问和控制规则，包含了谁（Who）、从 / 在哪里（Where）、什么时间 / 条件下（When），以及如何访问那些资源（What）。策略动作（Action）一般有两个：允许或拒绝。

如图 6-19 所示，Kubernetes 的安全策略是顺序执行的，但考虑到安全风险事件存在不断演化和升级的趋势，因此可以借助机器学习算法对安全策略进行升级，实现一定程度的嵌套处理，以实现主动式的安全策略升级，以应对上述变化，也可以借助在线 / 离线更新的方式升级安全策略。

典型的容器安全策略示例如下。

❑ 网络类
- 拒绝所有 pod 直接访问
- 只允许来自相同项目的 pod 的访问
- 只允许从其他项目访问

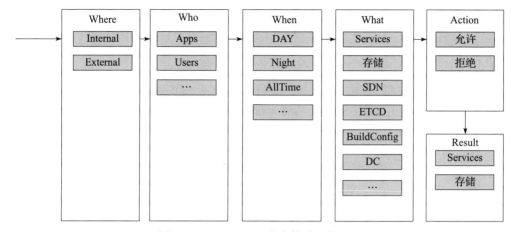

图 6-18 Kubernetes 安全策略工作原理

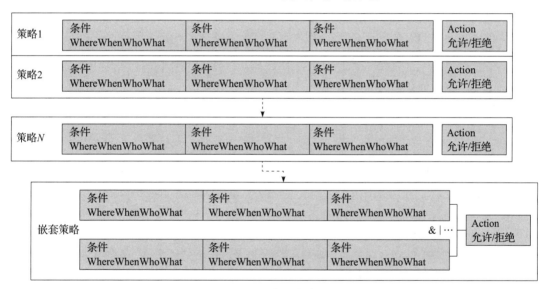

图 6-19 Kubernetes 顺序和嵌套执行的安全策略

- 只允许从指定端口访问
- 只允许从特定项目访问
- 只允许从统一项目的制定 pod 访问
- 只允许从制定项目的特定 pod 访问
❑ 用户类
- 只允许特定 ServicesAccount 访问
- 只允许特定身份的用户访问
- 访问者必须提供特定的 Secrets
以上示例仅代表部分领域的需求，具体实施过程中请根据实际情况进行调整。

6.3.9 全方位看待容器安全管理

容器安全不仅仅要从应用开发供应链的角度考虑问题，还需要从预防、探测和保护三个维度进行深入构建，下面是容器环境下安全管理的全景图。

如图 6-20 所示，容器安全管理在不同的阶段有不同的工作重点。

❑ 在构建阶段的安全重点在于：构建合理的安全基线，保障供应链中所使用的基础镜像、安全工具的安全，利用 DevSecOps 实现安全的供应链过程，同时利用多维度检测工具及其自动化学习技术对安全风险进行分析，建立安全时间和资产之间的关联，定期进行安全合规评审和修复，实现供应链安全。

❑ 在部署阶段的安全重点在于：根据全球化的安全风险库和内部安全基线，对基础镜像、工具、应用进行漏洞扫描和分析，借助自动化技术和 CMDB 实现基础设施、网络、平台等角度的安全威胁可视化，对 Kubernetes（OpenShift）平台及其组件实现自动化风险响应和预测，实现部署过程的安全可控。

❑ 在运行阶段的安全重点在于：利用全面的安全扫描工具和探测技术，对安全时间进行全面分析，对安全策略进行自动化管理，利用大数据等分析技术对应用的运行行为进行视觉化和动态分析，为应用安全运行设定策略，对安全事件提供可视化和链路分析，并提供及时有效的阻断能力。

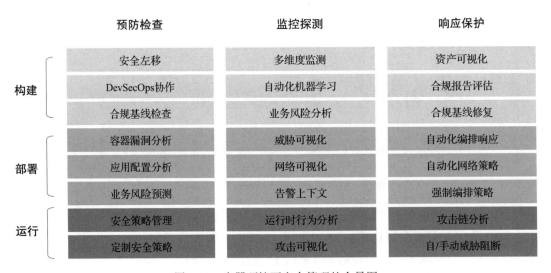

图 6-20　容器环境下安全管理的全景图

6.3.10　集中化安全管理的框架

当前国内企业的容器云平台呈现双轨运行的趋势，即以 OpenShift 为代表的稳定的企业级容器云平台满足关键业务运行的需要，采用自建或在采购国内厂商的 Kubernetes 平台基础上建立的容器云平台满足特性应用的需要，这两大平台都以 Kubernetes 技术为核心，但又有区别，因此企业级的安全管理需要依托二者，建立一个集中化管理的框架，做到既能满足 OpenShift 平台的安全管理，又能兼容社区版 Kubernetes 平台的安全需要，实现一体化、集中化、一致的安全管理需求，这些需求包含如下几个关键方面。

❑ **集中的管理视图**：一套管理界面 / 应用管理两种不同的 Kubernetes 容器云平台，实现集中的可视化，统一管控所有平台的资源和应用安全。

❑ **统一的用户管理**：从安全生产的角度看，所有平台采用一套集中的用户身份识别和权限管理机制的要求非常迫切，这有助于减少安全死角，提升一致性。

❑ **集中的漏洞管理**：对 Kubernetes 及相关配套组件、CI/CD 过程和 pipeline 的各个环节和资源（尤其是基础镜像），能够进行集中化的漏洞扫描和监测，扫描配置错误和特权使用。

❑ **配置管理**：使用声明式模式来提高平台的效率，同时降低摩擦和使用风险。

❑ **统一的安全策略管理**：和用户管理一样，安全策略涉及容器平台运行的方方面面，因此不论哪个体系构建的 Kubernetes 平台，在安全策略方面做到整体和一致，并与全球最佳实践相结合是非常重要的，也是不容忽视的。

❑ **运行时监测和响应**：通过一致的安全监测手段对 OpenShift 和其他 Kubernetes 平台实现统一的运行态安全风险探测，从平台内部及时发现问题，监测违规行为并及时做出响应。

❑ **DevSecOps 安全左移**：不仅是生产环境，要从开发测试环境开始就保证基础镜像和操作规程的安全，为企业容器云平台提供全方位的安全保障。

❑ **自动化合规管理**：提供基于 CIS、NIST、PCI 和 HIPAA 的特定标准的安全检查和合规性评估。

容器云平台的安全管理框架是一个不断提升和优化的过程，其配套软件（如红帽 ACS）、国内厂商产品也在持续不断地升级和完善，企业客户可以选择其中适合的来搭建自身的安全管理框架，以便在满足当前使用需求的同时预留未来升级的空间。

6.4　云原生时代容器技术安全标准

我们知道在安全领域，挑战总是不断出现，漏洞总是层出不穷，我们的安全管理团队精力是有限的，不可能全部修复违规，安全风险无处不在。要想实现 100% 的容器安全是不可能完成的任务，但是我们必须尽最大的力量保障应用、平台、基础设施的安全，那么就需要深度理解国际通行的标准和规则，依靠全球公认的安全准则来提升我们工作的有效性和准确度。

在容器安全领域，通用的国际标准主要有：

❑ Docker 和 Kubernetes 的 CIS（互联网安全中心）基准；

❑ HIPAA（健康保险可移植性和责任法案）；

❑ NIST（美国国家标准技术研究院）特别出版物 800-190 和 800-53；

❑ PCI DSS（支付卡行业数据安全标准）。

6.4.1 Docker 和 Kubernetes 的 CIS 基准

CIS（Center for Internet Security，互联网安全中心）关于 Kubernetes 的配置检查项目（benchmark）是经过咨询、软件开发、审计和合规、安全研究、运营、政府和法律方面的专家通过两次共识的方式共同创建的，具有广泛的代表性，在以 K8s 为核心构建 PaaS 平台的工作中具有很好的参考意义。

CIS 关于 Kubernetes 的检查项目主要涵盖 Kubernetes 和容器两个层面，即控制节点安全配置（Master Node Security Configuration）和工作节点安全配置（Worker Node Security Configuration），以下进行简单介绍。

如图 6-21 所示，CIS 安全基准把容器云原生安全划分为 5 大领域，分别是控制节点、ETCD 数据库、控制台、工作节点和全局策略。这种划分方法是从过往以 Kubernetes 为核心的社区版容器云环境部署过程中逐渐形成的，然而我们在实际工作中发现，很多企业级容器云平台在实际部署的时候进行了一定的差异化处理，比如，将控制节点、ETCD 和控制台合并等情况，因此我们参考企业级容器云平台的实际情况。

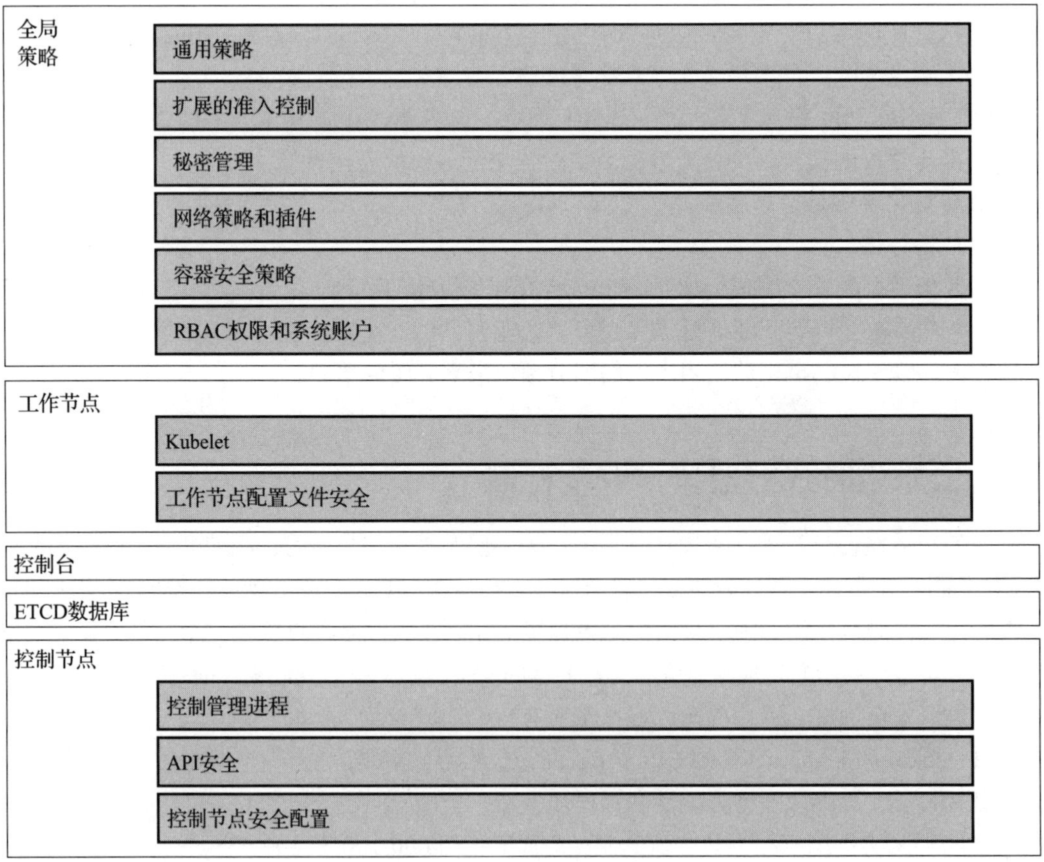

图 6-21 CIS 安全基准

CIS 安全策略在上述容器技术安全的 13 个层级和 6 个关键标准方面都有介绍。

CIS 的安全策略非常精细，从领域分类到具体执行操作，这些内容涵盖了前面所讲的容器技术安全的 13 个层级和 6 个关键标准。

6.4.2　美国国家标准与技术研究院发布的容器安全指南

NIST（National Institute of Standards and Technology，美国国家标准与技术研究院）发布的容器安全指南列出了容器安全应该重点关注的 5 个领域，如图 6-22 所示，NIST容器安全风险关注重点在于镜像＋运行环境＋平台，具体举例说明如下。

（1）镜像风险

镜像风险包括：运行时容器的漏洞导致的容器逃逸风险。容器网络没有合理规划和限制造成网络隔离失效的风险；容器安全配置（特权、存储等）不当被攻击者利用；容器应用的代码存在安全缺陷，引发 SQL 注入式攻击或者引入不恰当的功能（如矿机）；不恰当的引入流氓容器；等等。

（2）镜像仓库风险

镜像仓库作为一个关键基础设施，需

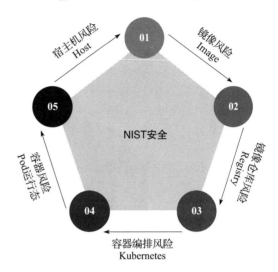

图 6-22　NIST 容器安全风险划分

要从镜像仓库的认证和授权设置角度、保存镜像的版本控制、从镜像仓库的存储和连接安全角度进行控制，保障镜像的实效性，保障存储和使用环节的安全性。

（3）容器编排风险

容器编排工具需要从访问用户的认证和授权设置、授权和加密的访问手段、不同容器间的隔离效果、容器负载的权限配置和隔离、编排工具运行节点的可信（授信）控制等角度，进行综合加固和保障。

（4）容器风险

容器风险主要包括运行中的容器是否存在安全漏洞和不可信程序、容器的网络访问是否受控和可信、容器运行态的配置是否安全可靠和避免配置漂移、运行中的容器是否存在明显的漏洞、是否存在流氓容器等。

（5）宿主机风险

每个宿主机操作系统都有被攻击的可能性，由于宿主机和容器共享内核使用，因此容器间的资源隔离能够有效防范冲突的发生；当主机操作系统存在安全漏洞时，也会相应增加容器的安全风险；宿主机安装功能组件越多，配置越复杂，带来的可攻击面就越大；宿主机的权限管理如果设置不合理，容易导致宿主机权限被窃取，从而导致大范围的容器权限风险。

NIST 的风险主要从系统分类和风险等级设置进行分类控制，针对容器部分，主要从使用安全的角度对容器和容器平台进行风险定义和策略建议，是一个安全框架，设计容器从构建、分发到运行的全生命周期，是一个相对全面的安全指导。

6.4.3 PCI DSS

PCI DSS（Payment Card Industry Data Security Standard，支付卡行业数据安全标准）核心的目标是保障支付过程中数据的安全，如图 6-23 所示，PCI DSS 认为围绕数据安全控制的要求，容器应用和容器平台需要在以下 5 项关键领域重点加强。

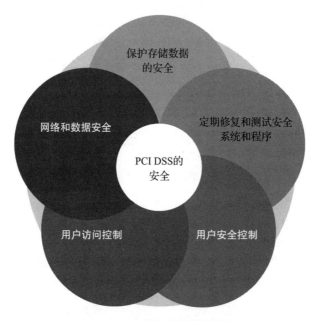

图 6-23　支付卡行业数据安全

（1）保护存储数据的安全

所有的信用卡数据在获取和存取过程中都需要加密，可以使用 SSH/VPN 或者 SSL/TLS 等算法进行加密和保护存储，在容器环境下尤其是存储和访问环节需要防护。

（2）定期修复和测试安全系统和程序

新的功能的完善有时也会引发新的漏洞，容器环境组件众多会带来各种各样的漏洞，定期修复这些漏洞并采用最新的安全防护程序定期扫描容器平台和应用，能够提升系统和程序的安全性，减少低版本的漏洞。

（3）用户安全控制

访问容器平台和应用的每个用户都需要有指定的 ID 和权限控制，还需要为所有用户和访问企业服务的应用进行签名，从而保障每一次访问都是经过签名授权的合法访问，同时要建立科学的密码和签名更新机制，保障风险可控。

（4）用户访问控制

跟踪和监控对网络资源和持卡人数据的访问：要对系统的日志和用户数据的访问进行持续不断的记录和跟踪，同时根据权限进行范围控制。

（5）网络和数据安全

安装并维护防火墙，保护持卡人数据：在容器环境下，软件定义的不仅是应用和平台，还包括防火墙等安全应用，通过规则／策略化的访问控制，实现对用户数据和区域资源的访问控制，能够有效增强数据访问的安全性。

PCI DSS 的关注重点在于网络隔离与控制、安全的数据访问、漏洞和合规管理等，还有很多条款在容器化环境中有新的解释或更新，请参考相关研究资料。

6.4.4　国内的安全规范

如图 6-24 所示，中国人民银行 2020 年发布的《云计算技术金融应用规范 安全技术要求》对于云计算应用环境的安全提出了较为详细的要求，规范从基础硬件、应用、资源管理、数据、安全管理、安全技术等多个维度提出了安全管理和使用要求，结合现代容器技术的使用场景，从架构、容器技术、中间件、数据库等关键领域提出了基本要求和扩展能力要求，并从安全风险管理的角度对安全技术提出了重点要求。

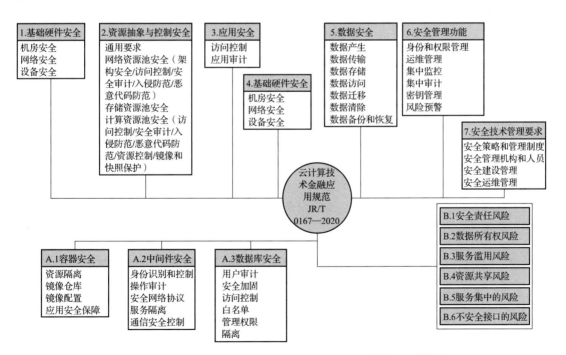

图 6-24　《云计算技术金融应用规范 安全技术要求》的内容框架

随着时间的推移，相信中国的安全管理规范将进一步发展，形成更加完备的体系和指导办法。

以上对 CIS、NIST、PCI DSS 的标准添加了一些便于大家理解的内容，相关标准也在不断发展和更新中，请读者及时关注最新的进展。

6.5 红帽关于企业云原生安全的实践经验总结

6.5.1 ACS 支持公有云用户构建容器云平台安全防线

1. 公有云的应用场景

很多全球化企业在公有云中容器的使用范围很广，容器规模也很大，但安全团队人员有限，迫切需要针对性地提高安全能力，包括：

- 针对多个公有云的平台提供可视化合规检查、风险诊断以及针对所有集群的入侵检测功能。
- 针对公有云上的镜像库提供镜像扫描和入侵分析功能。
- 针对公有云上运行的操作系统提供攻击探测、多维度风险分析和修复建议功能。

2. 公有云用户的收益

运用 ACS（StackRox），企业的安全团队可以获得经过认证的漏洞警报数据、最广泛的企业安全实践经验、最及时的安全策略更新，因此：

- 安全团队可以方便和轻松地查看其集群中的当前漏洞、暴露和警报以及其他类型云资源中的风险；
- 用户有足够的信息来快速评估暴露情况；
- 用户可以一键实现在 StackRox 门户中找到所有相关数据，探索其他安全上下文，包括部署风险指标和容器活动。

ACS 作为一个 100% 开源的安全产品，在 OpenShift 上的大规模应用给公有云用户带来了非常好的使用体验，红帽全球化的实践反馈为 ACS 提供了很好的策略、合规等方面的便利，这些因素综合起来保障了企业公有云安全团队以较小的人员规模，同时支撑多个公有云的云安全管理能力。

6.5.2 金融行业企业借助网络策略实现统一集群内关键应用的隔离

"我们选择 OpenShift 最重要的原因是利用其网络策略配置能力可以实现更加彻底的网络隔离，以及其云原生的流水线 Tekton，从两年来的运行情况看，平台的稳定性和网络隔离效果非常好，基于 Tekton 的 pipeline 也能够最大限度地发挥硬件资源的能力，完全达到了预期效果。"

1. 用户需求和挑战

金融行业企业容器云平台大多提供面向互联网客户的服务应用为主，其中不同应用系统的安全要求也不同，但在资源有限的情况下，如何在一个集群上部署若干不能互相访问的应用是个难题。

2. 解决方案

如图 6-25 所示，在一个 OpenShift 集群内部署两个完全隔离的应用，并且满足高可用的运行要求，可以采用软件 + 硬件相结合的方式实现。

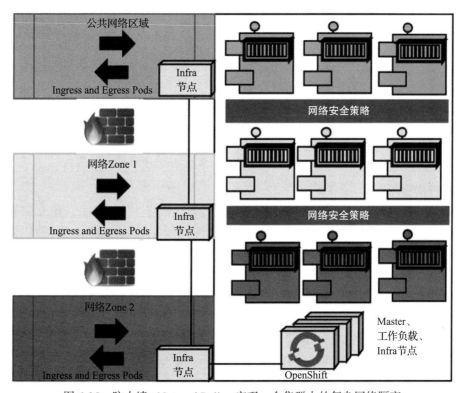

图 6-25　防火墙 +NetworkPolicy 实现一个集群内的复杂网络隔离

❑ 网络层实现——利用 Router 实现流量分配
- 选择 OVS 作为基础网络，提供更加完备灵活的网络隔离（应网络部门安全要求，防范系统性网络风险，不能采用 Calico BGP 方案）；
- 选择 OpenShift 自带网络模式 OVS；
- OVS 针对两个应用实现网段区隔，结合硬件防火墙，实现外部访问隔离；
- OVS 网络未来兼容 Windows 容器应用；
- 每个集群拥有一组公共 Router，每个隔离应用单独部署一组 Router 实现网络隔离和高可用。

❑ 其他设计
- Infra 节点和 Master 节点在公共网络区域；
- 根据需要，容器通过 Node-Selectors 实现节点范围制定，从而增强资源隔离；
- 基于 Tekton 实现应用构建过程的流水线 pipeline；
- 与统一告警平台对接。

3. 方案效果

OpenShift OVS 网络模式 + 硬件防火墙很好地实现了两个应用的隔离和流量分配，保障了用户访问的隔离性，取得了很好的效果；基于 OpenShift 4 自带的 Tekton 构建的 pipeline，非常好地适应了 Kubernetes 原生应用的构建过程，最大化地发挥了开发环境容器平台的资源自动调度能力，以较少的资源承载了两个大型的应用程序的构建过程，大幅度节省了投资。

6.5.3 服务行业客户采用红帽 3Scale 平台构建开放 API 管理平台

"由于采用了科学的架构设计，很好地发挥了来自社区的企业级产品的能力，平台成功经受住了网红直播卖货带来的压力，证明了基于红帽产品的可靠性和稳定性。"

1. 用户需求和挑战

很多服务行业客户在平台建设之初就设定了混合云的业务运行模式，绝大部分的应用要在本地私有云和公有云环境同时部署和运行，受疫情影响，公有云的资源需要实现弹性的伸缩，这就要求：

❑ 对内外部用户的流量及时按照业务情况进行调整，最大化地匹配流量和资源能力，防止局部过载；

❑ 实现应用一次开发，混合云（私有云、一家以上的公有云）部署和运行，最大化地减少应用在不同环境部署的差异性和应用迁移的复杂度；

❑ 通过一个 API 平台实现内外部用户流量区分，从 API 层面加强应用访问安全。

2. 解决方案和应对策略

如图 6-26 所示，服务行业企业采用了红帽 OpenShift 平台作为大部分应用的基础运行环境，并在此基础上借助 AMQ 作为跨混合云的消息处理平台、FUSE 作为服务集成平台，借助 3Scale 作为混合云环境内外部 API 访问管理和控制的平台，可以获得一个比较简洁和实用的应用架构，具体实现如下。

❑ 基于 OpenShift 平台，实现在混合云上动态调整开发部署平台 + 应用的能力。
- 一个开发环境（私有云）+ 两套部署框架（私有云 + 公有云）；
- F5+Router 联动实现负载均衡；
- 基于 Red Hat AMQ 产品构建了企业级混合云的 Kafka 消息处理平台；

- 所有 API 服务通过红帽 FUSE 实现配置化开发和版本管理。
- ❑ 借助 3Scale 重点实现如下的开放 API 访问控制。
  - 统一管理部署在私有云、阿里云上的 API 服务；
  - 通过统一的 API 入口实现内 / 外部开发团队自助服务（申请、审批、测试、开通、流量和访问控制）；

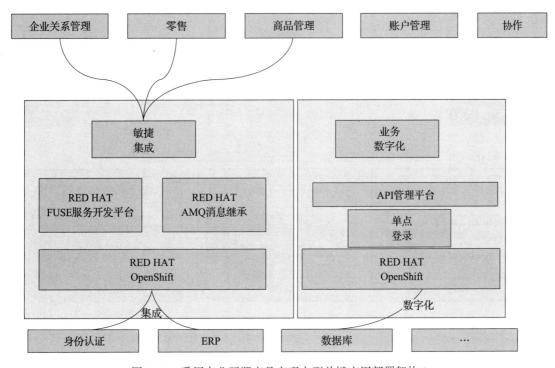

图 6-26　采用专业开源产品实现大型关键应用部署架构 1

- 统一的流量分发和访问控制能力——区分内部用户和外部用户（购票 + 消费）；
- 集中对 API 使用者进行身份认证和授权（内部员工 + 外部合作伙伴）。

一个开发环境（私有云）+ 两套部署框架（私有云 + 公有云）的架构能够有效降低开发团队针对异构环境的适配工作的复杂度，让架构更优雅、更高效。

6.5.4　交易所行业通过 ACS 实现容器平台安全管理

交易所行业客户考虑到容器安全和容器平台本身是非常紧密的特点，容器平台和容器安全管理一体化架购及实用性，以充分发挥产品优势，提升管理操作效能，ACS 如下几个方面的能力较受交易所行业客户的青睐。

- ❑ 基于 Kubernetes 的云原生安全；

❑ 很好的跨集群部署和管理能力，包括预防检查、监控探测、响应保护；
❑ 策略化的安全配置和管理能力，可以很好地适应安全管理发展的要求，保护投资。

部署架构方案

如图 6-27 所示，云原生安全管理产品 ACS 的多集群部署和管理架构可以很好地实现多个集群的安全集中管理，具体功能如下。

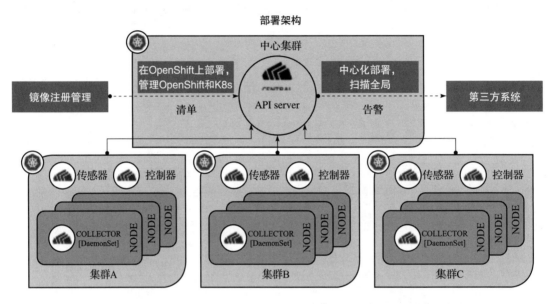

图 6-27　采用专业开源产品实现大型关键应用部署架构 2

❑ 可视化：利用 Operator 在受管集群上部署探针和 agent，及时收集安全运行数据，在中心集群（Cluster Central）集中处理和展示，形成安全态势。

❑ 漏洞管理：针对 Kubernetes 公开可用的软件包中已经包含的漏洞，红帽提供了漏洞补丁，利用 ACS 对接在线的数据库，可以及时发现哪些基础镜像上存在已知的漏洞，及时提醒管理人员进行更新和升级。

❑ 合规管理：容器云平台和应用长时间运行的过程中，存在大量的升级和更新的工作，这些工作需要配置不同的权限和工具，对这些权限和工具的使用进行合理的限制和规范是普通和应用安全的重要内容，ACS 策略化的方法结合红帽 ACS 订阅，可以帮助安全团队避免"一上线就落后"的尴尬，及时根据管理要求和全球安全发展趋势，及时加强安全防范的力度和范围，达到动态安全的效果。

如图 6-28、图 6-29 和图 6-30 所示，ACS 可以在一个集群（Hub 集群）内对受管集群进行集中的漏洞扫描和管理、安全扫描，并集中展示合规的扫描结果，这与交易所行业的高效能资源利用和集中管理需求匹配度非常高，能够有效实现集中的管理效能。

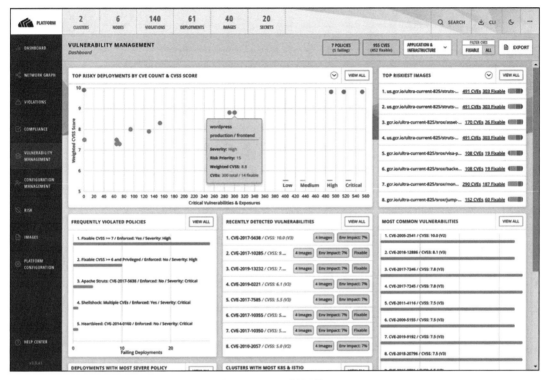

图 6-28　ACS 漏洞管理

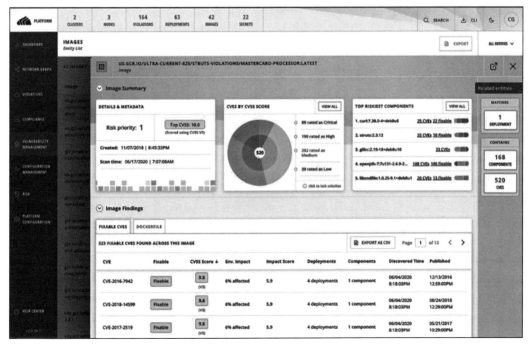

图 6-29　ACS 漏洞扫描

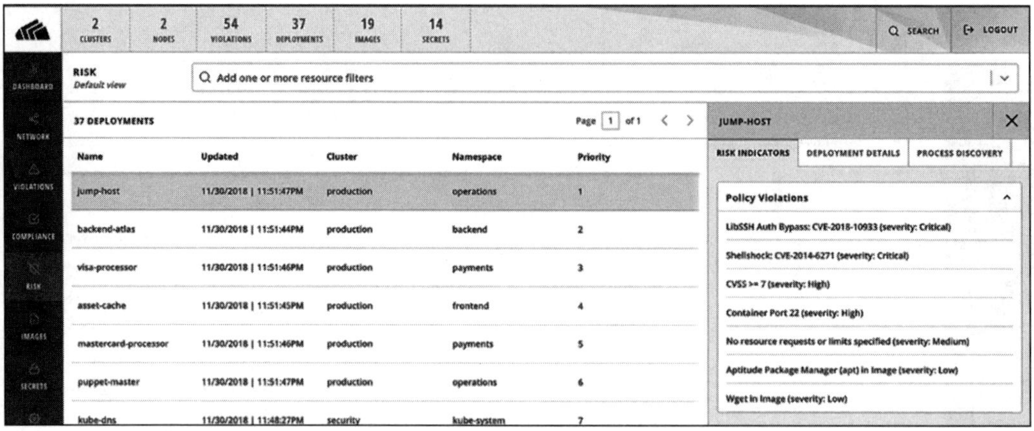

图 6-30　ACS 安全合规扫描结果

6.6　红帽 ACS 采用云原生方式解决云原生安全问题

6.6.1　红帽 ACS 解决云原生安全问题的 6 个集中式安全管理策略

1. 漏洞管理（安全左移）

基本信息： 漏洞是公开可用的软件包中已知的安全漏洞。红帽和社区通过 CVE 或 RHSA 标识符标识。每个漏洞都被分配了一个数字分数和一个严重等级，并且可能有也可能没有公开可用的解决方案（"修复"）。

安全风险： 已知漏洞允许攻击者轻松进入您的应用程序。合规标准需要一个流程来识别和解决应用程序中的漏洞。

ACS 方法： 扫描所有容器映像中的组件并关联到已知的 CVE 和 RHSA。提供镜像和政策通知以防止宣传或使用包含可修复的严重漏洞的镜像。

2. 配置管理（安全左移）

基本信息： 在 OpenShift 中运行应用程序组件需要一组声明，我们称之为配置。除了容器镜像之外，开发人员还可以提供属性来定义所需的资源、权限和依赖项。

安全风险： OpenShift 部署的配置包括可能对安全产生重大影响的属性。

ACS 方法： 安全和 DevOps 团队成员需要了解有风险的配置和补救方法。此外，一些配置属性可以缓解成功的攻击，阻止攻击者实现其目标。

3. 网络分段

基本信息： 在集群中，运行在 pod 中的各个应用程序组件可以使用集群网络相互通信。默认设置允许任何 pod 与具有公开服务的任何其他 pod 通信。

安全风险： 不受限制的网络访问可能允许攻击者进入一个 Pod 以探索集群中的其余服务，或横向移动到其他可利用的目标。

ACS 方法：对网络上单个服务的访问应受到高度限制，默认情况下拒绝所有连接，并为所需的通信设置特定例外。ACS 提供工具以了解活动网络流量并使用 OCP 原生网络策略为受限策略构建自动建议。

4. 多因素风险分析

基本信息：风险分析提供对所有应用程序的整体评估，衡量每个应用程序受到攻击的可能性、攻击的成功程度以及每个应用程序对攻击者的价值。

安全风险：总体安全风险取决于许多以非显而易见方式相互作用的因素。勤奋的安全团队试图了解这种情况以及它如何随时间变化。

ACS 方法：了解漏洞、配置和运行时活动如何导致风险。建立可接受的风险级别，并对最高风险应用程序的补救工作进行优先级排序。

5. 威胁检测和事件响应

基本信息：当应用程序尝试或成功妥协时，它们的行为可能会发生变化。威胁检测确定此类更改是良性的还是危害的指标。事件响应是指此类活动导致实际或潜在破坏系统完整性的情况。

安全风险：即使是准备最充分的应用程序也会受到攻击和破坏。如果可能，应实时识别和防止未经授权的活动。必须收集事件数据并将其提供给适当的工作人员。了解根本原因可以让组织做好准备，以防范未来的妥协。

ACS 方法：提供带有上下文的广泛取证，以识别根本原因。通知所有利益相关者。使用 Kubernetes 原生操作来阻止正在进行的攻击，并利用根本原因来构建新的配置强化策略。

6. 合规

基本信息：监管、行业或内部合规标准定义了一组强制性控制措施，以减少入侵的可能性并减少入侵造成的损害。

安全风险：合规标准推荐合理的组织和配置实践。

ACS 方法：为所有应用程序和基础架构提供合规性、可见性。为满足每个标准控制的技术流程和设置提供有针对性的指导。利用 ACS 策略引擎提供以开发人员为中心的指导。制作证据文件来说明过程和技术控制。

6.6.2　ACS 云原生安全平台的技术特点

1. 安全策略化

安全策略是用于保护对应对象的规则。云原生的安全策略就是用于保护云原生平台和应用安全的规则。管理员可以通过 ACS 策略化的引擎来配置云原生的安全策略，通过内嵌在云原生平台中的安全机制实现对日志、网络、用户等安全对象的周期性过滤和扫描，从而加强平台和应用的安全。

需要注意的是，策略化的安全不等于安全配置，安全配置是一种运行和部署方式，是静态的安全参数，策略化的安全是安全规则，是动态可变的。平台可以基于安全策略和扫描结果运用机器学习算法进行学习，识别潜在的安全风险，还可以借助在线的资源不断刷新内部的安全策略，不断应用全球化的最佳安全实践，实现主动安全管理和更新。

2. 安全可视化

ACS 提供统一整合的控制台，构建了集中的安全管理中心，对合规、安全基线、网络事件、DevSecOps 过程安全、漏洞信息和修复、风险探测过程和结果进行集中展示，同时配套相应的安全配置功能，便于安全管理团队进行检查、处理和集中管理。

3. 安全合规基线

基于 CIS、PCI DSS、HIPAA、NIST 等安全标准和法案要求，使用策略模板立即生成审计报告并轻松识别不合规的集群、节点或命名空间。对于网络访问，通过内置的机器学习算法建立网络基准，并在此基础上形成预警和报告机制，保障网络层的安全。

4. 可靠的漏洞信息来源

通过红帽和 Kubernetes、CNCF、Apache 相关社区的深度合作，提供各个开源组件最新的官方漏洞和更新数据，保障信息的可靠性是安全的基准要求，也是一切工作有效的前提条件。

5. DevSecOps

在应用发布和容器打包过程中，无论是业务代码、第三方依赖库，还是基础镜像供应、构建流水线环节，都可能"夹带私货"，暗藏漏洞、后门和风险，ACS 利用策略化的机制对镜像仓库、DevOps 过程进行扫描，借助机器学习算法进行风险行为分析，找出过程中的漏洞，并提醒安全团队进行有针对性的加固。

6. 整合的风险探测和响应机制

攻击行为来源于网络连接、权限提升、异常的配置参数、可疑的运行时行为，借助 ACS 平台，用户能够及时有效地做出反应，按照风险等级去逐项解决问题或者立即对运行环境进行干预，不能依靠人工方式进行临时干预。

7. 安全从预防抓起

容器平台的安全风险很难被限定在某一特定区域或范围内，ACS 运用策略化的引擎进行集中的扫描和分析，利用机器学习和人工智能算法对风险进行分析和定位，帮助安全管理团队把工作做在前面。

6.6.3　ACS 从预前检测、运行保护、事中响应三个阶段完善容器安全管理

容器云是一套集合了众多技术创新的复杂技术综合体，红帽 ACS 容器安全平台综合使用多种手段有效地保护容器和 K8s 安全。要想做好容器安全，需要从事前检测、运行保护、

异常响应三个阶段综合使用多种技术，全面保护容器和 Kubernetes 平台的安全。

如图 6-31 所示，在各个阶段需要关注的重点和可用的手段都不同，具体体现在以下方面。

检测	保护	响应
可信的内容	配置和生命周期管理	容器隔离
-红帽供应链	-OpenShift Operator管理	-RHCOS不可变用户空间
-红帽认证内容健康检查	-生命周期管理Operator优先级	-SELinux
-UBI	-全栈集成维护界面	-安全启动
-运行时镜像	-升级应用不停机	-LUKS卷加密/FIPS模式
	-自动化合规	-非Root权限的容器
私有镜像仓库		
-内建镜像仓库	用户身份识别	网络隔离
-Quay镜像仓库与Clair镜像扫描集成	-内建的身份识别	-Ingress/Egress控制
	-支持9种身份识别方式，包括AD/LDAP	-Multus多网络平面插件
构建管理	-RBAC多层权限控制	-网络微分段
-Source2Image从代码到镜像一键生成		
-镜像流跟踪	平台数据保护	访问应用和数据
	-加密存储私密Secrets数据（ETCD）	-项目级+SELinux资源访问控制
流水线和开发工具	-所有Master的流量加密	-东西向流量加密（网格）
-IDE插件	-配置Ciper	
-开发工具Code Ready Workspaces		可观测性
-Jenkins/Tekton流水线	部署策略	-主机和K8s事件审计
	-SCC（安全内容链）	-应用集成集群监控
	-非特权容器	-服务网格跟踪能力
		-容器安全Operator

图 6-31 综合使用多种技术全面保护容器和 K8s 安全

❑ 在事前检测阶段：

- 选择可信的红帽官方基础镜像作为基础，保护应用开发供应链，保证开发测试阶段生成的应用镜像是安全的；

- 在镜像仓库中集成安全管理产品，借助扫描和管理手段，保障镜像的存储和分发安全，防篡改；

- 在构建阶段采用标准化的技术和工具保障构建过程安全、镜像拉取和使用过程安全，防止镜像流失和随意拉取外部镜像；

- 在流水线和开发工具层面，使用分析插件和在线开发工具能够有效保障开发工作的安全，同时使用 Jenkins 和 Tekton 构建标准化的流水线，并对流水线进行适当加固，充分保障供应链安全。

❑ 在运行保护阶段：

- 使用集中的配置管理和更新工具保障容器配置的自动更新，降低配置差异带来的运行风险；

- 在用户管理、系统管理、资源管理等关键节点使用 RBAC 和 IDM 技术保障普通用户和系统用户各自的身份和访问安全；

- 在数据保护层面，充分借助加密技术，保障数据传输和存储过程中的安全；
- 在部署策略方面，尽量减少和降低特权容器的数量和权限级别，使用安全上下文保障安全链条的清晰可控。

□ 在异常响应阶段：

- 合理地使用容器隔离、网络隔离技术，采用 CoreOS 作为不可变基础设施，充分保障基础设施安全；
- 在东西流量安全方面借助服务网格技术进行控制和加密，保障访问安全；
- 建立健全服务数据收集、分析和监测机制，利用 Operator 技术沉淀安全知识，保障持续的安全可见性和升级能力。

企业容器安全涉及众多领域和技术，需要综合使用相关的产品和组件才能实现全面的安全保障能力，同时也需要借助 Operator 等附加技术来保障一定程度的可复制性和稳定性，所以说，容器时代的安全提升是一个过程，也是一个长期的工程，符合度更高，变化也更多、更快。

6.6.4　ACS 云原生安全产品的价值

基于 Kubernetes 原生安全产品 ACS（StackRox）为构建和运行容器化应用程序的组织带来了多项独特优势。

□ 通过消除盲点和发现 Kubernetes 特有的关键漏洞和错误配置来提供增强的保护。

□ 通过缩短团队的学习曲线并利用来自 Kubernetes 的宝贵上下文加速调查和补救，节省时间并降低成本。

□ 通过使用 Kubernetes 实现可扩展的执行功能并消除因配置不一致和用户错误导致的操作复杂性，最大限度地降低整体操作风险。

□ 为整个云原生应用程序生命周期的安全用例提供标准化平台，可供开发、运营和安全团队使用。

借助安全左移和容器安全管理全景能力，企业或组织可以更有效地在任何地方在生产中大规模地保护其 Kubernetes 环境。

6.7　本章小结

本章介绍了云原生平台的安全挑战、构建思路，以及容器领域的主要安全标准，并结合 Kubernetes 原生安全深入探讨了云原生安全的解决方案和发展路径，着重介绍了云原生安全的技术和安全左移的理念和做法，从容器安全大局观的角度探讨了综合运用云原生技术、云原生管理的方法和角度，全方位保障应用容器和云原生平台安全的方法。相信通过本章的介绍，读者能够对"用云原生的方式增强云平台的安全"有比较全面的了解。

第 7 章 *Chapter 7*

开放创新工作坊实践之旅

你有没有发现,尽管我们的团队中已经有很多人完成并拿到了敏捷、Scrum、CMMI、PMI、DevOps 等多种软件行业的认证,而且其中不乏大师级的人物,但是我们企业软件的开发过程依然摆脱不了响应缓慢、不适应变化等弊病,甚至很多互联网企业内部重新回到最初的瀑布式开发模式,这中间到底少了什么?

你有没有参加过这样的产品设计 / 规划会议:一群人在领导的带领下进行设计,2 ~ 3 个人的小团队干得热火朝天,其他人在旁边游离,甚至有人开始刷手机;或者一群人在一个会议室,某个"骨干"人员一直在讲,其他人昏昏欲睡,最后大家提了一些可有可无的修改意见,会议就结束了。这种类型的设计 / 规划会议在企业内部很常见,主要有如下特点。

- ❑ **一言堂**:某一两个关键决策者掌控全部会议过程,其他人只是听众。
- ❑ **少数人投入**:整个会议过程中只有很少的利益相关者。
- ❑ **大部分意见无关痛痒**:每个人都提出意见,但大部分意见不是无关痛痒就是开倒车。
- ❑ **单向传达多过互动沟通**:信息多是自上而下,而不是双向沟通。
- ❑ **会议效率低下,决策缓慢**:一个很小的事情经常要讨论 2 ~ 3 小时。

很明显,我们缺的不是"有知识、有头脑的人",缺的是让这些人最大化地发挥他们的知识、能力的共同工作模式 / 方法。

现在有一种源自开源社区的工作方法广为流行,这种方法通过团队教练的组织和带领,遵循一套相对开放的工作框架,通过在各个不同的环节选择不同的工作模型的方式,引导团队发挥大脑的"创造力",从多个视角出发一起进行团队化的设计,从而创造更加卓越的成果。我们将这种方法称为开放创新工作坊。

本章将着重介绍什么是开放创新工作坊,结合过往的实践经验介绍如何把开放创新的工作模式引入 IT 产品 / 项目中去，如何以"在线"的方式交付开放创新工作坊，以及开放创新工作坊中可用的模型和工具。

7.1 容器云给软件开发带来的模式变革

7.1.1 乌卡时代，集中式软件开发工作挑战多多

我们生活在乌卡[○]时代。很多工作已经不再像 20 世纪那么确定，问题越来越复杂多样。成功的经验已经不能被单纯地复制，很多事物的边界已经不再清晰。不仅仅是互联网公司，传统企业也在持续研究更加创新、更加大胆的产品和业务 / 服务交付形式。

过去 20 年以来，大部分的传统企业开发一套软件时遵循的依然是软件工程的工作思路，以瀑布型开发模式为代表，需要一个从立项、需求分析、概要设计、详细设计、代码开发到单元测试、集成测试、用户测试、压力 / 性能测试、试运行、投产的过程。CMMI 等模式和理论的出现有助于企业软件开发，但随着开源社区的兴起和技术研发全球化进程的加快，企业软硬件的开发面临新的挑战。

1. 团队集中工作越来越难以实现

以上这些变化代表着企业的软件生产过程走向快速迭代和资源整合，但是软件的设计过程依然是相对封闭的，需要一个相对固定的团队一起紧密工作较长时间才能取得成果。

然而在乌卡时代，越来越多的业务需求呈现模糊、多变、复杂和不确定性，这就要求企业软件开发团队打开封闭的大门，经常性地把客户、用户、生态伙伴、被动参与者等众多场景内相关的角色协调在一起进行阶段性的设计和开发工作，但是随着企业全球化走向深入，团队成员的全球化分布、远程工作、时差等问题导致集中工作越来越难以实现。

业务全球化发展必然带来业务团队全球化分布，应用开发贴近业务需求，也必然要实现全球化开发，但开发团队在一个地方聚齐成为一项几乎不可能完成的任务。

2. IT 产品迭代过程加快，工作超时严重

企业面对的互联网化的竞争越来越激烈，需求变化从年缩短到月、周甚至是天，超负荷的工作模式已成为戴在年轻 IT 人身上的枷锁，文山会海的工作情景在 IT 开发团队中越来越常见，甚至部分企业"内卷"严重，这些都成了困扰新时代 IT 人的难题，也变相拉长了企业项目周期，增加了投入。

3. 跨团队、部门、企业的资源整合越来越难

随着软硬件和网络基础设施的升级换代，企业 IT 建设不断走向深入，越来越多的工作

需要协调更多的外部资源同步推进。以新 IT 系统部署为例，硬件采购、到货、上架、初始化、部署、测试和上线，这一系列的工作任务让企业团队想要达成跨团队协作经常需要漫长的等待周期，造成项目拖延和升级困难。

7.1.2　企业软件开发过程正在快速整合

企业软件开发过程除了要面对上述挑战之外，越来越多的企业的软件系统 / 平台呈现开放融合的趋势，以往"大而全"的大型应用系统迅速被"小而专"的分布式小应用所取代，敏捷的开发模式、DevOps 工具链平台、精益思维和工作模式都在推动传统企业软件开发模式的转变，但是这一过程也不是一帆风顺的。

如图 7-1 所示，很多企业投入大量资金培训敏捷专家、DevOps 认证工程师，期待开发模式能够更加开放和顺畅，但是受限于原有的工作模式和习惯，很多人只是履历上增加了几张证书，日常工作并没有发生特别大的变化，管理者原来的困扰不但没有解决，而且因为技术的提升变得更加严峻，例如：

❑ 敏捷到底应该怎么做？

❑ 是不是有了 DevOps 工具链就敏捷了？

❑ 团队分散在各地，怎么把团队集合起来做敏捷和精益？

❑ 公司的运维、安全、质量部门如何能够更好地介入开发过程，而不是到交付之前才参与，以减少沟通成本和返工的现象？

❑ 团队横跨南北，甚至还有国外的 ISV 外包人员，如何构建一个更加开放、高效的开发过程？

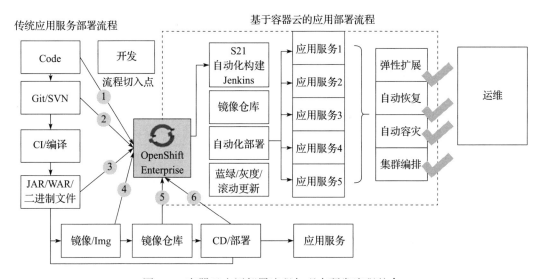

图 7-1　容器云应用部署流程与现有研发流程整合

由此可见，技术的发展促进了软件生产过程的整合，但同时也带来了新的问题。我们认为，解决这些问题不能从单一的技术入手，需要从更加开放、更加宏观的角度来应对。

7.1.3　开源社区为企业软件开发设立"新模式"

除了问题和挑战之外，我们也看到在开源社区有很多团队采用了新的开发方式，取得了不错的成果。

在全球化团队协作开发方面，作为全球开源社区的创立者，红帽多年来在开源社区中建立团队、设计和开发开源软件的模式和经验，对于企业更好地开发企业级软件具有非常重要的参考意义。

在开源开发模式下，更多的软件开发（主创）人员以社区的形式组织在一起，需求、设计、开发、测试和运维人员分布在世界各地，当大家短暂聚到一起形成一个紧密合作的团队协同工作的时候，如何能够更加高效地激发集体的智慧，获得更加丰硕的成果就变得尤为重要。

我们看到，开源社区甚至是很多互联网企业正在广泛采用一些支持开放组织创新的方法让大家协同工作，这些工作方法大多遵循一些相对稳定的流程，并采用很多开放的集体思维模型，让每个人在共同的目标之下发挥主观能动性，形成一定范围内的业务/技术创新成果。

红帽作为众多开源社区的发起者和领导者，在公司内部和社区层面使用了很多开放创新方法，并且取得了非常不错的效果。我们把这些方法总结出来，形成了一套开放创新工作坊的工作模式，并把这种模式带给了企业客户，我们欣喜地看到，这些工作方法在传统企业中同样能够很好地激发集体的智慧，不仅让企业获得了业务和技术的成果，也让团队和组织成员之间更加紧密和互相信任，使后续更加深入的协作成为可能。

7.2　来自社区的开放创新工作坊

7.2.1　开放创新工作坊的定义

开放创新工作坊是一个定制化的过程，团队在团队教练的带领下一起开放沟通，彼此连接，就特定的话题/目标共同探索并接纳不断涌现新的想法和意见，最终达成共识。

如图 7-2 所示，开放创新工作坊具有如下特性：

❑ 开放创新工作坊是一个开放的过程，是一个设计好的定制化过程，具备一定的工作框架不同的

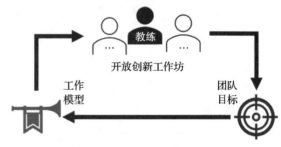

图 7-2　开放创新工作坊框架

主题 / 目标需要不同的过程，这是团队教练需要完成的工作；

❏ 开放创新工作坊有教练带领，有团队成员参与，也有工作模型支持；

❏ 聚焦团队目标成果，团队活动 / 会议的最终目标是做出决策，形成成果并据此做出决策是工作坊必然要完成的任务，因此，制订行动计划是必不可少的一步。

7.2.2　开放创新工作坊的工作目标

在企业 / 团队内实践开放创新工作坊，最终目标就是帮助企业 / 团队探索目标，探索可行的方案，打造可执行的计划。

如图 7-3 所示，开放创新工作坊作为支持团队共同工作的重要方式，其核心目标就是帮助团队定位集体的工作目标，这个目标可以是短期的，也可以是中长期的。通常越高远的效果越能够在后续冲突环节提供更具有战略意义的指导，但这并不意味着短期目标就不好，重点是在指导意义上的效果不同。除了定义目标之外，借助特定的系统工作模型进行深入的分析和探讨，帮助团队找到合适的解决方案是工作坊的重要工作方式，合适的模型能够让团队的集体思考更有效，更容易产生效果，这一过程中可视化、双向互动、手动的方式往往比纯展示式的单向沟通更有效。在工作坊最后的阶段，利用当前共同探索的成果，借助集体的力量快速制订一个基本可行的计划对于团队来说是非常及时的，也是非常重要的夯实成果的行动，此时的行动计划由于是团队自己设计的，因此具有非常高的承诺度。

图 7-3　开放创新工作坊的终极目标是帮助团队解决关键任务

除此之外，在团队内开展开放创新工作坊还可以获得一些意料之外的价值，这其中有些是比较清晰可见的，有些则是行为模式或心态方面的。

如图 7-4 所示，通过开放创新工作坊，团队还可以进行内部的磨合，通过多次的深入沟通和分享，改变彼此间互动的方式，这些间接效果可能会包括如下方面。

图 7-4　开放创新工作坊的间接效果

1. 全面了解项目 / 产品 / 团队的现状和面临的挑战

现代应用开发过程中团队经常面临功能、成本、交付速度等多方面的挑战，传统项目管理并不能很好地反映这些挑战，借助开放创新工作坊的分析模型（如 IMPACT 影响力地图），可以很好地分析不同角色的现实情况和面临的技术、业务、管理方面的挑战，直面团队 / 用户的实际问题，从而针对性地寻求解决方案和应对策略。

2. 比对当前解决方案和目标需求之间的差距

针对大型项目 / 产品的建设过程，除了业务、开发和运维的需求之外，经常出现安全、容灾、工具管理等不同单位 / 角色的需求。为了对众多需求进行有效汇总和分析，我们通过开放创新过程可以实现需求的集中收集、归并和澄清处理。通过开放创新过程，团队很容易看清有哪些需求可以借助现有产品实现，有哪些需求需要二次开发和单独建设，这对于项目整体需求的把控具有非常显著的价值。

3. 在业务 / 产品、技术（开发 / 运维）、管理多个方面达成一致

企业内的产品 / 平台建设经常遇到不同团队 / 角色之间的工作协调和沟通，尤其是互联网竞争加剧带来的进度挑战加剧，导致团队成员之间缺乏充分的沟通，从而造成矛盾。通过开放创新工作坊，可以让团队成员"看见"彼此的需求和目标，在互相理解的基础上，创造深入沟通的机会，尤其是工作坊结束阶段的里程碑 / 成功路径设定能够让项目成员携起手来，创造一个彼此都能够接受的推进计划，从而快速达成一致。

4. 寻找更有效的设计，加速推进

传统的软件建设模式中，设计方案通常依赖于有限的架构师和设计人员，对于需求的深入理解和探讨通常只在项目最初的阶段，这就对需求的稳定性有很高的要求，而互联网时代的软件设计面对的是更加复杂多变的应用环境，业务需求的变化非常频繁，有时候企业 / 业务团队希望创造更好的用户体验，这就要求软件开发不断探索更加有效的设计方案。开放创新工作坊就是这样一种设计方式，主创团队可以采用面对面 + 体验式的方式探索用户场景，不断尝试和优化设计方案，通过敏捷的方式不断迭代，从而探索出最优的解决方案。

5. 发挥解决方案的价值

现代的软件设计方案通常都是复杂的，面向场景中众多用户和角色，需要兼顾到各个角色的诉求，除了让组织和团队获得技术收益之外，以开放创新的方式共同创造出来的解决方案还能够充分照顾到业务、客户、服务供应商、服务代理、股东等更多干系人的利益。

开放创新工作坊的核心理念之一就是流动，在这一过程中可能会涌现出很多令人惊喜的成果。以上内容仅仅是我们根据过往客户的反馈和复盘总结而成的，期待大家更多的探索和反馈。

7.2.3 开放创新工作坊与传统会议

相对于传统的会议，开放创新工作坊有一些显著的特点。

- ❏ **有相当的自由度和开放性**。在开放创新工作坊，每个人都有表达自己想法的权利、每个人都开放地接纳任何想法和意见；传统会议很少关注个人的意见和想法，开放度有限。
- ❏ **开放沟通**。工作坊提倡开放的互动，创造人与人彼此的链接，参与者并不会苛责异想天开的想法，更加开放；传统会议的互动更多体现的是"就事论事"，参与者害怕"说错话"。

❑ **想法和意见是不断"涌现"的**。好想法和创意不是一开始就出现的，更不是计划好的，就像一粒种子，需要一个土壤才能生发，团队教练的作用就是在团队中培养这个土壤；传统会议的想法是会前经过少数人"深思熟虑"的，较少欢迎"新奇"的想法。

❑ **共同探索**。开放创新工作坊是一个团队共同探索的过程，团队教练要激发团队一起朝着目标努力；传统会议是一个信息传递的过程，传统会议过程中的互动，更多体现的是"管理者倾听"而不是集体探索。

❑ **参与者角色广泛**。为了增强决策的科学性，与传统的头脑风暴会议不同的是，工作坊要求更多不同背景的关系人参与，综合不同角色的视角，能够让决策更科学，解决方案更加易于落地和操作；传统会议通常会限制参与者范围，只有强关联的人才会参与。

❑ **开放的决策模式**。开放创新工作坊的决策模式是集体决策，看中的是发现每个人的独特视角、发挥集体的创造性，做出当下最合理的决策；而普通会议的决策通常都是自顶向下的，管理者负责，参会者只是被动接收。

❑ **信息传递方向不同**。开放创新工作坊的信息传递是网状的，每个人的信息都可以传递到所有人，好想法在互动中生发和成长；传统会议信息是单向的，从管理者到与会人员，只存在少量的"采集意见"的沟通，但不会改变根本的信息传递方向。

❑ **互动形式不同**。开放创新工作坊中的互动更多地要求参与者在场地中动起来，通过肢体行为和语言进行深入的互动，而且经常使用一些思考模型来辅助大家集体思考；传统会议的互动通常只有语言的沟通。

❑ **聚焦点不同**。开放创新工作坊的聚焦点是激发团队的创造力，认清现状，找到差距，创造方案；传统会议聚焦点是针对特定的问题 / 方案统一思想，推进实施。

❑ **工作模型差异**。开放创新工作坊大量运用商业模式画布、影响力地图、领域驱动设计、平衡论等思维模型进行集体创作；传统会议较少使用工作模型，更多以 PPT 的形式进行展示和介绍。

❑ **自由度不同**。开放创新工作坊推崇会议中大家有较大的自由发挥空间，从互动方式到交流内容，参与者有较大的自由度；传统会议多是圆桌会议，与会者很少离开座位。

❑ **针对不同意见的处理不同**。开放创新工作坊欢迎不同意见的出现，哪怕是异想天开的想法，不评判是基本原则；传统会议较少接纳不同意见。

很多组织 / 团队也注意到了传统设计 / 规划会议模式的缺点，因此会或多或少地引入部分工作坊的工具和方法来活跃气氛，提升效果，但相对于完备地执行一个工作坊的过程而言，其效果和价值仍然有很大的提升空间，所以，完整地学习和理解开放创新工作坊的理念、方法和工具依然是非常有效和必要的。

7.2.4　开放创新工作坊的价值

开放创新工作坊（Discovery Session）是一种开放的工作模式，其核心目标是调动更多的力量为团队创造价值。

如图 7-5 所示，开放创新工作坊的直接价值包括如下几个方面。

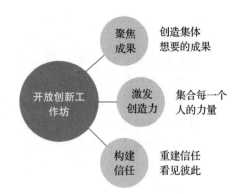

图 7-5　开放创新工作坊为企业团队带来多方位的价值

- ❏ **聚焦成果**：聚焦于团队的共同目标，创造集体想要的成果，这是一个成果导向的工作模式，非常适合企业团队使用。
- ❏ **激发创造力**：充分调动每一个与会者的思考能力，从不同的视角重新审视问题、挑战和解决方案，从而集合大家的力量创造大家都认同的成果。
- ❏ **构建信任**：很多时候企业内部团队条块分割，大家彼此之间较少沟通，信任更加缺乏，开放创新工作坊能够在开始阶段、深入探讨和计划制订的阶段很好地调动大家共同参与，给大家互相交流看法的机会，让大家看到彼此的差异，创造认同和信任的关系。

除此之外，开放创新工作坊还能够参与塑造开放创新的工作文化，提升组织内外员工的活跃度和参与度，我们期待读者进一步挖掘其更多价值。

7.3　如何交付开放创新工作坊

那么如何组织一场高效的开放创新工作坊呢？组织一场高效的开放创新工作坊需要做很多工作，包括邀约、准备素材、协调场地、设计流程、现场引导、最终汇报等，比组织一场普通会议要复杂得多。

接下来，我们对准备、执行、收官三个阶段进行简单介绍。

7.3.1　如何准备开放创新工作坊

在一场开放创新工作坊的准备阶段，我们需要提前就研讨主题进行工作坊的流程和模型设计，邀请有经验的引导师（或团队教练）是一个比较理想的方案。开放创新工作坊本质上是一种技术 / 产品创新，是基于软件 / 应用开发的工作坊，因此在人员和素材准备上需要着力安排。

如图 7-6 所示，开放创新工作坊开始前的准备工作主要包含 6 个方面，具体如下。

1.人员准备　　2.耗材准备　　3.需求背景和　　4.流程设计　　5.集体工作模型选择　　6.注意和提醒
　　　　　　　　　　　　　　解决方案

图 7-6　开放创新工作坊的准备工作

（1）人员准备

应邀请适当的人员。

❑ 团队教练 1 ～ 2 人，主导整个流程，包括开场、介绍、聚焦、创新激发、引导方案、推动指定计划、总结分享等。团队教练是流程专家，不一定是技术专家，但需要有技术背景。

❑ 技术专家 1 人以上，负责技术方案介绍（可以是团队技术骨干兼任），根据参与团队规模，1 个技术专家支持 6 人，技术专家在团队教练的领导下参与工作坊工作。

❑ 参与者团队。为增加开放创新的趣味性和开放度，也为了获得更多视角和成果，建议邀请尽可能多的不同角色的成员参与，比如 DevOps 工作坊邀请了开发、运维、安全、项目管理、DevOps 工具链平台、基础设施等部门的代表参与，以求囊括最大范围的需求。

❑ 服务人员，准备耗材、协调团队关系，如果是给客户做工作坊，可以兼任。

（2）耗材准备

准备现场活动材料。

❑ 工作坊话题：可以是团队 / 组织正在进行的大型项目工作，也可以是某个软件的设计方案。

❑ 工作坊邀请函：为工作坊设计相对开放、有趣的邀请函，与会前 1 天以上将其发到每位与会者手中，创造开放有趣的沟通氛围。

❑ 活动海报：现场手绘或打印的活动海报。

❑ A1 大白纸：团队教练用来绘制模型和工作底版，供工作坊成员结构化输出需求、创意和想法。

❑ 不干胶即时贴：用于工作坊参与人员发挥创意，展示想法。

❑ 不干胶投票帖：用于对有限的方案选择进行投票。

❑ 签字笔、纸胶带。

❑ 饮用水：一般工作坊耗时较长，通常 3 小时以上，充足的饮水非常必要。

❑ 奖品：对于某些踊跃发言 / 回答问题的成员，适当准备小礼品对活跃气氛有很好的效果。

（3）需求背景和解决方案

考虑到与会者都是与此有或多或少关联的角色，但并非全部了解团队的详细工作内容和工作坊的具体目标，因此为大家准备一定的信息输入有助于工作坊工作的顺利开展，这些输入材料包括：

❑ 项目 / 任务的需求背景描述；

❑ 项目 / 任务的行业发展情况和解决方案关键参考。

（4）流程设计

团队教练要为工作坊设计合适的流程，一般包含：

❑ 人员介绍；

❑ 需求和现有方案；

❑ 按照工作坊模型进行开放式团队创新，形成概览、场景描述、MVP 或者具体方案，并形成初步计划；

❑ 活动反馈和总结。

（5）集体工作模型选择

支持开放创新工作坊的模型有很多，常用的有影响力地图、领域驱动设计、平衡轮、迪斯尼策略、SWOT 分析、商业模式分析等，根据场景和需求的不同可以灵活选择。

仅靠模型往往不能够很好地引导客户，还需要准备一定数量的开放式提问，在模型的每个重点环节进行引导，这些提问可以来自团队教练，也可以来自技术专家甚至是现场成员等。

（6）注意和提醒

避免一言堂。工作坊的形式比较新颖，企业内很多组织和个人一开始不能够很好地融入是很正常的，尤其是领导在场的情况下，这时候团队教练及时提醒工作坊核心原则"不评判"是非常必要的。

避免过度准备。开放创新工作坊的目标是要激发团队现场的创造力，不是比拼提前设计能力，如果团队过早获知要完成的工作，很多人会提前做过多设计，反而限制了现场的创意出现，限制团队对当下的需求的体验深度，让开放创新工作坊变成设计秀，这是我们不愿意看到的。

建议大家少使用思维导图。思维导图是非常个人化的设计工具，因为其逐层延展的特性，非常适合逻辑思维逐层延展，但这种模式恰恰限制了团队想象力的发挥，我们的目标是发挥团队中每个大脑的创意，而不是让一群人沿着一个逻辑脑的思考方式去工作。

7.3.2 如何执行开放创新工作坊

下面介绍开放创新工作坊现场执行过程，如图 7-7 所示。

1）**开场破冰**：开放创新工作坊是一个集体的活动，要求调动尽可能多的参与者全情投入，因此适当的破冰游戏能够缓和紧张的工作气氛，创造彼此更多的链接，更容易让大家开启集体智慧，破冰游戏可以有很多种形式和内容，常用的破冰游戏有波峰波谷图、集体的身体舞动、猜真假、找同类等。基本的原则是积极正向、互相尊重、避免超长发言等，另外要注意：破冰游戏如果能够跟后续的开放创新主题内容产生关联就更容易产生出其不意的效果。

2）**团队分组**：当工作坊团队成员超过 8 人时，我们一般建议进行分组，分组的原则多种多样，为增加观点的多样性，建议同一部门的同事尽量分到不同的小组。

3）**需求和方案同步**：团队 / 组织内的开放创新活动通常都具备一定的目的性，可以是某个业务 / 应用 / 平台的设计、开发，也可以是某个具体场景的研究，对于需求的理解和既有方案的介绍应当作为后续深入探讨的基础分享给与会者，对于工作模型的使用方法和作用也在此阶段简单分享给与会者。

4）**成功愿景探索**：每一位参会者都会有自己的出发点，在会议开始的时候，让大家毫无阻碍地表达自己的观点和期待非常重要，比较好的方法是：采用每个人写即时贴的形式贡献想法。需要注意，很多人倾向于在一个即时贴上长篇大论，团队教练应当提前写好示范和要求，即：一个即时贴上只写一个想法，一个即时帖上原则上不超过 10 个汉字。

5）**解决方案探索**：这是一个很简单的环节，也是一个很关键的环节。成功的开放创新工作坊中，团队教练在这个环节能够结合开放式提问和模型的力量，引导工作坊成员进行深入讨论和分析，获取更大范围的需求、更加优选的解决方案和工作思路。这个环节可以使用的模型包括但不限于：平衡轮、同理心地图、商业模式画布、领域驱动设计、影响力地图等。开放式提问是一种提问技巧，好的提问能够带领大家从多个视角看问题和找方法，经常能够获得出其不意的效果；如果在探索的过程中遇到明显的挑战或冲突，教练可以带领团队回到步骤 3）和步骤 4）重新探讨愿景与方案之间的关系，以寻求更佳的解决方案。

6）**行动计划制订**：工作坊的探索环节做得越充分，后续的行动计划素材就越充足，所有的解决方案都需要设定适当的实现周期，方便所有与会人员都有一个合理的期待。这个环节对于成功的工作坊来说非常关键，现场排定计划的环节还能够帮助团队成员达成阶段目标的共识，让团队成员自己设定自己的任务时能够提升承诺度。这个环节可选的方式有：

❑ 里程碑地图；
❑ 时间线；
❑ 三步法；
❑ 其他能够快速确定计划的方法。

当行动计划制订过程中遇到明显的挑战或困惑时，可以带领团队回到步骤 4）和步骤 5）重新探索，重新校对方案和计划的可行性，并确定最优解。

7）**分享和汇报**：拥有了共同愿景并不意味着工作坊取得了全面成功，形成更加详细的计划和后续跟进措施是保持工作坊成果的重要步骤。在团队教练的帮助下，团队核心成员可以完成以下内容：

❑ 开放创新工作坊成果及解决方案现场汇报；

❑ 工作坊详细行动计划集中整理和汇报。

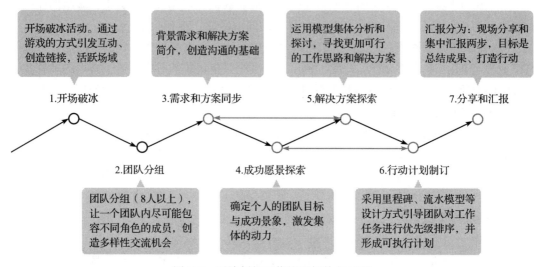

图 7-7 开放创新工作坊现场执行过程

7.3.3 开放创新工作坊的收官

在开放创新工作坊的收官阶段，我们需要完成 3 个非常关键的任务。

1. 现场反馈

很多客户会议或者活动经常会采用调研表的形式收集参与者对本次活动的反馈意见，但是在开放创新工作坊中，我们更希望能够借助现场开放、融洽的氛围，因此建议采用即时、简化的方式，让团队在良好的场域中直接"讲"出本次活动的感受。

如图 7-8 所示，工作坊的人员通过简单 3 个问题就可以进行快速总结和分享，没有压力，在人员较多的情况下可以分组进行，如果时间允许，最好在白纸上以即时贴的形式贴出来。

在这方面，有很多模型和方法可以很好地达成分享，请参考模型和工具部分的介绍。

收官阶段标准的
反馈三问
1. 今天收获的成果
2. 有哪些感悟
3. 接下来的行动

图 7-8 开放创新工作坊收官阶段的典型提问

高效的开放创新工作坊分享能够激发团队的力量，提升承诺度，同时在反馈环节更容易加深团队的互相理解和信任，在最后的环节使用即时贴和轮流发言的方式能够保持开放沟通的氛围。实践表明，组织和参加过开放创新工

作坊的团队普遍表示工作坊**拉近了彼此的距离，让大家重新"认识"身边的人，团队有了更
强的归属感**。

2. 庆祝

仪式感对于一群在经过开放创新工作坊几个小时的集体活动之后的团队非常重要。一
个小小的仪式就能够极大地加强活动在大家心目中的分量，也能够在大家的心中为本次活动
画一个圆满的"句号"。我们建议大家组织一个"庆祝"的仪式，常见的集体庆祝仪式有：

❑ 集体的大拥抱；
❑ 集体喊出"成功"；
❑ 饮料 / 小视频；
❑ 小礼物赠送（注意，如果送，尽可能每个人都有）；
❑ 集体合影。

这些仪式可以单独执行，也可以结合起来执行。

3. 汇报

如果在（客户）企业团队中执行开放创新工作坊，那么我们通常还会准备一份单独的汇
报，详细描述当天的过程、成果和下一步的行动计划，供客户团队向领导层汇报。

影响开放创新工作坊效果的因素还有很多，每一场工作坊由于其主题、参与者背景和
目标的不同会采用不同的形式和内容，以上内容包含主体的工作流程和要素，后续我们将结
合部分案例来进行说明。

7.4　特定领域的开放创新工作坊实践

开源创新工作坊由于其开放和互动性特点，可以在很多话题上发挥作用，常见的技术
话题有 DevOps、PaaS、技术中台、自动化、应用上云、云原生开发等。我们选取其中几个
比较典型的场景和设计分享给大家，期待未来更多应用形式和成果的出现。

7.4.1　银行业 DevOps 平台工作坊

银行业客户由于对新技术比较敏感，普遍地在 DevOps 工具链层面有一定的积累，但
受原有的基于 VM 环境的传统工具链的限制（早期搭建），导致应用 CI/CD 效率低下，最慢
到平均 1 次上线 / 月，严重阻碍了业务快速发展的需要。银行业云平台普遍希望利用容器
PaaS 云平台上线的机会，借助 OpenShift 自带的 Jenkins 和 S2I 技术，重新构建容器化环境
中实现 DevOps 的过程，缩短应用更新发版周期，提升研发效率，我们为多个客户建立了
DevOps 工作坊，取得了不错的效果，下面重点介绍其中的关键环节。

1. 准备阶段

为了保证开放创新工作坊的过程中尽可能囊括各个团队、角色的需求，客户邀请了开

发中心、数据中心的多个部门团队参与，人员技术背景涵盖应用工开发、集成测试、应用测试、系统运维、项目管理、架构办等，同时尽可能邀请 PaaS 云平台的团队及主管领导全程参与，红帽则派出教练和助理教练、架构师、咨询顾问等角色。

2. 过程设计

开放创新工作坊的目标和话题是**探索基于 OpenShift 的容器化 DevOps 平台建设的影响和解决方案。**

这是一个有一定技术背景的方案，因此大部分工作坊在开始的时候会有 4 个关键的环节。

- ❑ **开场环节**：包括双方人员介绍和分组。
- ❑ **方案介绍环节**：红帽团队分享**基于 OpenShift 如何实现容器化 DevOps** 的技术方案，聚焦工作成果。
- ❑ **开放创新讨论环节**：开放创新工作坊的玩法介绍，在教练的带领下按照分组进行讨论和共创。
- ❑ **活动反馈和总结**：邀请客户代表分组进行讨论成果的分享。

3. 模型选择

针对银行业客户团队普遍具有 DevOps 基础的情况，我们选择影响力地图作为团队思考工具，针对 PaaS 对于 DevOps 的影响，从人员角色、影响范围、影响内容、解决方案 4 个角度进行逐层分析和探讨。

4. 工作坊执行成果

当客户团队人数较多时，可以分成多个小组的工作坊探讨（每组 6 ～ 10 人），在教练的带领下首先梳理银行 IT 团队在基于 OpenShift 构建 DevOps 过程中可能涉及的角色清单，并在此清单的基础上逐一对每个角色进行了影响范围分析、原因和解决方案探索，在最后的阶段大家一起对成果进行梳理，并进行集中的分享。

在教练的带领下，工作坊的团队梳理出很多需求，按照技术方向、重点领域进行分解，并且按照客户的实际项目情况现场构建可行性方案，团队根据现场的讨论进行里程碑和工作内容设定。

部分工作坊成果整理后如图 7-9 所示，需求经过集体的梳理，大部分工作坊呈现出非常完备的人员角色、影响范围、影响内容、解决方案的架构，现场的工作总结由客户小组负责人现场分享，工作坊的执行教练在会后根据与会者的输入集中进行梳理和分析，形成了工作坊成果报告，我们看到，通过工作坊，银行 OpenShift 管理团队普遍可以构建非常切实可行的发展计划。

5. 工作坊行动计划

如图 7-10 所示，收官阶段团队自主制订的工作计划为平台未来 1 ～ 2 年的发展奠定了非常坚实的基础。

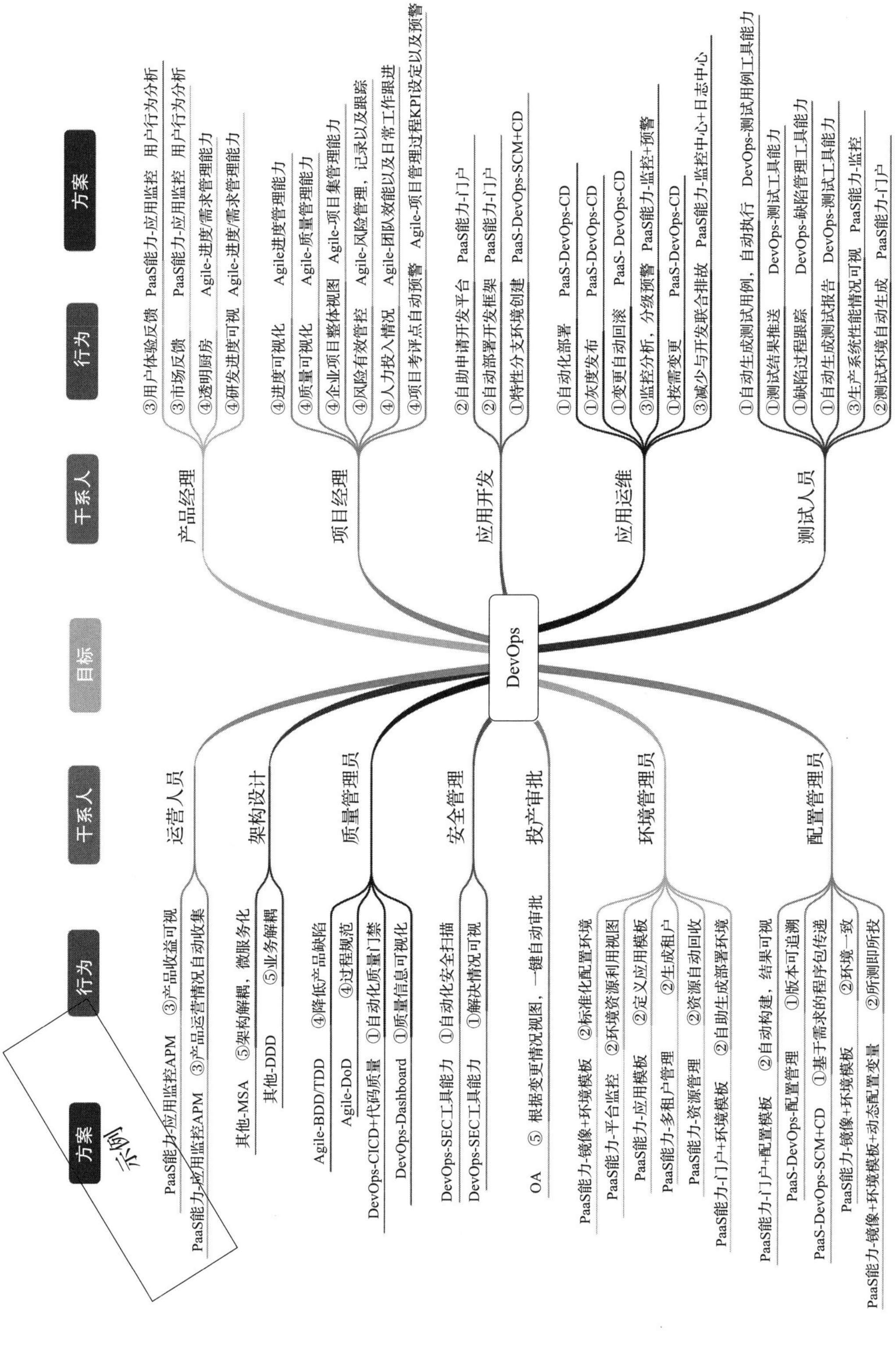

図 7-9　工作坊成果报告（示例）

方案　　行为　　干系人　　目标　　干系人　　行为　　方案示例

中心：DevOps

产品经理
- ③用户体验反馈　PaaS能力-应用监控　用户行为分析
- ③市场反馈　PaaS能力-应用监控　用户行为分析
- ④透明厨房　Agile-进度需求管理能力
- ④研发进度可视　Agile-进度需求管理能力

项目经理
- ④进度可视化　Agile进度管理能力
- ④质量可视化　Agile-质量管理能力
- ④企业项目整体视图　Agile-项目集管理能力
- ④风险管理　Agile-风险管理能力，记录以及跟踪
- ④人力投入情况　Agile-团队效能以及日常工作跟进
- ④项目考评点自动预警　Agile-项目管理过程KPI设定以及预警

应用开发
- ②自助申请开发平台　PaaS能力-门户
- ②自动部署开发框架　PaaS能力-门户
- ①特性分支环境创建　PaaS-DevOps-SCM+CD

应用运维
- ①自动化部署　PaaS-DevOps-CD
- ①灰度发布　PaaS-DevOps-CD
- ②变更自动回滚　PaaS- DevOps-CD
- ③监控分析，分级预警　PaaS能力-监控+预警
- ①按需变更　PaaS-DevOps-CD
- ③减少与开发联合排故　PaaS能力-监控中心+日志中心

测试人员
- ①自动生成测试用例，自动执行　DevOps-测试用例工具能力
- ①测试结果推送　DevOps-测试工具能力
- ①缺陷过程跟踪　DevOps-缺陷管理工具能力
- ①自动生成测试报告　DevOps-测试工具能力
- ③生产系统性能情况可视　PaaS能力-监控
- ②测试环境自动生成　PaaS能力-门户

运营人员
- PaaS能力-应用监控APM　③产品收益可视
- PaaS能力-应用监控APM　③产品运营情况自动收集

架构设计
- ⑤架构解耦，微服务化
- 其他-MSA　⑤架构解耦
- 其他-DDD　⑤业务解耦

质量管理员
- Agile-BDD/TDD　④降低产品缺陷
- Agile-DoD　④过程规范
- DevOps-CICD+代码质量　①自动化质量门禁
- DevOps-Dashboard　①质量信息可视化

安全管理
- DevOps-SEC工具能力　①自动化安全扫描
- DevOps-SEC工具能力　①解决情况可视

投产审批
- OA　⑤ 根据变更情况视图，一键自动审批

环境管理员
- PaaS能力-门户+环境模板　②标准化配置环境
- PaaS-DevOps-平台监控　②环境资源利用视图
- PaaS能力-应用模板　②定义应用模板
- PaaS能力-多租户管理　②生成租户
- PaaS能力-资源管理　②资源自动回收
- PaaS能力-门户+环境模板　②自助生成部署环境

配置管理员
- PaaS能力-门户+配置模板　②自动构建，结果可视
- PaaS-DevOps-配置管理　①版本可追溯
- PaaS-DevOps-SCM+CD　①基于需求的程序包传递
- PaaS能力-镜像+环境模板　①环境一致
- PaaS能力-镜像+环境模板+动态配置变量　②所测即所投

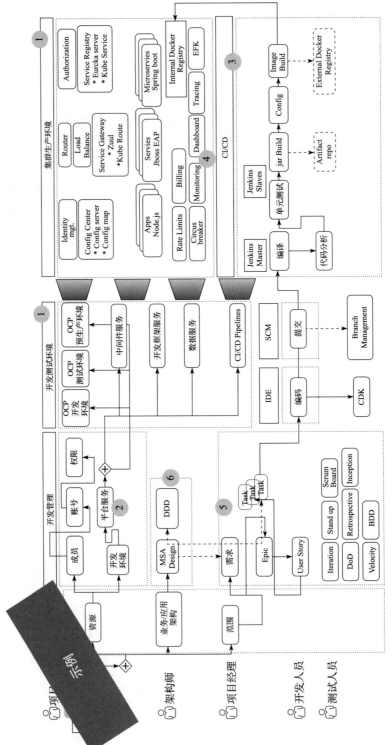

图 7-10 工作坊收官阶段团队自主制订工作计划

7.4.2　制造业中台工作坊

很多制造业企业在全国拥有非常广泛的销售网络和代理机构，如制药、家电行业等。与分支机构进行沟通需要更加灵活和安全的业务管理平台进行支持，处理从订单、采购到交付的全过程。由于生产管理的特殊性，对于交易过程的资料管理必须到位（大量用到对象存储），因此在企业内构建标准化的服务能力平台（中台），实现用户、事件、资源到服务的整合，实现全企业的标准化能力沉淀非常重要。但是在构建中台的过程中，对复杂业务的合理化拆分、业务流程建模和关键影响因素的定位等任务需要预先进行，因此我们设计了专门配合制造业企业业务和技术团队的开放创新工作坊，在事件风暴等工作模型的辅助下快速完成了上述工作。

1. 准备阶段

为能够充分理解业务复杂性，对业务事件、流程模型、数据对象进行准确定位，我们一般建议客户邀请多位业务专家参与，为保障工作成果能够顺利落地，平台部门可以安排 IT 专家参与，为与未来现代化应用尤其是容器化应用相匹配，红帽方面派出了多位技术专家和 1 位教练。

2. 过程设计

为快速拉齐与会人员的技术背景，我们会安排基于 OpenShift 平台和开放 API 管理工具 3Scale 构建集中的业务中台建设思路的分享，主题过程简述如下。
- ❑ **开场环节**：包括双方人员介绍和分组。
- ❑ **方案介绍环节**：红帽团队分享基于 OpenShift 平台和开放 API 管理工具 3Scale 构建集中的业务中台建设思路。
- ❑ **开放创新讨论环节**：开放创新工作坊的玩法介绍，在教练的带领下按照分组利用事件风暴模型进行讨论和共创。
- ❑ **活动反馈和总结**：邀请客户代表分组进行讨论成果的分享。

3. 模型选择

如图 7-11 和图 7-12 所示，事件风暴分析模型非常适合于对复杂的场景进行抽象重现，并根据关联性进行分组归并，形成时间聚合和流程，为生成最终的解决方案铺平道路。

4. 工作坊执行成果

如图 7-13 所示，现场团队通过事件风暴模型对业务进行分类建模，形成了事件大类。通过归类和分析，团队定义了 API 层、容器层、基础设施层的不同服务需求，并根据服务的特点和紧急程度对建设周期进行划分。

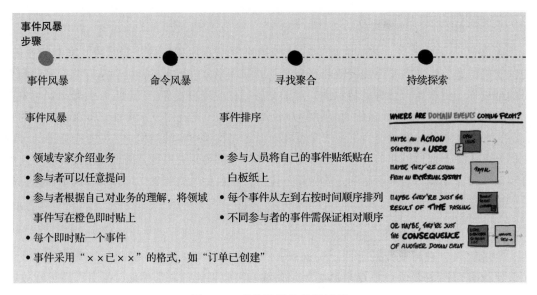

图 7-11　事件风暴的分析过程

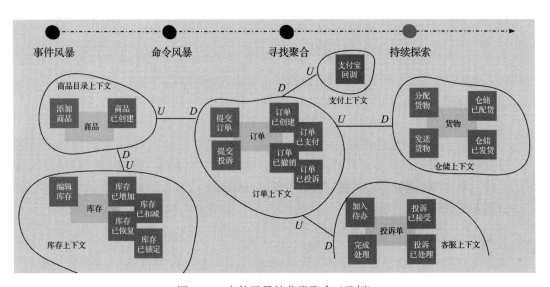

图 7-12　事件风暴的分类聚合（示例）

　　如图 7-14 所示，通过业务中台建模，制造业企业管理和技术团队可以成功确定中台业务分类和定位，既保证了集团对关键业务的集中管理，同时又能够有效保证各分子公司 / 机构的业务创新的自由度，团队在红帽技术专家的帮助下，可以设计借助 OpenShift 和中间件的关键管理和技术能力来构建企业级云原生业务开发的中台框架，并通过对内外部应用的访问管理和流量控制能力来保障整体性云服务的生态可管理性。

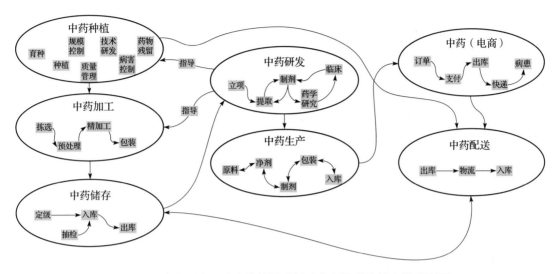

图 7-13 客户团队通过事件风暴重新对中台模型进行建模（示例）

通过实践我们发现，制造业企业团队普遍反馈这种新型的工作方式非常有趣，可以看到大家努力地发言和贡献思想，而且工作坊的成果非常具有建设性，为团队今后一段时间的工作指明方向。

7.4.3 金融行业云厂商云平台建设工作坊

受限于本身基础设施供应能力不足的城商行、农商行和中小金融机构，很多都租用了外部大型金融行业基础设施云厂商的云资源（以下简称行业云厂商）构建异地容灾中心，这些行业云厂商为了提升服务能力，纷纷计划建立云原生容器云平台并在客户中提供租赁服务。因此我们设计并实践了多个针对行业云供应商的开放创新活动，为行业云厂商的云原生平台的建设和发展探索路径，我们设计了从云原生平台的整体商业模式到技术平台和业务发展同步进行的快速发展路径，为行业云厂商后续立项和搭建平台提供决策依据。

1. 提前的准备工作

行业云厂商云平台团队全体人员参加活动，建议主管领导、管理和技术骨干全程参与，红帽提供教练、技术专家团队，工作坊一般持续一整天，分上午、下午两部分，上午聚焦于行业和平台情况，下午聚焦于平台建设模式和业务生态建设构想。

2. 过程设计

本工作坊的话题设计聚焦于未来云原生平台的发展，因此更多地关注与业务、合作模式相关的部分，尤其是未来的云生态。

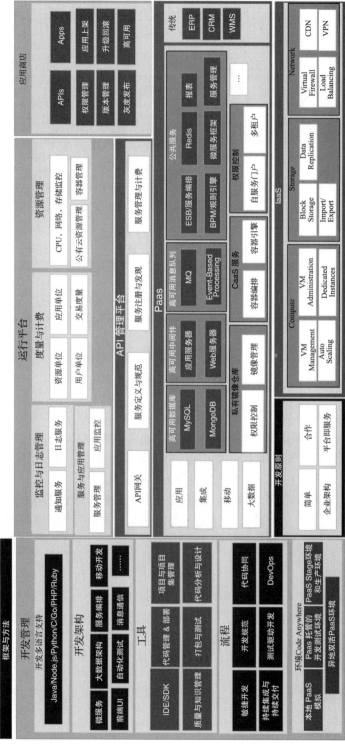

图 7-14 事件风暴对事件进行分类之后的划分（示例）

如图 7-15 所示，工作坊一整天的工作聚焦于针对行业云平台的商业模式、技术影响进行探讨，在这个过程中，红帽的技术专家和工作坊管理团队就多个专业话题进行充分探讨，工作坊的主体流程如下。

❑ **开场环节**：包括双方人员介绍和分组。

❑ **方案介绍环节**：红帽团队分享容器云平台建设模式。

❑ **开放创新讨论环节**：开放创新工作坊的玩法介绍，在教练的带领下上午场进行商业模式建模，下午场进行新技术影响探讨。

❑ **活动反馈和总结**：邀请客户代表分组进行讨论成果的分享。

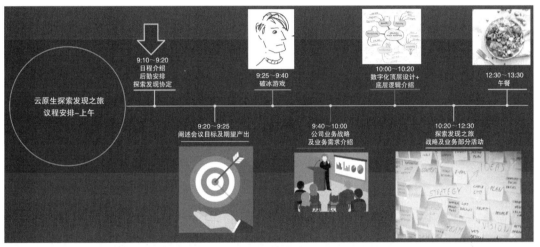

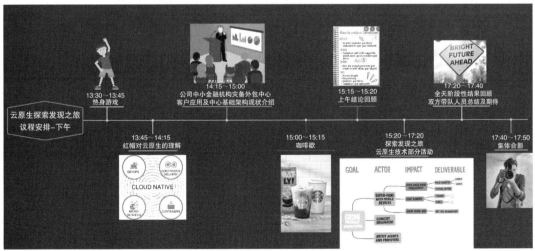

图 7-15　工作坊一天的工作流程设计

3. 模型选择

如图 7-16 所示，团队运用商业模式画布对云平台的业务生态进行建模，探索核心业务和关键客户之间的匹配度，寻找快速构建核心业务的资源和合作伙伴。行业云厂商团队可以决定利用红帽的专业培训资源同时构建自身、外包客户的技术团队，以便快速走向市场。

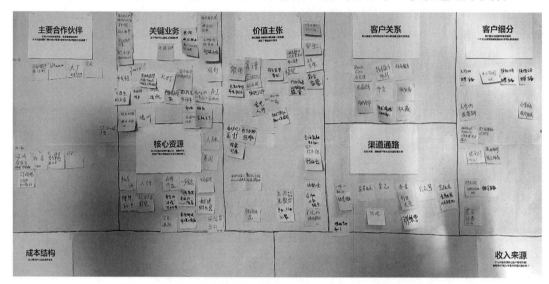

图 7-16　团队运用商业模式画布开放畅想成功后的业务生态

如图 7-17 所示，行业云厂商团队通过工作坊，可以定位短期内的重点技术发展路线和方法（略），红帽也根据客户的实际需要，设计了匹配的产品和技术支持服务。

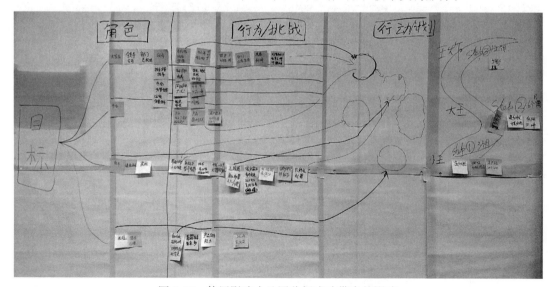

图 7-17　使用影响力地图分析成功带来的影响

通过这种方式（开放创新工作坊）能够发挥每一个人的力量，构建很好的工作氛围，让大家轻松地完成很复杂的设计工作，经过一天的探讨，行业云厂商团队可以构建金融服务云的发展方向和建设路径，对于未来的运营模式也可以获得很好的思路。

7.4.4　保险行业自动化平台建设规划工作坊

在保险行业，受互联网保险大爆发的影响，很多保险公司业务发展迅猛，其总部和分子公司拥有快速膨胀的基础设施，但因团队人数有限，管理着大规模的服务器及其上的平台、应用系统，IT 团队经常感到工作量巨大。很多保险行业云团队拥有自动化建设经验，部分借助开源自动化产品构建了自动化平台，实现从 OS、应用组件、平台到应用的自动化部署，但是随着时间的推移，原有自动化平台的底层产品逐渐过时并被主流社区抛弃，其能力和适应性也日益不能满足运维管理的需要，因此选择以社区主流的 Ansible 平台为基础，重新构建自动化平台，可以很好地应对不断膨胀的管理需求。

1. 工作坊准备

由于保险行业客户的技术团队普遍遵循条块化的管理模式，硬件基础设施、操作系统、中间件、存储、网络、安全管理分别属于不同的团队，为了能够在平台构建过程中尽可能让各种角色都参与进来，我们一般建议工作坊邀请各个团队的骨干技术力量一同参与。

2. 过程设计

因为自动化领域保险企业大多已经有一定的基础，所以我们建议从变更的范围、影响的角色、解决的方案等关键领域入手，所以我们选择平衡轮 + 影响力地图作为主体的工作模型，帮助客户厘清现状，探索方案和计划。

❑ **开场环节：**包括双方人员介绍和分组。

❑ **方案介绍环节：**红帽团队分享自动化平台的建设趋势。

❑ **开放创新讨论环节：**开放创新工作坊的玩法介绍，在教练的带领下，运用平衡轮分析当前的状态和关键的领域，运用影响力地图分析探讨新平台的影响和工作思路。

❑ **活动反馈和总结：**邀请客户代表分组进行讨论成果的分享。

活动一般在开放办公环境进行，与会者共同探讨自动化的典型场景和应对方案，借用影响力地图深入分析每一个相关角色对于自动化的深入需求和愿景，针对重点的典型场景提出应对方案，为运维团队切换技术路线的路径和关键难题指明方向，并设定可行的工作计划。

3. 工作坊关键成果

（1）团队运用平衡轮分析自动化的现状和关键需求

如图 7-18 所示，工作坊中，保险行业团队可以在教练的带领下，集体动手进行自动化现状分析，通过这个过程，团队很容易看到自动化涉及的关键领域，定位了关键影响因素，并探索出短期内的关键努力方向及可以预见的成果。

图 7-18 工作坊中团队深入探讨需求

（2）梳理了企业自动化的现状和重点需求

如图 7-19 所示，工作坊梳理了新的自动化平台建设对于现有的基础设施、OS、中间件、存储、网络和安全管理团队而言都有哪些影响，并在此基础上，团队可以自发设计三阶段的建设计划，整体实现技术路线向 Ansible 全面迁移，快速实现操作系统自动化补丁升级、操作系统定期自动巡检、自动化安装、网络自动开通等能力，降低了基础设施团队的运维压力。

借用开放创新工作坊的形式，保险行业运维团队可以实现跨团队的联合工作，帮助团队厘清思路，认清当前所处的阶段，看到未来的成功画面，而且还可以制订明确的行动计划，是一个非常简单的活动过程。

7.4.5　规模化容器云平台建设工作坊

红帽作为全球容器平台的领导厂商，在全球拥有很多容器平台部署规模很大的客户，很多国内大型企业在 2019—2020 年前后上线 OpenShift 平台，并快速实现了规模化部署。到 2021 年 12 月底，多家企业云平台在不到 3 年的时间内实现了生产环境规模化效应，生产环境应用数量超过 200、容器数量超过 10 500、集群数量超过 30 个的客户并不鲜见，但在持续扩张的过程中，很多企业也遇到了挑战，包括：

❑ 人才挑战：有限的团队（不到 20 人）需要负责平台的开发、运维，包括生产环境值班，人力资源捉襟见肘；

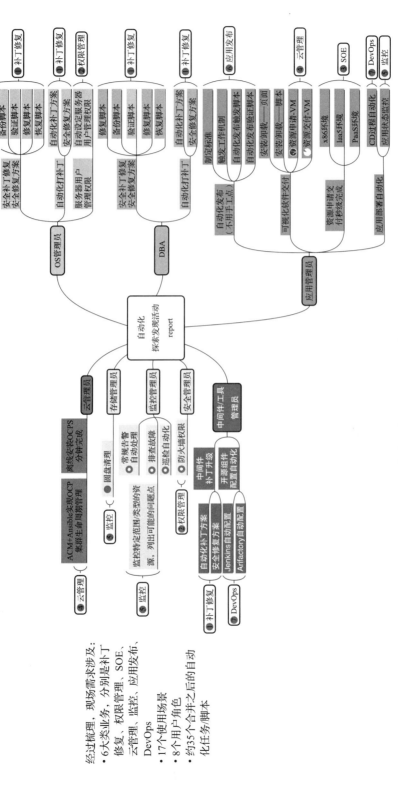

图 7-19　工作坊收官阶段团队对需求进行分类整理

❑ 工作负载爆发的挑战：开发团队不断有新技术预研，如服务网格 Istio、无服务器技术 Knative、集中服务管控、基础资源监控和预警、业务应用运行深度监控和预警、网络拓扑 / 监控等，平台组主要技术骨干分身乏术，开发团队感觉需求得不到有效支持；

❑ 技术更新挑战：平台不断有新技术引入，现有技术骨干忙于处理技术问题，无暇顾及平台上层服务，如 Redis、内存数据库、消息处理、API 平台、规则和流程引擎等应用支持能力偏弱，严重依赖 Spring Boot/Cloud 体系；

❑ 稳定性和快速服务挑战：集群越来越多，缺乏统一的多集群统一管理工具和能力，面对内外部用户不能有效实现应用和资源隔离，不能实现真正意义上的服务快速恢复。

这些挑战不仅涉及平台技术，还包括管理、运维、安全、开发技术演进等，因此红帽设计并组织了多场开放创新工作坊，帮助银行客户进行梳理和规划。

1. 准备阶段

为了保证技术团队的充分参与，我们建议邀请开发中心、数据中心两个机构的尽可能多的团队共同参与，参与人角色应覆盖基础设施、操作系统、存储、网络、安全、云管理、项目管理、新技术研究等部门。

2. 过程设计

企业级云平台建议已经逐渐进入深水区，未来面临更大范围的使用和推广，企业内部团队和角色众多，针对这种复杂的项目实施过程，我们设计了两个关键集体思考模型：

❑ 平衡轮用于厘清现状，达成共识，寻找重点发展方向；

❑ SCAMPER 模型用于针对发展方向进行重点展开和内容丰富，使未来的计划和工作内容更加具体。

3. 成果

如图 7-20 所示，工作坊教练可以运用平衡轮模型带领企业云团队在线进行云平台建设所涉及的关键领域的分析和评估，了解到整体发展的现状（默认 8 个关键区域）和未来重点发力的方向：开发、安全和自动化。

如图 7-21 所示，教练带领工作坊团队利用 SCACMP 模型针对 9 大领域（可以更多）进行有效的拆解，发现更多可以进一步完善和提升的需求，并针对这些领域制订明确的工作目标和计划。

以前这些工作内容都装在几个管理人员的脑子里，这个工作坊让这些成果都有机结合在一起，形成了更大的工作画面，为云团队指明今后的工作方向。

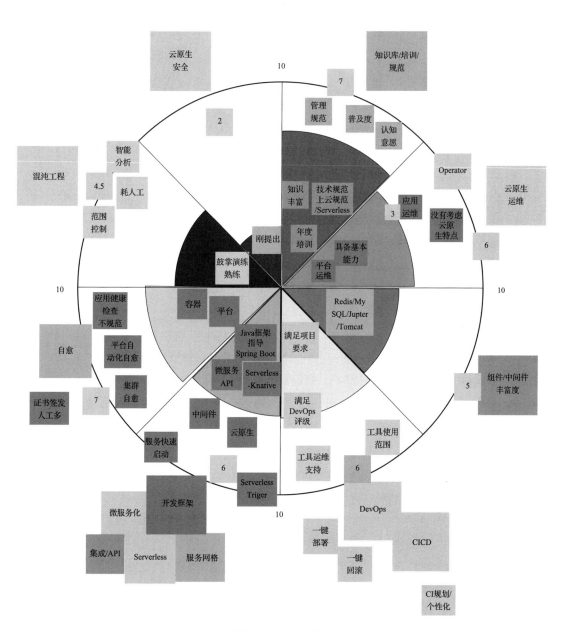

图 7-20　工作坊运用平衡轮模型帮助多个银行进行当前项目建设情况梳理（示例）

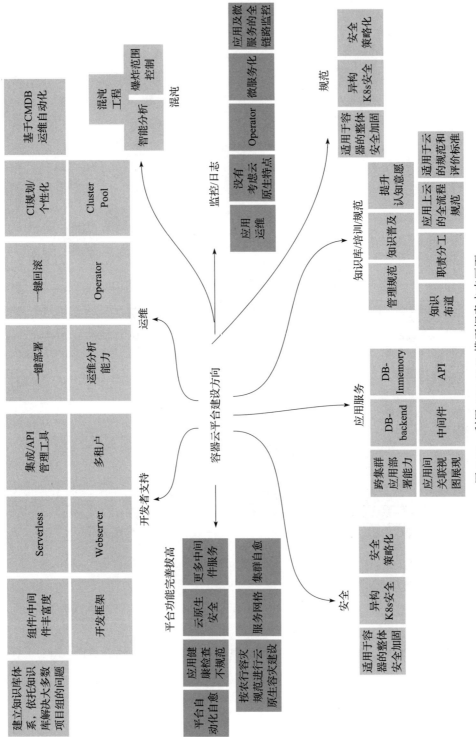

图 7-21 利用 SCACMP 模型探索未来画面

7.5　在线开展开放创新工作坊

7.5.1　时代催生在线开放创新工作坊的新玩法

互联网时代，很多企业的团队都采用线上办公、远程办公或居家办公的形式。新的办公形式也带来了很多问题，比如团队彼此间沟通协调的需求更多了，小范围的面对面沟通需求现在可以借助电话、微信解决，但是对于团队一级甚至是更大范围的会议、规划，单纯的微信和网络会议不能很好地解决问题。为了更好地应对这方面的需求，开放创新工作坊也探索出了新的"在线交付的工作坊"。

我们知道，相对于现场的工作坊，在线开放创新工作坊除了不支持面对面直接进行交流之外，在场地、工具、设计和流程等方面也会有很多差异，如表 7-1 所示。

表 7-1　在线开放创新工作坊与现场工作坊的差异

	在线开放创新工作坊	现场工作坊
场所	在线会议室	会议室
工作台	Miro、Teamind、BoardMix、Kahoot 等	会议室办公桌、白板、白纸
人数限制	无	一般 10 ～ 20 人，通常不超过 30 人
形式	可以分组（会议工具支持）	现场分组
人员	团队教练 + 技术专家 + 团队	团队教练 + 技术专家 + 团队
过程控制	提前设计，团队教练依赖度高	提前设计，助手可以参与很多互动
素材	工具绘制	手绘为主
团队教练要求	不仅要熟悉流程、产品和方案，还需要熟练在线工具的使用	只要熟悉流程、产品和方案
团队参与度	不容易控制，团队教练不知道屏幕对面的团队成员"在哪里，在做什么"	容易控制
影响效果的因素	团队教练能力、团队参与度、网络和会议工具的稳定性	团队教练能力、团队参与度

为了应对这些差异，我们从设计、执行层面对工作坊的组织进行了一定的调整，让在线开放创新工作坊不仅能够保证参与度，还能够保证获取有效的成果。

下面从准备、交付、收官三个阶段进行介绍。

7.5.2　如何准备在线开放创新工作坊

在线开放创新工作坊需要选择适当的在线工作软件，包括：

❑ 在线会议工具，如 Google Meet、Blue Jeans、Webex、腾讯会议、Zoom、瞩目等。

❑ 在线互动工具，如 Miro、Teamind、Kahoot、Jamboard 等。

此外，还需要在以下方面做更加细致的工作。

1. 人员准备

人员准备如下。

❑ 团队教练：熟悉会议软件和工具，能够熟练交付在线工作坊。

❑ 技术专家：1 人以上，能够随时在场，也能够适当参与客户互动（必要的时候提供示例方案 / 思路）。

❑ 参与者团队：提前注册工具、保障网络畅通。

❑ 服务人员：适当配合。

2. 材料准备

材料准备如下。

❑ 工作坊话题：不限。

❑ 工作坊邀请函：电子版邀请函，简要说明过程，避免因"工具"吓退团队成员，至少在与会前一天发到每位与会者手中，创造开放有趣的沟通氛围。

❑ 背景方案准备：提前在互动软件上设计整个流程，并适当遮盖，避免因"一览无余"而失去新鲜感。

❑ 活动海报：电子版活动海报。

❑ 工作台：用在线互动工具的工作台替代白纸和即时贴，可以很好地进行并行工作。

❑ 投票。

❑ 即时贴：在线互动工具都有即时贴和快速绘制图形的功能，可以帮助团队快速表达想法。

❑ 奖品：对于某些踊跃发言 / 回答问题的成员，适当准备小礼品可有效活跃气氛。

3. 流程准备

团队教练同样要为在线工作坊设计合适的流程，一般包含：

❑ 人员介绍，在线轮流进行，或者在线组织互动游戏，如 Kahoot 问答。

❑ 需求和现有方案可以是 PPT 形式，在线互动工具通常有"强制播放"功能，保证参与者可以跟随主持人的视角一起工作。

❑ 按照在线工作坊流程模型进行开放式团队创新，形成概览、场景描述、MVP 或者具体方案，并形成初步计划。

❑ 在线活动反馈和总结（一般轮流传棒）。

4. 模型准备

所有线下模型都可以在线使用，建议团队教练提前根据话题进行选择和绘制，避免执行阶段手忙脚乱。在线开放创新工作坊同样需要准备一定数量的开放式问题，在模型的每一个重点环节进行引导。

5. 注意事项

注意事项如下。

☐ 线下工作坊的禁忌线上同样需要注意。

☐ 线上工作坊很难限定参与者一直在线，如果可以，开启视频的方式能够保证一定的参与度。

☐ 保障参与度的最好方式是"有趣"，适当增加一些互动游戏或问答环节，能够很好地调动参与者的积极性。

7.5.3　如何交付在线开放创新工作坊

1）分组：在线工作坊的互动工具很少支持分组，如果团队教练提前进行了设计，也可以通过设计多个工作台来进行分组，不过这对团队教练来说有一定的难度，通常不建议采用。

2）开场破冰：在线开放创新工作坊的游戏有别于线下，需要"差异化"设计，下面举例说明。

如图 7-22 所示，将"猜真假"升级为"我是谁"。对于"猜真假"的游戏，通常的玩法是猜某个人的某个爱好是真是假，在线的时候可以借助工具的隐蔽性先写一些标签，进行组合之后让大家猜这是谁。

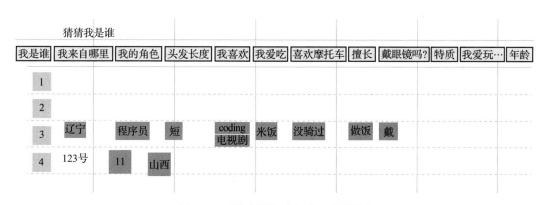

图 7-22　"猜真假"升级为"我是谁"

3）需求和初步方案：通过在线工具可以快速构建场景，如借助图片、线条、图形快速构建实际场景，从而帮助团队成员理解方案。

4）探索可能的解决方案：在线的解决方案可以借助工具直接按优先级或时间顺序排定，比线下更直观，也更容易形成行动计划。

5)制订行动计划:通常来讲,在教练的带领下,在线工作坊能够发挥参与团队的积极性和创造力,从工具上直接沉淀出来的工作成果具有非常强的说服力和可执行性。由于是亲手塑造的成果,因此具有很强的集体认同感,可以直接在此基础上形成汇报材料,方便团队后续使用。

如图 7-23 所示,使用 Miro 等在线白板的 Timeline 工具可以快速"填写"工作计划,但是要注意以下几点:

❑ 让团队根据依赖关系安排工作任务;

❑ 为每一个里程碑"命名";

❑ 不要设定过多的阶段,一般 3 个就够了;

❑ 为每一个阶段设定截止时间。

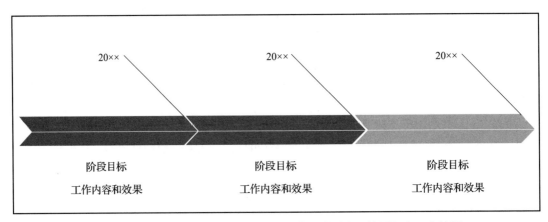

图 7-23 直接使用在线白板的计划制订模板让团队"填写"出一个计划

7.5.4 在线开放创新工作坊的收官

1. 在线开放创新工作坊的反馈

在线开放创新工作坊的收官阶段可以更好地借助在线平台和图片做出非常个性化的分享设计。

如图 7-24 所示,在线开放创新工作坊可以借助很多活泼的模型图片让参与者以"填空"的形式完成反馈过程,非常高效,也能够增强工作坊的趣味性。

在反馈环节应请客户团队的主要负责人和大部分骨干人员就收获总结进行发言。

2. 在线开放创新工作坊的庆祝

经过有效的反馈,在在线开放创新工作坊的庆祝环节,我们的建议是回到"会议主屏幕",让大家打开视频进行"集体合影",这个环节能够有效增强互动性。

实践证明,经过完好准备并在团队教练的引导下,在线开放创新工作坊可以达到与现场工作坊同等的效果。

图 7-24　在线开放创新工作坊的反馈环节

7.5.5　在线开放创新工作坊的工具

在线开展开放创新工作坊（也叫共创）的工具有很多，下面针对近 3 年以来国内外的工具进行了对比和分析，如表 7-2 所示。

表 7-2　常见的在线开放创新工作坊工具平台

工具名称	类　　型	优　　点	缺　　点
Miro	最早的互动工作台	专业、无限画布	收费、英文版，中国客户受网络影响较大
Teamind	中文互动工作台	支持中文、无限画布	免费，支持 16 人视频，元素不宜超过 3000
BoardMix	中文互动工作台	支持中文、无限画布	免费，功能完善中
Jamboard	互动平台，效果类似于很多页 PPT 上互动	支持中文，互动能力稍弱	Google 旗下，免费
Kahoot	互动答题平台	支持中文	答题为主

（续）

工具名称	类　型	优　点	缺　点
Google Meet	在线会议工具	支持分组	Google 旗下
腾讯会议	在线会议工具	支持中文、支持分组	收费，支持免费用户
Webex	在线会议工具	支持中文、支持分组	收费，不支持免费用户
Zoom	在线会议工具	支持中文、支持分组	收费，支持免费用户
瞩目	在线会议工具	支持中文、支持分组	收费，支持免费用户

每种工具都各有千秋，并且都在不断发展和整合中，在不同的场景下可以选择一种或多种工具综合运用，但大家一定会用到的典型工具包括白板和会议工具。

7.6　开放创新工作坊的团队共创模型

7.6.1　商业模式画布

《商业模式新生代》中对商业模式画布有如下定义：这是一种用来描述商业模式、可视化商业模式、评估商业模式以及改变商业模式的通用语言。

如图 7-25 所示，商业模式画布是一种用来描述并可视化商业模式的重要语言，它包含客户群体、价值服务、资源通路、客户关系、收入来源、核心资源、关键业务、重要合作、成本结构 9 个模块。通过分析这 9 个模块，团队企业可以搭建自己的商业模式画布来梳理自身在生态环境中的位置，以及能够配套提供的高价值服务。

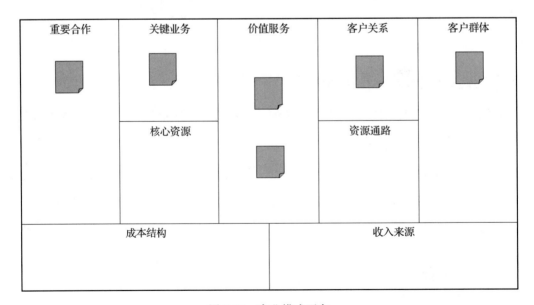

图 7-25　商业模式画布

商业模式画布作为一个高端业务 / 项目规划模型，非常适合在项目起步阶段使用，那么在工作坊中如何使用才能达到较好的效果呢？下面结合过往的经验给大家一些参考思路和建议。

适用场景

❑ 探讨业务 / 平台的上下游需求

❑ 探讨某个团队 / 产品在供应链中的位置

❑ 业务流程重新定义

❑ 产品规划

❑ 营销策划

使用方法

❑ 通常从客户群体开始能够更加聚焦于客户

❑ 开放式提问能够促进思考

❑ 整合和精简能够找到最优解

搭配提问

❑ 我们的客户有哪些？他们有哪些地方会用到我们的产品 / 服务？

❑ 哪些亮点能够吸引客户选择我们？

❑ 我们怎么接触这些客户？

❑ 客户如何才能享受到我们的产品 / 服务？

❑ 有哪些是我们独有的资源，哪些是我们必须做的，哪些是必须只能我们做的？

❑ 有谁可以帮到我们，怎么帮到我们？

❑ 我们如何实现收益？

❑ 我们需要付出哪些成本？

注意事项

❑ 尽可能用开放式提问；

❑ 成本和收益分析并不是必须完成的内容。

7.6.2　影响力地图

很多产品或服务在诞生之后都解决了某些特定的需求，但同时也给周围环境（人、组织、生活环境等）带来了一定的影响，影响力地图就是这样一个分析影响范围、方式和应对策略的方法。

如图 7-26 所示，影响力地图是一种轻量级的协作计划技术，适用于希望对软件产品产生重大影响的团队。它基于用户交互设计、结果驱动规划和思维导图。影响力地图帮助团队和利益相关者可视化路线图，解释可交付成果如何与用户需求联系起来，并传达用户结果如何与更高级别的组织目标相关联。

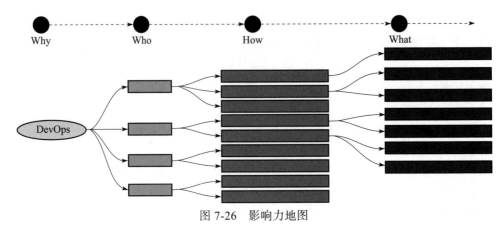

图 7-26　影响力地图

影响力地图是一个非常有效的分析重大事件 / 项目对组织、个人的影响和应对策略的工具，在工作坊中使用时需要考虑如下内容。

适用场景

❑ 协调目标与功能之间的映射关系；

❑ 重点项目的影响分析，如容器云平台 PaaS、微服务治理平台、开放 API 平台；

❑ 涉及众多角色、用户的复杂平台 / 产品的需求规划，如 DevOps 平台、存储平台、消息处理平台、规则引擎 / 流程引擎平台等；

❑ 企业级的业务平台，如业务中台等。

使用方法

❑ 目标可以有多个，对每个目标单独进行影响力分析；

❑ 提问顺序可以是：

■ 目标 – 受影响的用户 – 影响 – 策略；

■ 目标 – 影响 – 用户 – 策略。

搭配提问

❑ 分析的顺序如下：

■ 这个目标如果实现了，谁会收益、哪些人会受到影响？

■ 受影响的人最期望得到哪些支持 / 好处？哪些是技术上的？哪些是非技术上的？

■ 我们要达成 / 实现 / 提供这些支持，需要完成哪些工作？

❑ 分析的顺序也可以相反，如：

■ 这个目标如果实现了，会产生哪些影响？

■ 这些影响会影响到哪些人？

■ 这些人需要我们提供哪些支持工作？

注意事项

❑ 解决受影响"用户"的需求是最关键的目的，而不是设计产品 / 服务的功能，当然分析过程可以丰富产品功能；

❑ 目标描述要遵循 SMART 原则；

❑ 注意角色也有优先级；

❑ 最后的行动需要排序，形成明确计划。

7.6.3　领域驱动设计

如图 7-27 所示，领域模型使开发人员可以表达丰富的软件功能需求，由此实现的软件可以满足用户真正的需要，因此被公认为软件设计的关键所在，其重要性显而易见。

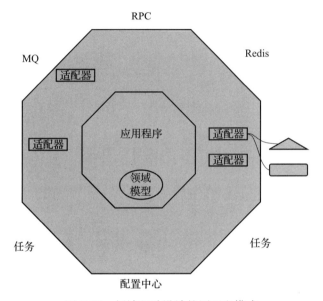

图 7-27　领域驱动设计的原理和模式

领域驱动设计作为一个针对大型复杂业务系统的领域建模方法体系（不仅限于面向对象的领域建模），改变了传统软件开发工程师针对数据库建模的方式，通过面向领域的思维方式，将要解决的业务概念和业务规则等内容提炼为领域知识，然后借由不同的建模范式将这些领域知识抽象为能够反映真实世界的领域模型。

领域驱动设计特别适合在新产品 / 服务的设计阶段使用，能够帮助团队快速在复杂多变的场景中找到主线，设计解决方案和应对策略，在工作坊中使用时需要考虑以下几个方面。

适用场景

❑ 识别业务场景的角色、行为、关系并进行深入探讨和分析；

❑ 进行复杂应用 / 产品设计；

❑ 业务建模和服务规划；

❑ 技术平台规划设计；

❑ 其他设计类场景。

使用方法

❑ 从关注"用户"的角度出发，探索角色、角色之间的关系及其中蕴含的服务 / 产品；

❑ 用户可以有多个，关系可以是产品 / 服务，也可以不是；

❑ 用户角色和服务都可以分类；

❑ 聚合的主要目标是用来表述业务的一致性，是一种归类的手段。

搭配提问

❑ 在我们的业务场景中都有哪些人？哪些组织？哪些角色？哪些活动？

❑ 这些人、组织、角色、活动之间都有哪些关系？

❑ 什么情况下，这些活动会发生？

❑ 这些活动之间有没有关联？

注意事项

❑ 领域驱动设计的过程在最后阶段一定需要归类和收束，过于发散不容易聚焦成果；

❑ 把项目的主要重点放在核心领域；

❑ 把复杂的设计放在有边界的模型上。

7.6.4　平衡轮

如图 7-28 所示，平衡轮是一个很好的个人 / 团队 / 项目评估的工具，能够非常直观地感受到当前的状态，并确定接下来的工作重点和行动计划。

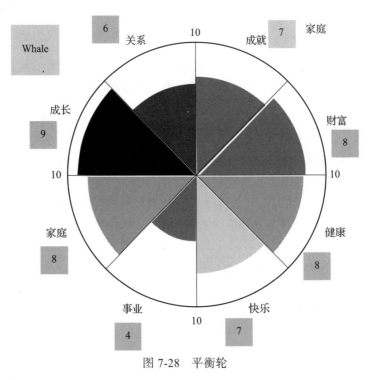

图 7-28　平衡轮

在工作坊开始的时候使用个人平衡轮能够极大地提升参与者的专注度，在分析、共创阶段使用平衡轮能够帮助团队集体思考和探索，所以平衡轮是一个百搭的工具，非常有效。

平衡轮的特别之处在于在开场阶段、深入探讨阶段、规划阶段都能够有效地发挥作用，在工作坊中使用时需要考虑如下内容。

适用场景

❑ 项目 / 工程状态梳理和下一步突破点探索；

❑ 资源整合型、目标达成型探索；

❑ 影响因素和阶段性策略分析；

❑ 人际关系探索、时间管理。

使用方法

❑ 从团队 / 个人目标开始；

❑ 画一个大轮子，将其分成 8 等份，给每个部分设定定义，可以分为财富、健康、家庭、事业、朋友、休闲娱乐、个人成长、自我实现 8 个方面，对于团队来说也可以是与具体业务相关的方面，如运维、开发、框架、监控、日志、安全、网络、存储等；

❑ 给每一个部分打一个分数，从 1 ～ 10 分；

❑ 邀请参与者给轮子上色，并给出直观的感受；

❑ 邀请参与者寻找提升的关键部分，并给出初步的行动计划。

搭配提问

❑ 影响目标的关键因素都有哪些？

❑ 已经完成的内容有哪些？

❑ 除了已经列出的因素之外，还有哪些因素？

❑ 如果给这些因素打个分的话，从 1 分到 10 分，分别都是几分呢？

❑ 打完分之后，可以进行已有分数绘制；

❑ 针对绘制完的轮子，你有哪些发现？

❑ 在所有这些因素里面，有一个因素，如果它提升了，整个轮子都会有提升，你觉得是那个因素？

❑ 如果要提升这个因素，需要做些什么？

❑ 如果这个因素真的被提升了，那么发生了什么？

注意事项

❑ 目标不在于轮子有多圆，也不是让每个因素都达到相同的分数，而是在于发现那个影响最大的元素；

❑ 绘制平衡轮的终极目标在于寻找影响关键元素的行动。

7.6.5　同理心地图

如图 7-29 所示，同理心地图是一个非常好的分析客户 / 用户需求的工具，借助结构化的图形能够帮助团队快速厘清客户的不同层次的关键需求，有针对性地设计解决方案。同理心地图经常搭配价值主张画布一起使用，如图 7-30 所示。

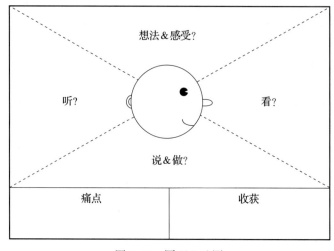

图 7-29　同理心地图

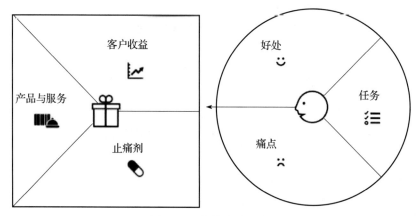

图 7-30　价值主张画布

在同理心地图和价值主张画布共同作用的情况下，可以直接将用户的需求与系统的关键设计相对应，能够起到很好的匹配效果，发现其中的不足，找到优化和提升的空间，帮助团队聚焦客户最想要的价值。在工作坊中使用时需要考虑如下内容。

适用场景

❑ 用户需求分析；

❑ 用户画像；

❑ 用户体验设计；

❑ 产品设计、系统功能规划。

使用方法

❑ 角色扮演的方式会比较容易切入；

❑ 如果是设计用户界面，可以用手绘或者使用白板绘制；

❑ 如果是具体的用户场景，可以结合关系图。

搭配提问

对在这个场景中的"用户"进行深入的提问和分析，问题包括用户经常：

❑ 看到些什么？

❑ 听到些什么？

❑ 说什么？做什么？

❑ 这时候他怎么想？

❑ 这时候他最苦恼／感觉不方便的是什么？

❑ 他最喜欢的地方是哪些？

❑ 这些"用户"关心的内容里面，有哪些？

❑ 如果已经实现，怎么实现的？

❑ 还可以改进吗？

❑ 如果还没有实现，应该如何实现？

注意事项

❑ 同理心地图一开始的时候最好让不熟悉该场景的人先说，避免被"熟人"思维限制；

❑ 在个人无意识的习惯性行为中，往往有巨大的机会。

7.6.6　事件风暴模型

如图 7-31 所示，事件风暴是一种快速、交互式的业务流程发现和设计方法，可产生高质量的模型。它是 2013 年 Alberto Brandolini 在博客中介绍的。

与传统的流程建模技术相比，事件风暴模型速度更快，而且更有趣。你会惊讶于在短时间内完成了很多工作和分析。在工作坊中使用事件风暴模型需要考虑如下方面。

适用场景

❑ 业务模型设计、流程拆分；

❑ 系统功能设计；

❑ 微服务架构设计。

使用方法

❑ 从业务实体（对象／角色）出发，建立对象间的链接（事件）；

❑ 设定每个事件的影响范围；

❑ 对事件进行分类归并，让相同的事件共享相同的资源；

❑ 从事件形成功能和功能区隔；

❑ 从事件推导出实体，从实体推导出模型；

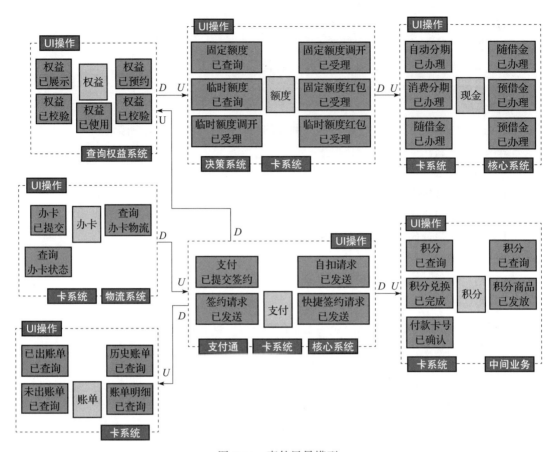

图 7-31　事件风暴模型

❑ 在业务和 IT 之间建立一种通用和共享的语言；

❑ 在范围和边界方面设定重点；

如果探讨的技术是迭代的，那么引导者也可以进行如下尝试：

❑ 在每个会话中慢慢添加更多细节，以免让参与者不知所措；

❑ 按会话挑选参与者；

❑ 提供认知休息（参与者会感到疲倦）；

❑ 在构思过程的早期提出有关客户旅程的重要问题；

❑ 通过将技术实施细节置于业务流程的上下文中，为您提供解决方案的总体情况。

以上的开放式提问能够很好地帮助团队，同时教练可以根据场景需要灵活地更改问题，这种提问是启动领域驱动设计过程走向深层次的特别有效的方法。

搭配提问

❑ 过往都有哪些功能是必须的？

❑ 这些功能的影响范围都有哪些？它们改变了些什么？

❑ 哪些事件是同类的，是可以合并的？

注意事项

❑ 不要过早进行合并；

❑ 如果参与者是新手，请在会议之前提供参考信息和完整事件风暴的示例；

❑ 将已完成的 Event Storm 的示例图片放在板上，以便参与者可以直观地看到他们正在努力的方向；

❑ 如果在会议之前对场景有足够的了解，请考虑提前准备一个事件基准以节省时间并提供一个框架作为开始。这也有助于指导不熟悉该练习的参与者，说明这只是一个起点，在会议期间可以更改任何内容；

❑ 团队教练要引导大家尽量做到不评判，但可以深入讨论。

7.6.7　里程碑图

如图 7-32 所示，里程碑图是一个非常有用的快速计划编排工具，借助工人的里程碑时点，参与者可以直观地形成时间框架，并在此框架下安排相关工作任务的执行顺序和匹配进度，让团队可以轻松地达成一致，并进一步设定跟踪和检核计划、责任人。在工作坊中使用里程碑图需要考虑如下方面。

图 7-32　里程碑图

适用场景

❑ 项目计划，协调任务间关系；

❑ 任务分派；

❑ 跟踪和检核。

使用方法

❑ 先咨询与会团队如何设置里程碑时点，有几个里程碑时点，都是什么；

❑ 请与会者根据前一阶段的共创结果，确定每个里程碑时点需要完成的关键任务；

❑ 为每个里程碑时点设定关键人物的责任人（最好自己认领）；

❑ 为每个里程碑时点设定跟踪和检核计划；

❑ 为每个里程碑时点设计庆祝方式；

❑ 为每个里程碑命名。

搭配提问

❑ 从现在到项目结束，我们可以看到哪些节点比较关键？

❑ 我们可以设计哪几个关键里程碑时点？

❑ 我们前面共创的这些成果和任务是如何分不到这些里程碑时点的？

❑ 如何知道每个里程碑时点的任务都完成了？

❑ 我们如果在各个时点都取得了成功，如何庆祝？

❑ 请给每个里程碑时点设定完成的时间和名字。

注意事项

❑ 给里程碑"命名"这一步非常关键，因为这意味着团队在心中留下了特定的约定；

❑ 团队教练要引导大家尽量做到不评判，但可以深入讨论。

7.6.8　KISS 模型保障团队反馈效果

如图 7-33 所示，KISS 是一种科学的项目复盘方法，以促进下一次活动更好地展开。KISS 模型是团队教练 / 培训行业常用的反馈模型，非常适合于在团队活动过程中引发思考和创造共同的行为、价值观。在工作坊中使用 KISS 模型需要考虑如下方面。

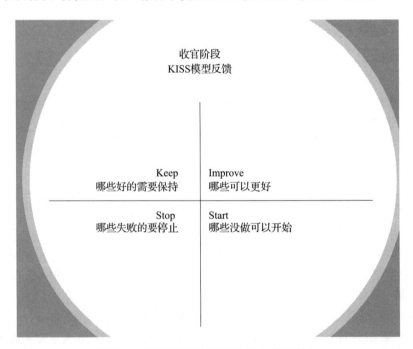

图 7-33　KISS 模型帮助团队进行快速复盘

适用场景

❑ 项目复盘；

❑ 业绩回顾；

❑ 工作坊收官阶段审查、反馈。

使用方法

❑ 在项目里程碑时点 / 活动间歇时使用；

❑ 搭配开放式提问，关注行为，关注改善和提升；

❑ 大家分散贡献，避免评判。

搭配提问

❑ 到目前为止，有哪些地方是大家做得非常好的，值得保持？

❑ 到目前为止，有哪些地方做得还不够好，需要提升的？

❑ 到目前为止，有哪些地方还没有做，但是应该做的？

❑ 到目前为止，有哪些行为不合适，下一阶段应该停止不做的？

注意事项

❑ 尽量从积极正向的保持 / 提高入手；

❑ 对于负面的地方尽可能由负转正；

❑ 团队教练要引导大家尽量做到不评判。

7.6.9　开放实践库

为了让更多的企业和团体能够享受到这种工作方法带来的价值，我们建立了一个在线开放创新实践库。

如图 7-34 所示，这个在线网站由红帽技术团队建立，主要包含红帽在公司内部和企业客户中推广开放创新工作坊的经验分享和总结，供大家参考。

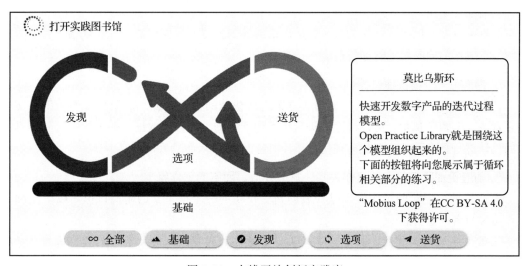

图 7-34　在线开放创新实践库

7.7　开放创新工作坊创造超越技术的收益

从客户反馈可以看出，在团队 / 企业中开启开放创新工作坊，尤其是在专业团队教练的带领下，团队 / 企业不仅可以获得想要的目标成果，团队和个人也能够获得许多额外的收益。

1. 增强团队 / 组织对于特定主题的认识，发现不足和解决方案

现代团队 / 组织面临的问题可能都具有较高的复杂度，涉及多个场景和角色，开放创新工作坊通过跨团队和多角色的集体思考，兼容了更多的思考和解决问题的视角，所创想出来的解决方案往往也具有很好的适应性和可操作性，集合多人的过程也能够发现更多不足，借助集体的力量创造卓越的未来。

2. 用来自开源社区的方式，更好地激发创意，寻找突破

开放创新工作坊的工作形式是红帽和开源社区常用的工作形式，也是很多头部互联网企业所广为接受的工作形式，在激发创意和寻求突破性的解决方案方面具有非常显著的效果。

3. 为立项和预算环节提供输入

开放创新工作坊的解决方案和行动计划的成果可以作为立项阶段的可行性分析报告的素材，也可以很容易地计算出项目 / 应用的主体工作成本和预算，对于项目策划团队的工作是一个非常重要的支撑。

4. 剔除业务和技术障碍，获取更优解

由于有技术专家的引入（内部 / 外部），很多技术难点和挑战可以借助内外部的最佳实践，从而缩短解决方案的探索周期，同时基于专家背后连接的来自外部企业、社区的资源，复杂的解决方案可以得到预先的验证，从而借助外部支持提升创新的速度和效率，为团队和组织节省成本的同时增加附加收益。

5. 为 MVP 进行快速设计

团队和组织经常需要就某些想法或方案进行快速的模型验证，借助开放创新工作坊的专家资源、多角色视角，可以快速进行最小可用产品的设计甚至验证，在很短的时间内对团队的设计进行概念验证，形成可视化成果（角色扮演），从而降低试错成本。

6. 创造更加紧密的团队合作关系，营造开放、团结的工作氛围

营造开放、融洽的工作氛围是开放创新工作坊的一个很重要的附属价值。以下是部分工作坊参与者的亲身感受：

通过这半天的工作坊，我感觉重新认识了身边的同事，以前大家只是工作的关系，现在我们还在生活、育儿等方面有了很多共同话题，在工作中觉得身边的人更鲜活也更具体了。以后要多进行这种活动。

——某金融交易所客户领导

我以前只负责自己的项目管理，全部的焦点在于只要项目正常运行，按时出成果就行，通过这次工作坊，我体会到了我的团队成员的角度和需求，也感受到了合作部门的出发点以及需要，我想我们今后能够更好地互相配合，让彼此的合作更顺滑。

——某国有大型股份制商业银行项目管理者 PMO

我们以前是同事，现在是兄弟了。

——某企业客户云平台 PM

7. 作为开放创新实验室的先导，激发团队创造力，构建初步解决方案

开放创新实验室是红帽在开源社区中行之有效的一套团队工作方法，也是一个高度定制化的敏捷工作项目，较之于开放创新工作坊，具有时间更长（8 ～ 12 周）、投入更大（场地 + 实验室专家 + 技术专家 + 本地化团队）、效率更高（聚焦于 MVP 应用）、成果更突出（平台 + 应用）等特点，通常在开放创新实验室的一开始，红帽的实验室专家将带领团队一起通过开放创新工作坊来共创阶段性成果目标 MVP，作为本次实验室结束的交付目标，后续的每日会议、review 和 inspection 会议以及 DEMO 应用展示等都是以前期的工作坊的输出为参考目标，所以开放创新工作坊（也叫探索发现活动）是非常重要的团队思考和共创手段。

8. 实现企业创新可视化

团队和组织的创新活动成果通常是应用 / 平台，这种成果具有典型的思维特性，在项目最初阶段（策划 / 立项）通常只是一段描述性文字。通过开放创新工作坊的过程，我们可以对未来的成功景象进行初步描绘，这些描绘可以是某些关键要素、MVP 的功能 / 界面、方案的关键路径等，这些成果可以给项目和团队管理者 OverView，从而给他们带来很大的信心和力量促使其变成现实，所以，开放创新工作坊可以加速创新从想法变成现实的过程，让想法在早期就可见。

通过开放创新实验室的工作坊，我们在项目一开始就看到了应用的某些关键功能和实现方法 MVP，这让我们的团队在后续的工作中更加有信心和能力一起去克服其中的障碍，现在我们的应用已经整体上线了，工作坊和实验室的作用不可替代。

——某电力行业客户

9. 为企业技术创新指路

团队 / 组织的创新通常具有相当大的复杂度，经常出现多种形式和阶段的障碍，开放创新工作坊能够让团队提早进行重点路径探索，发现其中的关键节点，并提前进行验证，有效降低创新的风险和难度。

7.8 展望

我们看到，不仅仅是来自开源社区的企业，越来越多的传统行业的企业、政府和管理机构正在积极引入具备开放创新工作坊特点的集体工作形式，这一趋势包含如下几个特点。

1. 开放创新工作坊作为团队教练的一种重要形式，未来将无处不在

越来越多的企业和个人会发现，传统的会议形式已经不能够很好地激发团队的创意，

而开放创新工作坊由于其深度聚焦于团队／组织目标的达成的特性，将越来越多地被应用到团队创新过程中，会议的设计和规划将越来越多地采用工作坊的形式完成，可以说，无处不需要开放创新工作坊。

2. 能够领导开放创新工作坊整个过程的团队教练越来越重要

一个开放创新工作坊的整体效果很大程度上取决于团队教练的经验能力是否能够维护好一个开放的场域，是否能够很好地设计过程并带领团队向着目标持续前进，并最终达成想要的成果，因此经过专业训练的团队教练将成为企业内部的重点人才。

3. 随着技术和网络的进步，越来越多的工作坊将会采用"线上"的方式进行

随着越来越多的企业和组织实现线上办公、全球化写作，大家"聚在一个会议室"的机会越来越少，开放创新工作坊"线上化"已经成为必然的趋势，掌握线上交付能力的团队教练更加稀缺和重要。

第 8 章 *Chapter 8*

企业开源实践的未来与展望

8.1 企业开源需要顺应时代策略

8.1.1 IT 新常态始于开源

新冠疫情让我们清楚地看到，无论在疫情时代还是后疫情时代，企业需要的不仅仅是能够快速构建自己的应用，还要能高效和低成本地运维这些应用。通过红帽 2021 年发布的企业开源现状报告可以看到，数字化转型已经位于企业开源战略的前三位，另外两个领域分别是 IT 基础架构现代化和应用开发。而云计算和全天候在线服务的重要性意味着更多企业会将混合云作为主要运营模式。将来自不同地方的公有云的相关服务融合到现有数据中心的基础架构中和企业内部的工作负载，同时向边缘端进行能力的延伸，这样就构建了一个企业的混合云环境。然而这并非轻易能够做到的事情——需要新的技能、新的工具以及与之配套的策略。我们常说，如今每家公司都是一家软件公司，都在进行信息化建设，然而这一切还远远不够，在当下和未来，每个公司的 CIO 都要做好准备成为一名合格的云运营家，从企业云运营的高度来思考和行动，是 CIO 让企业走上正确道路的关键。

另外，在疫情的这三年中，全球大部分行业都曾进行 100% 的全天候远程工作。无论所处什么行业和企业规模大小，企业几乎都在采用按需所求的方式进行所谓的云化运营。公司向客户提供方案和服务的时候，不再需要固定的实体办公室进行承载。新的技术中心会出现在一些不太可能或不太热门的城市区域，这是因为我们不再需要把员工局限在特定的城市里。新的远程工作者可以发现，他们不再需要被约束在同一个办公室内，企业组织可以根据人员技能而不是办公的位置进行人才招聘。这样做的成果是非常显著的，虽然很多人对这种工作方式仍然不熟悉，但是他们在疫情期间被迫进行的远程工作，对于开源世界的人来说是最普通和最寻常的，因为在疫情前的每一天，开源世界的人都是这样工作的。几乎每个开源项目都是远程进行的，从 Linux 的初期创建就是这样。Linux 基金会会支持超过 2300 多个项目。2021 年，这些项目有 28 000 多名积极贡献者，每周增加 2900 多万行代码，社区参与者几乎来自全球各个国家。这些贡献者中的大多数人永远不会面对面地见面，但他们仍然能够推动下一代开放技术的发展。

无论我们是否已经认识到，疫情期间取得的进步都让世界更接近于开源模式，这就是为什么开源创新现在正在驱动软件世界的大部分工作。通过这种新的工作方式，我们看到了新的收入来源，找到了提高效率的新方法，也找到了与客户接触的新方式。作为企业管理者，如何能够更好地应对 IT 变化挑战带来的这种"新常态"，如何在 IT 变化的"新常态"下更好地带动企业实现创新，拥抱企业开源无疑是最好的选择。因为只有采用了开源开放技术，才能在这样的形势下更接近创新，也只有这样才能利用这项创新跟上不断变化的需求。这就是让你的企业可以适应所谓的"新常态"。

开源开发的代码是推动 IT 未来创新的基础，它不是开放核心或专有软件。开源软件提供了一个不限制你灵感和抱负的渠道。这也一直是红帽秉承的模式——开源实践、代码和技术，以及全球化开放协作是一切的核心。

8.1.2 企业开源响应国家政策

企业开源的发展离不开国家政策的支持，在鼓励"万众创新"的时代大背景下，开源的蓬勃发展显得恰如其分。从 2017 年开始，我国政府对开源的认识进一步提升，对开源软件发展的政策支持力度不断加强。2017 年，工业和信息化部、国家发展改革委印发的《信息产业发展指南》中明确提出："支持企业联合高校、科研机构等建设重点领域产学研用联盟，积极参与和组建开源社区"，"支持开源、开放的开发模式，重点推进云操作系统云中间件、新型数据库管理系统、移动端和云端办公套件等基础软件产品的研发和应用"。在《软件和信息技术服务业发展规划（2016—2020 年）》中提道："发挥开源社区对创新的支撑促进作用，强化开源技术成果在创新中的应用，构建有利于创新的开放式、协作化、国际化开源生态"，"支持建设创客空间、开源社区等新型众创空间"，要实施软件"铸魂"工程，重点"构筑开源开放的技术产品创新和应用生态"。《中华人民共和国国民经济和社会发展第十四个五年规划和 2035 年远景目标纲要》中，"开源"首次被明确列入国民经济和社会发展五年规划纲要，其中指出支持数字技术开源社区等创新联合体发展，完善开源知识产权和法律体系，鼓励企业开放软件源代码、硬件设计和应用服务。

作为成功的企业级开源软件供应商，红帽将秉持一贯的"上游优先"开放合作原则和"100% 开放源代码"的全球化产品策略，持续加大中国投资，繁荣国内开源技术和市场生态。随着云原生时代的到来，红帽携开放混合云产品与技术，以及全面的数据中心自动化解决方案，为中国科技创新与数字化强国出力献策。

目前国内正在大力推广国产软件发展的自主可控性以及信创策略，信创策略实际上是把现有与信息技术相关的行业结合在一起，命名为"信息技术应用创新产业"，简称"信创"。一般来说，信创包括基础硬件、基础软件、应用软件、信息安全四大板块。其中，基础硬件主要包括芯片、服务器 /PC、存储等，基础软件包括数据库、操作系统、中间件等，应用软件包括办公软件、ERP 和其他软件等，信息安全包括硬件安全、软件安全、安全服务等各类产品。然而，推行信创策略其实与选择具体的开源厂商并不矛盾，这其中包括是否只能选择国内品牌的操作系统、国内品牌的服务器，以及国内品牌的基础软件和国内品牌的安全产品等，红帽所提供的企业开源产品及服务和国内的开源发展都是开源社区的重要组成部分，只有信创产业和开放社区之间实现生态化共荣才能更好地推进国家政策的实施以及企业开源的长远步伐。

8.2　企业开源需要能够淘汰自我

在计算机发展的过去 30 年中，摩尔定律清晰地给了我们一个启示，同时可以看到一个重要的事实，即我们必须要不停地发展和创造出更好的产品，否则随着时间的推移，我们的产品就会被淘汰。从硬件、基础设施到平台再到应用的各个领域的经验证明，社区优秀技术淘汰过时技术的过程已经从 5 ～ 10 年大幅缩短到季度甚至是月。另外，每一次产品的进化和创新都聚焦于把更强的功能和更有利的价值带给使用者和最终用户。这在企业的开源发展道路上同样适用，我们只有更好地迭代出产品、勇于创新，同时能够积极地淘汰自我，提高自己的认知，才能在企业开源道路上赢得立命之本。

红帽的企业软件在过去的 25 年，一直在不停地演进和自我修正，从而可以让更多的客户从不断变化的前进趋势中始终获益，另外，红帽的企业文化也推崇更多的企业和商业用户可以反馈红帽在构建开源道路上所面临的不足以及开源过程中所缺失的部分，从而真正实现不断迭代和淘汰自我的长足前进。

8.3　企业开源要实现共赢

当今时代，IT 的发展与技术使用已经不是由某个厂商主导。借助开源开放的思想与工具，用户才能掌握未来发展的选择权与控制权。红帽的独特价值在于能从技术 + 人才培养、组织 + 文化塑造、领导力提升等多维角度，携手生态伙伴，一起助力客户加速拥抱用户主导的创新时代。客户、红帽与生态合作伙伴通过上游开源社区和下游企业级解决方案落地紧密协作，借力开源技术的快速创新和安全可靠优势，最大限度地降低试错成本，助力"国内国际双循环"，紧跟全球科技创新主流。

8.3.1　遵循"上游优先"的原则

以红帽的"上游优先"策略为例，几乎所有源自红帽的软件变更、特性和文档在合并到我们的产品代码中之前，都会首先被提交给上游面向社区的软件版本——通常是由红帽工程师领导或维护的开源项目。比如，新的红帽 RHEL 企业特性在红帽企业版本中出现之前，都会被首先提交给项目并由其发布。这种做法有助于确保变更和新特性在进入企业版软件产品之前经过充分的测试，而且这表明红帽对面向社区的项目版本代码的持续支持和承诺。如果红帽产品还没有对应的社区项目，红帽将创建一个相应的社区项目。

对于不是主要由红帽领导而是由外部组织（例如基金会或合作伙伴公司）领导的项目或者不属于红帽的社区开发团队维护或管理的项目，我们的更改和改进会首先提供给上游项目，然后再融入下游红帽版本的代码中。如果一个特性没有在上游合并，红帽通常不会发布。如果需要修复上游项目中的某个错误，红帽至少会优先提出在上游将补丁一起合并，这样做可以保证红帽大多数特定特性都会被提交并包含在项目中。这一做法促进了我们与合作伙伴和上游项目社区富有成效的协作，并让我们节省了维护主要项目下游分支的昂贵成本。有些公司发现，创建上游代码的非公开分支很有吸引力，因为这样可以快速满足特定用例的要求，或者是由于他们不愿意在社区中进行协作而这样做，但这样会给公司和客户带来很大的软件分支合并（技术创新跟随）挑战和企业用户技术升级挑战，导致企业产生巨额花费且升级工作存在过多不可控因素。

"上游优先"原则也与红帽创建和参与开源项目社区的战略决策相关。与传统软件公司不同的是，红帽在确定了一个技术问题的所属领域时，会选择使用社区开发的最出色的开源解决方案，而不是采用内部的专有开发方式重做一个，这样可以降低自己开发和维护开源解决方案的成本并可以提升效率，同时由于该解决方案大多数情况下已经经过测试和使用，因此也可以大幅度降低测试成本，保证质量。

8.3.2 生态的共存和发展的意义

事实证明红帽的"上游优先"的商业模式是行之有效的，这种原则能最大限度地让所有上游社区项目的开发者和用户从中获益，能促进不同厂商或者组织在上游项目社区中形成富有成效的合作，从而实现与 Intel、Meta、F5、Nginx、IBM、SUSE、中电麒麟、华为等生态伙伴的共存和发展。红帽一直致力于与生态体系中的所有参与者共同分享开源成功，包括国际厂商，如 Google、Docker、SAP、西门子、Cloudera、SUSE，国内厂商（如华为等）也在直接和间接地受益于红帽倡导的生态体系。

8.3.3 协作与社区共同创新

红帽合作伙伴生态系统是一个创新社区，建立在共同创造、透明和信任的开源原则的基础上。红帽作为众多主流开源社区的领导者，进行高效的全球化合作是其核心。我们将这种合作精神和解决问题的坚韧精神带到伙伴生态系统中，欢迎新的想法和共同迭代。鼓励合作伙伴与其他合作伙伴（不仅是红帽）合作，并利用开源社区开展持续创新活动。合作伙伴可以共同提供产品，以便在市场上建立更大范围的协作，同时发挥各自的特长，为客户提供完整的解决方案，并与忠诚的合作伙伴参与团队密切合作，以赢得机会。红帽合作伙伴生态系统培育了一个开放的协作社区，我们可以一起走得更远。

8.3.4　加速创新和业务增长

红帽合作伙伴的生态系统会帮助合作伙伴扩大影响范围，将以客户为中心的产品推向市场，并产生更多的收入。随着业务需求的变化，参与全球开放社区生态系统的方式也会发生变化。红帽的承诺是不变的——无论你是为云原生构建、扩展你的服务产品，添加附加功能，还是发展你的业务模式。无论你的企业想如何赢得竞争，红帽都将通过开源社区和开源技术帮助您创新，这样你就可以专注于行业发展，获取自己真正想要的成功。红帽合作伙伴生态系统可以帮助你找到客户，寻找机会，并推广你的业务。

8.4　企业开源软件的合规和风险管理

相比于闭源软件，开源软件的代码公开、获取更便捷，但这并不意味着开源软件就没有法律和合规方面的问题，更不意味着使用开源软件风险更低，特别是 2020 年以后，很多开源软件的法律纠纷给企业带来了一些问题和风险。国内外很多社区人士和专家已经注意到这一点，并相继发布了很多相关的研究报告，下面就 2022 年以来部分关键进展进行着重阐述，供读者参考。

8.4.1　开源软件的协议 / 许可证风险

不论是 Apache 还是 CNCF，开源软件都遵循开源许可证的规范和要求，开源许可证虽然有多种形式和条款，但是核心目标都是"授予使用者在一定条件下修改、使用和发布软件的权利"。有权利就有义务，很多开源软件许可证也规定了责任、义务和付款要求，包括知识产权和纠纷的解决形式，尤其是当前社区开源软件的复合度越来越高，一个开源软件包含很多不同的组件，各个组件又遵循不同的开源协议，在这种情况下，解决和应对开源软件带来的协议和法律许可纠纷已经变得越来越复杂，因此很多开源软件公司都为自己的企业版开源软件提供了专业的协议支持，以帮助企业规避其中的法律和知识产权纠纷。

8.4.2　企业版开源软件的合规

由于开源软件具有快速迭代式升级和更新的特性，因此主流的开源软件企业普遍采用订阅的方式为企业用户提供服务。订阅不同于以前的许可，在用量控制上一般很少强加固定部署规模的限制，企业可以弹性地掌握具体的部署数量和规模，这有一定的方便性，某些企业也会借此机会少买甚至不买订阅。这在表面上看没有风险，但也带来一定的隐患，比如在后互联网时代，很多企业业务发展迅猛，很容易出现某些开源软件的部署规模非常大的情况，这时就可能出现一些"小规模"应用场景下不容易遇到的问题，比如大型集群的升级、大量差异化的部署模式等，这时出现的严重问题很可能是系统性问题，而且很难定位和解决，经常需要借助社区资深技术专家的力量，社区主流企业的人力资源和技术深度能够帮助企业进行有效应对。

虽然很多开源软件企业并不强力限制软件的使用规模，但这并不意味着企业用户可以为所欲为，软件采购的合同约定通常具有一定的法律效力，而且企业也需要充分尊重社区中企业和个人的创造，毕竟社区的管理和开发团队在很多情况下是由社区企业资助的，尤其是当越来越多的企业积极投入到社区开源软件的开发的时候，尊重社区企业、尊重社区就是尊重自己。

8.4.3　开源软件的服务模式和行业特性

很多企业所在的行业对软件、硬件产品有安全、认证和管理方面的要求，因此国家和行业相关的管理部门推出了对应的管理规范，比如软件安全等级保护、国密、可信云等认证。由于社区的松散型管理机制，社区版的开源软件大多不满足这方面的管理要求，但是拥有良好社区互动关系的软件企业可以依托于自身技术和管理团队的支持来完成这方面的工作，从而为企业、政府等专业用户提供相关的技术和管理保证。因此，专有行业的软件企业可以与开源社区企业建立深度合作，实现行业软件＋开源的双赢方案。

"每家公司都是软件公司"，在开源软件的推动下，很多企业转变了业务运营的模式，从传统的线下业务变成了线上服务公司，因此大规模的混合云化部署和运行已经成为绝大多数企业 IT 的重点工作和发展方向，带着订阅上云或者成为软件服务供应商已经是领先企业的不二选择，因此，头部企业已经在联合各大开源软件厂商和云供应商给予企业开源混合云，构建 SaaS 服务云是大势所趋。大量的基于混合云的 SaaS 服务企业正在积极开拓开源软件服务销售和运行的新模式，如 AWS+Red Hat 推出的 ROSA、AWS 和 Azure 之上的各种服务工具等，联合开发和服务模式、云厂商＋服务供应商的模式已经走向前台，这就带来了开源软件的使用和付费模式的变化。相信在不久的未来，更多的企业用户会成为开源软件的新型"服务供应商"，成为社区化的企业。

8.5　构建开源技术人才建设体系

人是一切的载体，企业内部使用开源软件，打造开源文化，离不开接受和践行开源思想的人才。开源软件的引入和使用需要了解开源社区和开源软件的人才，基于开源软件的系统运维和软件开发同样需要开源软件人才。企业的 CIO 作为 IT 决策者，需要从更加长远的视角考虑开源软件人才团队的建设和发展。

随着开源技术应用的规模和范围越来越广泛，企业 CIO 为了企业开源软件的总体稳定性和能力发展，必须构建开源软件运营管理团队，因此找到一套行之有效的体系化建设路线，保障企业开源技术人才稳定非常重要。

市场上开源软件各个类型的人才都非常紧缺，企业经常需要花高价才能在某一特定领域找到专家型人才，而且我们发现在开源领域常见的是 I 型人才，也就是特定领域的专家型人才，他们在所擅长的领域经验非常丰富，但是对于其他技术领域、综合管理领域能力稍差。如果企业想要 T 型人才甚至是 E 型人才，就需要花大力气培养，这个培养过程非常耗费企业财力和时间，但是从最终效果和收益来看是非常值得的。

8.5.1　强有力的团队领导者

让有丰富开源项目 / 产品管理经验的人承担开源团队的领导者角色。这个人应该具备以下素质：

- ❑ **丰富的工程经验**：在多个专业领域具备工程管理经验能够给企业带来非常丰富的技术和管理视角，从而让架构管理、技术选型、运维和开发工作更加科学和有效。
- ❑ **开源社区经验**：熟悉与主流的开源社区沟通的方式，了解社区如何工作。知道如何获取社区资源和解决方案。
- ❑ **开源活动组织**：拥有在企业内部组织和执行开源技术分享和学习活动的经验和能力。
- ❑ **与当前组织相关的知识**：对所在企业 / 行业的 IT 环境和流程有深入的了解，强有力的领导者还需要具备很强的落地实施能力。
- ❑ **持续的好奇心**：保持对开源社区尤其是主流开源社区技术发展的好奇心，综合运用社区、ISV、开源厂商的力量保持开源技术知识的新鲜度和有效性。

8.5.2　多样化的开源软件人才团队

从开源软件治理（引入、使用、操作和管理等）角度，企业需要建立多角色的开源团队，至少包括三大类人才：

- ❑ **开源软件架构师**
- ❑ **开源软件管理人员**
- ❑ **开源软件运维人员**

这三类人才的配比依据企业 IT 团队规模的不同而不同，常见的比例是架构师：管理人员：运维人员 = 1：1：3。

多样化的开源软件人才团队还包括多个领域的技术人才，这些领域具体来说包括操作系统类（Linux/KubeOS）、虚拟化技术（VM/KVM/Kubervert、Kubernetes 和容器）、中间件 MW（JDK/Redis/Decision Manager/PAM）等。企业中各个领域的技术人才需要有一定的覆盖度和稳定性，以保证对该领域技术的掌握能力，屏蔽人员断档风险。

8.5.3　开源技术梯队化的配置和开源技术人才生态圈

开源技术正在改变世界，企业 IT 团队对于开源技术的重视程度和使用范围得到大幅度提升，因此很多头部企业都投入大量预算采购来自红帽等核心开源厂商的培训服务，实现开源知识、开源理念的全员化普及，同时企业也因地制宜地配置了差异化的培训课程，让 IT 团队的人才实现纵深的梯队化，如表 8-1 所示。

表 8-1　开源技术全员梯次化覆盖培训

级　别	内　容	范　围
高级	高级开源技术工程师、架构师，如 RHCA、DO288	高级运维工程师、技术专家
中级	初级开源技术工程师，如 RHCE、DO280	初级运维工程师
基础级	基础的开源知识、开源技术培训，如 RHCSA/DO180	全员培训

如表 8-1 所示，红帽开源体系培训和认证在中国已经取得了显著的成绩，截至 2021 年 3 月，红帽中国认证系统管理员（RHCSA）超过 4 万人，红帽认证工程师（RHCE）超过 3 万人，最高级的红帽认证架构师（RHCA）超过 2 千人，数量居全球之首，占每年全球获得红帽各级认证总人数的一半还多，并以平均 35% 的年复合增长率扩充。此外，全国共有 43 家授权培训合作伙伴，覆盖全部一线省会城市和直辖市，以及 35 家红帽学院合作伙伴，覆盖全国一线省会各大中专院校。

建设技术团队梯次化开源技术人才体系具有非常重要的现实意义，它不仅能够保障企业开源人才团队的稳定性，避免对单个技术明星的依赖，同时还能够为企业 IT 团队的开源化转型提供助力，让企业能够及时跟进开源社区的技术发展，保持长久的竞争力，同时构建持续发展的开源文化，为企业数字化转型提供人才和文化支撑。

如图 8-1 所示，通过全员梯次化的开源技术培训，企业可以利用内外部资源构建一个完备的开源技术人才生态圈，借助社区和开源企业的力量快速发展自身开源能力，为开源技术创新应用提供丰富的人才基础，保障企业技术的先进性和稳定性。

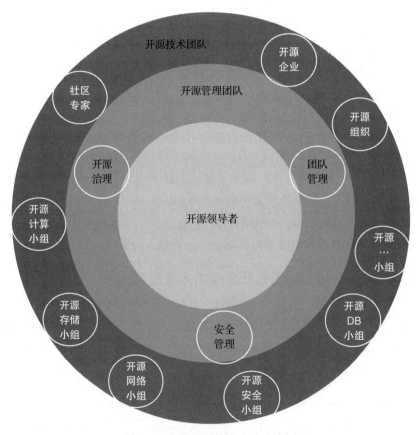

图 8-1　企业开源技术人才生态圈

8.5.4　借助开源技术人才体系创造双赢

企业构建开源技术人才体系不仅是为了安全，它还能够从员工、团队、企业、社会多个角度形成互相促进、共同发展的有力趋势，具体包括：

- ❑ 个人：能够提升人员归属感，增强团队稳定性。
- ❑ 团队：开源社区的集体决策是高效和科学的，借助开源、开放的技术团队，企业可以实现与社区一样的决策机制，从而降低决策失误概率，纠正决策失误带来的影响。
- ❑ 企业：开源技术来自开源社区，当企业拥有了强大的开源技术管理和使用能力，就可以与开源技术社区形成良性互动关系，从而保障企业的需求及时得到社区响应，实现互利共赢的局面。
- ❑ 社会：开源技术取自全社会开源技术爱好者的力量，这些技术代表了全球技术发展的方向，企业拥有足够多的开源技术人才能够让企业更好地发挥开源技术的价值，从而创造更加可观的经济和社会效益。

因此，构建体系化的开源技术人才团队能够带来多方面的进步和更大的价值。毋庸置疑，全球技术发展的主流路线来自开源技术，开源技术必将引领全球技术创新发展的方向。

8.6　企业开源自研道路的未来

正如第 5 章中描述的，来自开源社区的开源技术由于其代码是全球化开放公开的，企业和个人都可以免费获取，这也给企业基于社区代码进行平台和应用的自研提供了便利。因此我们看到了许多领域的头部企业自研的产品和成果，企业基于开源软件自研平台和应用系统能够节省研发费用，也能够结合自身的实际需要进行量身定制，确实出现了不少的成果，但同时由于不同企业在自演过程中对于社区版开源软件进行全面定制化改造，以至于形成了企业独有的软件分支，从而导致自研的平台和应用无法跟随社区的发展进行持续升级和演进，给软件安全和运维、开发团队造成很大的困扰，在这里我们建议，企业基于社区版开源软件自研一定要做好如下设计。

8.6.1　合理界定开源软件和企业应用 / 平台之间的功能分界

根据以往经验，建议企业在不能够完全掌控社区版开源软件发展方向的情况下，尽量不要对社区版开源软件进行底层功能的改造，或者使用开源软件的企业版以获取稳定性和技术支持。企业可以把工作重心放在上层服务功能和 API 之上的应用和服务集成上。如此一来，一方面可以保障开源软件继续跟随社区版的技术发展方向持续演进，安全补丁和更新可以直接使用而不需要自己重新编译，另一方面可以让团队把工作重心放在应用领域。

8.6.2　有条件的企业可以积极投入技术力量参与开源软件的研发和决策

对于技术研发能力强的企业，可以积极投入技术力量参与社区研发和决策，更加有效地影响社区开源软件的发展方向，形成与社区的良性互动，当企业能够真正参与到开源软件的研发过程中时，相信大家可以直接从社区获取更加深入、有效的技术咨询和人才支持，企业内的开源文化也将会不断深化并产生更加积极的影响，从而让企业的开源之路更加顺畅。

8.6.3　借助开源社区主流企业的力量，提前进行技术储备

知名的开源社区企业，如红帽，在持续推出企业版开源软件的同时，还会投入大量人才在开源软件的发展的产品路线图设计、技术预研和传播上，而且这种技术预研通常都会比社区版软件正式发布时间提前 6 ～ 12 个月，因此借助社区主流企业的服务能力，企业可以提前获得社区版开源软件未来的发展方向，从而提前进行技术储备，这就可以领先同类企业 3 ～ 6 个月实现新技术投产。大家都知道，领先竞争对手 7 天发布新服务就可以改变行业竞争格局，那么领先 3 ～ 6 个月，企业可以获得的竞争优势将是不可估量的。

在选择开源软件的合作伙伴时，建议尽可能选择全球化的主流厂商，只有这些厂商才有能力在众多的社区中挑选具备发展潜力的前沿技术，并投入足够的技术力量进行社区设计和研发，从而真正掌控开源软件的发展路线，也只有这些厂商才能够保障企业的前期技术预研投入不会白费。

总而言之，基于开源软件自研是一条不错的技术发展路线，对企业开源文化的塑造、开源技术的普及都具有非常重要的意义，有能力的企业可以适当投入人力和物力，打造独特的开源竞争力。

8.7　开源是企业在乌卡时代的不二选择

身处乌卡（VUCA）时代，很多企业的决策者经常感到困惑，不管是疫情带来的影响还是国产化、自主可控带来的要求，企业 IT 的更新和转型速度都远远超过 10 年前。在硬件方面，从主机 MainFrame、小型机到 x86 用了 40 年（1980—2010），从 x86 到 VM 用了 20 年（1995—2015），从 VM 到 K8s 用了 5 年（2015—2020），CPU 和芯片更是经历了封闭的 RISC 和 CISC 到 ARM 再到开放的 RISV-V；在软件方面，同样经历了从单体到 CS、BS，应用架构也经历了单体应用、SOA、微服务到服务网格和无服务器的转变。我们看到，不管哪个方面开源都发挥了巨大的力量，可以说未来的企业 IT 技术已经离不开开源社区和开源软件的支持。

8.7.1　借助开源社区和开源软件帮助从业者应对技术发展的不稳定性

截至 2022 年 12 月 31 日，Apache 基金会资助的开源项目有 350 个，其中明星项目有 208 个，CNCF 云原生联盟资助项目有 147 个，上述开源的项目都在各自委员会的带领下在专业领域里持续地发展和演变着，而且在不断发生重构、升级、合并或者重组。例如 2020 年 Istio 内部就取消了 Mixer 组件，K8s 社区在 2021 年接纳了 KubeOS 和 Operator 技术创新

等。开源社区委员会只要发现更好的技术或者解决方案，更换或者弃用某一项技术根本不会有任何犹豫，这种集体化的决策方式能够很好地帮助社区和企业持续获得最优的解决方案，并通过不断的实践研究实现方案和技术的持续优化和发展，因此企业只需要根据自身的技术实力，选择其中重点的社区和软件产品进行针对性的投入，即可保证自己的 IT 云和应用保持在社区的主流技术发展路线上。

8.7.2　借助开源社区的力量让全球技术发展的不确定性变得相对确定

对大多数企业而言，开源软件的发展具备一定的不确定性，但全球开源社区委员会主导下的开源软件的开发并不是完全无序的，每一个社区都有管理委员会，都有几个主要的开源厂商进行深度的技术投入，如 CentOS Stream（Linux）的主导厂商有 Red Hat、Intel 等，Ansible 的主导厂商是 Red Hat，Services Mesh（Istio）的主导厂商有 SAP、IBM、Red Hat 等，Kubernetes 的主导厂商是 Google、Red Hat 等。当社区处主导地位的企业确定了技术演变方向之后，该企业团队就可以发挥其卓越的影响力，带领整个社区为之努力，从而快速实现技术超越。但是企业用户怎么办呢？普通企业要如何获取这些信息，又如何消化这些信息呢？

企业用户除了从社区的公开信息查阅相应开源软件的发布历史和技术发展方向之外，还可以通过这些主导厂商的 TP（技术预览）和技术支持团队获取相关开源软件的产品路线图，从而提前进行技术预研和储备，同时可以据此制订相应的企业云和应用的技术演进路线，让企业内部的开发和运维团队面对社区新技术的时候可以更加从容，也能更快地把新技术投入生产环境，创造更多收益。因此，企业可以综合利用社区和社区企业的力量，让不确定的开源技术发展变得相对确定和透明。

8.7.3　借助开源社区的力量帮助企业掌控开源软件的复杂度

现在 Linux/RHEL 操作系统、Kubernetes/OpenShift 平台，甚至 Ansible 自动化引擎，这些开源软件都已经不是由单一的软件和组件构成的，其内部都继承了十个甚至几十个开源的软件或组件，如 RHEL 中除了 kernel 之外还需要 network、storage、virt、rpm 等，OpenShift 中除了 Kubernetes 社区版之外还集成了 EFK 框架、Jenkins、Tekton、Storage 等，一家企业很难掌握全部的技术细节，因此作为企业 IT 云的决策者真正要做的是找到一种方法 / 模式，让企业在大量使用开源软件的同时，能够合理得到来自社区和社区企业的力量，在开源软件的各个相关领域进行针对性的技术支持，从而在全面熟悉和深度掌控之间取得一个平衡，为企业 IT 平稳运行奠定坚实的技术基础。

8.7.4　借助开源社区的力量帮助企业 IT 云在模糊中安全前行

在 10 年前，靠着闭源厂商的技术，企业支持可以在很长一段时间内保持技术的先进性，因为闭源厂商的技术发展需要较高的技术投入和较长的发展周期，企业也拥有足够的时间去消化这些技术，这个时候的技术发展路线是相对确定的。但是在开源时代，众多的同类型技术往往同时拥有大量的技术人才，这些人依靠兴趣和社区企业的投入专注于技术创新，社区可以快速并行发展，有前景的技术社区很容易获得更专业的技术专家，同时也更容易产生赢家通吃的现象。纵观 Ansible 和 Puppet 之争、OpenStack 和 CloudStack 之争、Istio 和 Linkerd 之争、OpenWhisk 和 Knative 之争、K8s 和 Mesos 之争无不展示出这一特点，没落的社区迅速失去技术力量并快速消亡，社区淘汰没落技术的周期可以是年，也可以是短短几个月。但是企业的应用受限于开发团队和业务的需要，往往不能以这样的周期进行更换。因此企业急需在这股持续不断的技术升级换代的大潮中找准方向，避免掉队。这就像在雾里前行，找到指路明灯是企业 IT 管理者的必备能力，这里给出几点建议供大家参考。

- ❏ 选择主流技术和主流厂商：在选择企业平台和应用的关键技术时，尽可能选择主流社区的厂商。主流社区的厂商往往具有技术的广泛且深入视角，可以帮助企业 IT 管理者减少选择上的错误。

- ❏ stay hungery，stay foolish：广泛接触国际、国内的社区厂商和技术专家，对社区技术的发展方向进行研究和储备，努力保持技术的新鲜度和学习意识。

- ❏ 在企业技术能力许可的情况下参与社区开发，主动获取关键社区的技术知识，与社区保持良性互动。

参 考 文 献

［1］ 红帽. Red Hat open source software best practices［Z］. 2022.

［2］ CNCF. CNCF SURVEY 2020：Use of containers in production has increased by 300% since 2016［EB/OL］. https://www.cncf.io/wp-content/uploads/2020/11/CNCF_Survey_Report_2020.pdf.

［3］ Forrester Consultaing. 拥抱云原生优先战略 构筑以"应用"为中心的企业现代化基础设施［EB/OL］.［2022-01-24］. https://www.modb.pro/doc/54871.

［4］ 红帽. 企业开源现状调查报告［EB/OL］.［2023-04-25］. https://www.redhat.com/zh/enterprise-open-source-report/2022.

［5］ Kubernetes. Kubernetes release cycle［EB/OL］.［2023-04-25］. https://kubernetes.io/releases/releasee/#the-release-cycle.

［6］ 红帽. Open source software governance［Z］. 2022.

［7］ Gartner.Hype Cycle for emerging technologies［EB/OL］.［2023-04-25］. https://www.gartner.com/en/newsroom/press-releases/2017-08-15-gartner-identifies-three-megatrends-that-will-drivedigital-business-into-the-next-decade.

［8］ 国家工信安全中心. 开源软件成熟度评估白皮书［R/OL］.［2022-12-28］. https://www.163.com/dy/article/HPN3STLD0511CUMI.html.

［9］ Red Hat. 金融行业容器云平台建设实践案例［Z］. 2022.

［10］ 中国人民银行. 云计算技术金融应用规范安全技术要求：JR/T 0167-2020［S/OL］.［2023-04-25］. https://std.samr.gov.cn/hb/search/stdHBDetailed?id=B3E17963EB8A3E9BE05397BE0A0ABB53.

［11］ ParaView Software. 云原生企业数字化白皮书［EB/OL］.［2022-08-10］. https://max.book118.com/html/2022/0804/7120010040004151.shtm.

［12］ 中国信通院. 开源生态白皮书［EB/OL］.［2023-04-25］. http://www.caict.ac.cn/english/researchh/whitepapers/202112/P020211224526805503114.pdf.

［13］ 北京长风信息技术产业联盟. 信息安全技术开源软件安全使用规范：T/CFAS 0001—2019［S］. 北京：中国标准出版社，2019.

［14］ Red Hat. Kubernetes-native security[EB/OL].［2023-04-25］. https://www.redhat.com/en/resources/kubernetes-native-security-whitepaper.

［15］ CIS. CIS Kubernetes benchmark［EB/OL］.［2023-04-25］. https://www.cisecurity.org/benchmark/kubernetes.

［16］ SOUPPAYA P M, MORELLO J, SCARFONE K. Application container security guide, special publication（NIST SP）［S］. Gaithersburg: National Institute of Standards and Technology, 2017.

［17］ Red Hat. Advanced cluster security-accelerators［Z］. 2022.

［18］ 中国信通院. 开源软件治理能力成熟度模型［S］. 北京：中国标准出版社，2021.

［19］ ING-Thjis Ebbers. Running containers in production: Red Hat & ING［EB/OL］. https://www.youtube.com/watch?v=8SOUtCJhWrw.

［20］ 大魏分享. ING 的容器云之路［EB/OL］.［2020-03-02］https://mp.weixin.qq.com/s/CG16pGGVbZZbYN2oNa4Ngg.